安徽省通江湖泊浮游生物图鉴

周忠泽　李进华　周立志 等　编著

科学出版社
北　京

内容简介

本书根据《中国淡水藻类——系统、分类及生态》、《中国淡水藻志》、《中国淡水轮虫志》、《中国动物志·节肢动物门·甲壳纲·淡水枝角类》和《中国动物志·节肢动物门·甲壳纲·淡水桡足类》等工具书的分类系统及其收录的我国分布的浮游生物物种，对安徽省华阳河湖群、升金湖、菜子湖、武昌湖、巢湖5个通江湖泊的浮游生物进行了初步鉴定，浮游生物共有129属296种，其中浮游植物87属221种，浮游动物42属75种。主要分类单元（如属、种）有形态特征描述，每一物种附有光学显微镜下外部形态的鉴定特征和分布的生态环境，以及光学显微镜下的一幅或几幅实物图片和图书文献中发表的模式图。同时增加了华阳河湖群、升金湖、菜子湖和武昌湖浮游生物群落结构特征，旨在为以后研究通江湖泊浮游生物群落结构的演替机制提供科学依据。

本书可作为高等院校植物学、动物学、藻类学、环境科学的教学、科研用书，也可作为浮游生物资源开发、水体环境保护、水产养殖科研工作者的参考书。

图书在版编目（CIP）数据

安徽省通江湖泊浮游生物图鉴 / 周忠泽等编著. —北京：科学出版社，2020.5

ISBN 978-7-03-064391-9

Ⅰ. ①安…　Ⅱ. ①周…　Ⅲ. ①湖泊-浮游生物-安徽-图集
Ⅳ. ① Q179.1-64

中国版本图书馆CIP数据核字（2020）第022399号

责任编辑：李秀伟 / 责任校对：郑金红
责任印制：肖　兴 / 封面设计：无极书装

科学出版社 出版
北京东黄城根北街16号
邮政编码：100717
http：//www.sciencep.com

中国科学院印刷厂 印刷
科学出版社发行　各地新华书店经销

*

2020年5月第　一　版　开本：787×1092　1/16
2020年5月第一次印刷　印张：16
字数：379 000

定价：248.00 元

（如有印装质量问题，我社负责调换）

编著者名单和撰写分工

第一章　周忠泽　李进华　周立志

第二章　孟　诗

第三章　周忠泽　赵秀侠

第四章　周忠泽　赵秀侠

第五章　周忠泽　赵秀侠

第六章　周忠泽　孙庆业　周立志
　　　　刘雪花　王　兰

第七章　周忠泽　赵秀侠

第八章　周忠泽　赵秀侠

第九章　周忠泽　赵秀侠　王　兰

第十章　周忠泽　孙庆业　余　涛
　　　　徐　敏　张　颖　周小春

第十一章　周忠泽　宗　梅　万　霞　王　超

第十二章　周忠泽　宗　梅　周立志　万　霞

第十三章　周忠泽　宗　梅　李进华　王　超

第十四章　周忠泽　宗　梅

前　言

安徽省地处长江中下游结合部，沿江保留有较为完整的通江湖泊有华阳河湖群、升金湖、菜子湖、武昌湖、巢湖等，构成长江三角洲经济发达地区的生态屏障和我国重要的生态功能区。安徽省的通江湖泊在湿地生态系统中具有重要的作用，是我国东部地区沿海鱼类洄游和繁殖的主要场所之一，同时也是世界性迁徙鸟类越冬的栖息地。作者在2005年9月至2009年10月对菜子湖、升金湖、巢湖浮游生物群落结构特征进行了调查研究。通过野外水样采集，根据《中国淡水藻类——系统、分类及生态》、《中国淡水藻志》、《中国淡水轮虫志》、《中国动物志・节肢动物门・甲壳纲・淡水枝角类》和《中国动物志・节肢动物门・甲壳纲・淡水桡足类》等，经室内分析鉴定，初步鉴定浮游生物共有129属296种，其中，浮游植物87属221种，浮游动物42属75种。在光学显微镜下，对这些浮游生物进行了鉴定，描述了这些浮游生物物种的外部形态和鉴定特征，提供了光学显微镜下的实物彩色图片。浮游生物外部形态鉴定特征和实物彩色图片指导初学者在较短时间内掌握基本鉴定方法，有助于提高浮游生物鉴定的准确度，为利用浮游生物记录分析湖泊水环境质量提供可靠和实用的手段及依据。

本书研究成果得到了水体污染控制与治理科技重大专项子课题（项目名称：巢湖水污染治理与富营养化综合控制技术及工程示范，项目编号：2009ZX07103-002，主持人：李进华和周忠泽；项目名称：湖泊型流域水生态系统健康与水功能分区技术，项目编号：2008ZX07526-001-03，主持人：周忠泽和孙庆业）、安徽省自然科学基金项目（项目名称：通江湖泊植被典型生态类型的生态对策，项目编号：090415202，主持人：周忠泽）、安徽省教育厅重点项目（项目名称：安徽沿江湿地植被与浮游植物动态研究，项目编号：KJ2008A043，主持人：周忠泽）、中国—欧盟生物多样性项目子课题（项目名称：通过市政府行政管理、能力和社会责任保护湿地生物多样性，项目编号：00056783，主持人：周立志）、安徽省基础生物学实验示范中心项目及安徽省基础生物学实验精品课程项目（项目名称：2006年度高等学校省级精品课程“基础生物学实验”，主持人：周忠泽）的大力支持。需要指出的是，为满足师生们掌握基本鉴定方法的需要，本书中直接摘录和引用了相关著作的内容，引用书目详见文后“参考文献”，特此说明，并深表谢意！

在本书的编写过程中，得到了许多同志的支持和帮助。中国科学院水生生物研究所的刘国祥研究员、冯伟松副研究员等对本书给予了悉心指导、审稿和修订，在此谨向他们致以深切的谢意。

本书的编著凝聚了全体撰稿人员的心血，是集体智慧的结晶。但限于作者水平和经验，书中不足或疏漏在所难免，恳请各位同仁和读者批评指正，以便再版时修改。

作　者

2019 年 5 月

目　录

上部 浮游植物

下部　浮 游 动 物

第一章　引　　论

一、浮游动物的采集、观察鉴定和定量测定

1　试验器材与试剂

1）试验器材：13 号浮游生物网、25 号浮游生物网，1 L 采水器、5 L 采水器，1000 ml 水样瓶、30 ml 玻璃试剂瓶、1000 ml 筒形定量分液漏斗（或 1000 ml 广口试剂瓶）、内径 2～3 ml 玻璃管、吸耳球，0.1 ml 计数框、1 ml 计数框、5 ml 计数框、0.1 ml 刻度吸管、1 ml 刻度吸管、5 ml 刻度吸管，显微镜、盖玻片、载玻片、弯头镊子、直头镊子、实体解剖镜、解剖针、纱布。

2）试剂：福尔马林（含 36% 甲醛水溶液）固定剂；1% 硫酸镉麻醉剂；鲁哥氏液固定剂（配制方法：称取碘化钾 20 g，加入 200 ml 含 20 ml 冰醋酸的蒸馏水，待完全溶解，再加入碘 10 g，储存于密闭的棕色试剂瓶中）。

2　样品采集、固定和浓缩

1）依据湖泊的大小、形状、深度、湖心、湖湾及污水吐口，湖水进、出口的不同生态环境特点，选出具有代表性的各类生物的栖息场所，设置采样点，使采到的标本能代表各区内生长的生物种类和产量的一般状况，采样点的数量可根据工作需要和具体条件而定。

2）采样层次一般湖水深度不超过 3 m，可于水表面下 0.5 m 处采样；水深 3～10 m 的湖泊至少应取表层（0.5 m）和底层（离湖底 0.5 m）两个水样；水深大于 10 m 的深水湖泊或水库还应根据情况增加采样层次。再将各层样品混合均匀，取出定量样品。采样频率最好每月一次，或至少每季度一次，或根据水文和水排放情况而确定。

3）采集原生动物和轮虫定性样品，用 25 号浮游生物网（网孔 0.064 mm）；采集枝角类和桡足类定性样品，用 13 号网（网孔 0.112 mm）捞取，滤水较快。采样时，以网口上端刚在水面或水深 0.3 m 处做倒“8”字形的循回拖动，3～5 min 后，将网慢慢提起，使浮游动物集中在网头内，打开活塞，使样品流入瓶内，立即固定。原生动物和轮虫用 1% 鲁哥氏液固定，甲壳类加 5% 甲醛固定。另采半瓶样品不固定，供原生动物活体观察用。所有样品都应加贴标签，写明时间、地点等内容。

4）原生动物、轮虫和无节幼体定量样品可共用浮游植物的定量样品（定量标本每个水样采 1000 ml，水样应立即加入鲁哥氏液，用量为水样量的 1%，即 10 ml 左右，摇匀）。

5）枝角类和桡足类定量样品，用采水器采 5～10 L 水，用 25 号网过滤浓缩，然后加入 4% 福尔马林固定。带回实验室静置 24 h 后定容至 30 ml。

3 样品观察与鉴定

1）浮游动物的种类组成极为复杂，鉴定浮游动物的种类需要较专门的知识和训练。一般根据浮游动物的形态特征和大小来分类鉴定。参照著作有《淡水浮游生物研究方法》、《中国淡水轮虫志》、《中国动物志 · 节肢动物门 · 甲壳纲 · 淡水枝角类》和《中国动物志 · 节肢动物门 · 甲壳纲 · 淡水桡足类》。

2）原生动物应进行活体观察，在中倍显微镜（一般 200 倍）下分类鉴定。镜检时，可在盖玻片沿边加一滴 1% 硫酸镉进行麻醉，剩余硫酸镉要用滤纸吸掉。轮虫、枝角类、桡足类用低倍显微镜（一般 100 倍）和实体解剖镜进行镜检。主要或优势种类鉴定后应有关于它们形态的简要描述和草图，以便查对。

3）轮虫的种类鉴定需活体观察，为方便起见可加适当的麻醉剂，如普鲁卡因、乌来糖（尿烷）或苏打水等。

4 定量测定

1）浮游动物的计数，用计数框进行。原生动物计数时，先将浓缩水样充分摇匀后，用吸管吸出 0.1 ml 样品，置于 0.1 ml 计数框内，盖上盖玻片，在 100～400 倍显微镜下进行全片计数。轮虫和无节幼虫计数时，取摇匀的浓缩样品 1 ml，放入 1 ml 计数框内，全片计数。每个样品计数 2 片，求出平均值，再依公式换算成每升水中的数量。

2）枝角类和桡足类计数时，可将浓缩样品摇匀，用粗吸管吸 5 ml 样品，置于 5 ml 计数框内，在低倍显微镜（或实体解剖镜）下进行全片计数。如果水样中甲壳类标本量很少，则可将全部样品浓缩为 5 ml，用 5 ml 计数框全部计数。枝角类和桡足类计数时，如果样品中有过多的藻类，则可加伊红（Eosin-Y）染色。无节幼体（桡足类的幼体）一般很小，可与枝角类和桡足类一样全部计数（或稀释后取样计数），也可在 1 L 沉淀样品中，用与轮虫相同的方法进行计数。

3）每升水样内浮游动物总数等于各类群个体数之和。每种类群浮游动物个体数 N_i 可按下列公式计算：

$$N_i=\frac{C\times V_1}{V_2\times V_3}$$

式中，N_i 为每升水中浮游动物的数量；C 为计数所得个体数；V_1 为浓缩样品体积（ml）；V_2 为计数体积（ml）；V_3 为采样量体积（L）。

5 数据处理

浮游动物群落结构特征采用生物多样性指数进行表征，Shannon-Wiener 多样性指

数（H'）、Margalef 多样性指数（丰富度指数）（D）、Pielou 均匀度指数（J）计算公式分别为

$$H' = -\sum_{i=1}^{S}(n_i / N)\log_2(n_i / N)$$

$$D=(S-1)\log_2 N$$

$$J=H'/\log_2 S$$

浮游动物的优势度（Y）计算为

$$Y=(n_i / N)\times f_i$$

式中，S 为群落中的物种数目；N 为采集样品中所有种类的总个体数；n_i 为采集样品中第 i 种个体数；f_i 为该种在各站点出现的频率。

二、浮游植物的采集、观察鉴定和定量测定

1 试验器材与试剂

1）试验器材：25 号浮游植物采集网、2.5 L 采水器、1000 ml 聚乙烯水样瓶、1000 ml 玻璃试剂瓶、30 ml 玻璃试剂瓶、1000 ml 筒形定量分液漏斗、内径 2～3 mm 玻璃管、吸耳球、0.1 ml 计数框、0.1 ml 刻度吸管、100 μl 微量吸液器、显微镜、盖玻片（22 mm×22 mm，0.17 mm 厚）、载玻片（25.4 mm×76.2 mm，0.8 mm 厚）、镊子、解剖针、胶头滴管、纱布。

2）试剂：福尔马林（含 36% 甲醛水溶液）固定剂、液体石蜡（封片用）、鲁哥氏液固定剂（制法：称取碘化钾 20 g，加入 200 ml 含 20 ml 冰醋酸的蒸馏水，待完全溶解，再加入碘 10 g，储存于密闭的棕色试剂瓶中）。

2 样品采集、固定和浓缩

采集浮游植物的工具有浮游植物采集网和采水器。

采样点的设置可根据湖泊的环境条件、水文特征和工作需要而确定，一般应在湖泊的中心区、主要湖湾区、流入区和流出区选点采样。采样层次是依水深而定，水深在 3 m 内，水团混合良好的湖泊可只取表层（0.5 m）一个水样；水深 3～10 m 的湖泊至少应取表层（0.5 m）和底层（离湖底 0.5 m）两个水样；水深大于 10 m 的深水湖泊或水库还应根据情况增加采样层次。采样频率最好每月一次，或至少每季度一次，或根据水文和水排放情况而确定。

每个采样点分定性和定量采样。定性标本用浮游植物网在表层水中捞取，采样时，用 25 号筛绢网（网孔 0.064 mm），以网口上端刚在水面或水深 0.3 m 处做倒“8”字形

的循回拖动，3～5 min 后，将网慢慢提起，使浮游动物集中在网头内，打开活塞，使样品流入瓶内，立即固定。用网捞取的浮游植物多半是较大型的藻类。水量也不能精确定量。因此只能用于一般定性镜检，不能做定量计数。

定量标本每个水样采 1000 ml，水样应立即加入鲁哥氏液，用量为水样量的 1%，即 10 ml 左右，摇匀。固定后的水样带回实验室后，摇匀倒入 1000 ml 筒形分液漏斗，将装有水样的分液漏斗固定在架子上，放在稳定的实验台上，静置沉淀 48 h 以上，用细小虹吸管小心吸去上层清液，直至浮游植物沉淀物体积约 20 ml，旋开活塞放入标有 30 ml 刻度的标本瓶中，再用少许上层清液冲洗沉淀分液漏斗 1～3 次，一并放入瓶中，定容到 30 ml。如定量样品水量超过 30 ml，可静置到次日，再小心吸去样品中多余的上层清液。如无分液漏斗，可在试剂瓶中，以同样方法逐次浓缩至 30 ml。

每瓶样品必须贴上标签，标明地点、日期、采样点号。需长期保存的样品，可加入 1 ml 福尔马林。

3 样品观察与鉴定

1）制作临时装片：将浓缩后的样品摇匀，打开瓶塞，用胶头滴管取一滴含藻类标本的样品于载玻片上，用镊子盖上盖玻片，在显微镜下用一定放大倍数（200～400 倍）观察。制作临时装片用过的载玻片和盖玻片可用自来水冲洗干净，用纱布擦干后再用。

2）种类鉴定：藻类的种类鉴定需要较专门的知识和训练。一般根据色素体的颜色和形态分门，根据藻体体形定属种。那些对富营养类型划分有指示意义的种类和优势种类，最好能鉴定到属种。主要或优势种类鉴定后应有关于它们形态的简要描述和草图，以便查对。参照著作有《中国淡水藻类——系统、分类及生态》和《中国淡水藻志》。

由于硅藻壳面（上壳和下壳）和带面观各有差异，观察鉴定时可用解剖针轻轻敲击盖玻片，观察其不同的部位。

种类鉴定一般用定性标本进行观察，如果用定量标本先做定性观察，则应在做镜检后将样品洗回样品瓶中，且防止样品的混杂污染。

4 定量测定

1）浮游植物定量计数方法很多，为了使调查数据有较好的可比性，采用视野法进行计数，用 0.1 ml 计数框，面积 20 mm×20 mm，框上纵横划分 10 行，共有 100 个小格，每小格面积是 2 mm×2 mm。计数时将样品充分摇匀，立即打开瓶塞，用 0.1 ml 吸管在中央部吸出 0.1 ml 样品，注入计数框内，用镊子小心盖上盖玻片（22 mm×22 mm），使标本均匀分布，计数框内应无气泡。必要时在盖玻片边缘小心涂上少许液体石蜡，防止在计数过程中样品蒸发出现气泡。然后在显微镜下，用一定放大倍数（200～400 倍，一般采用目镜 10 倍、物镜 40 倍）的视野面积对浮游植物的个体数或细胞数计数。

2）计数时应先计算出视野面积，即用台微尺测量该放大倍数下的视野直径，按圆

面积公式 πr^2 计算。计数视野的数目应根据样品中浮游植物数量来确定，一般每片计数100～500个视野，所计数的视野应在计数框内平均分配。

在计数时，如遇到一个浮游植物个体或细胞的一部分在视野内，而另一部分在视野外，则可规定在视野上半圈的个体或细胞不计数，而在下半圈计数。

每一计数样品应取样和计数两次（两片），取其平均值，两次结果与平均数相差应不大于15%，否则需继续取样计数。

参照著作为《淡水浮游生物研究方法》。

3）把计数所得的结果按下列公式换算成每升水中浮游植物的数量：

$$N=\left[\frac{A}{A_c}\times\frac{V_w}{V}\right]\times n=K\times n$$

式中，N 为每升水中浮游植物的数量；A 为计数框面积（mm^2）；A_c 为计数面积（mm^2），即视野面积 × 视野数；V_w 为1 L水样经沉淀浓缩后的样品体积（ml）；V 为计数框的体积（ml）；n 为计数所得的浮游植物个体数或细胞数；K 为常数。

按上述方法进行采样、浓缩、计数。A 为 400 mm^2，V_w 为 30 ml，V 为 0.1 ml。因此，只要计数方法确定，就可求出一常数 K，每次计数只要把 n 值乘以 K 值，就可以得到 N。如果计数视野数为 x，视野直径为 D_0，则有 K_x。

$$K=\frac{A}{A_c}\times\frac{V_w}{V}$$

$$K_x=\frac{A}{A_c}\times\frac{V_w}{V}=\frac{16\,000\times V_w}{\pi D_0^{\ 2}x}$$

5　数据处理

浮游植物群落结构特征采用生物多样性指数进行表征，Shannon-Wiener多样性指数（H'）、Margalef多样性指数（丰富度指数）（D）、Pielou均匀度指数（J）计算公式分别为

$$H'=-\sum_{i=1}^{S}(n_i/N)\log_2(n_i/N)$$

$$D=(S-1)\log_2 N$$

$$J=H'/\log_2 S$$

浮游植物的优势度计算为

$$Y=(n_i/N)\times f_i$$

式中，S 为群落中的物种数目；N 为采集样品中所有种类的总个体数；n_i 为采集样品中第 i 种个体数；f_i 为该种在各站点出现的频率。

第二章　通江湖泊浮游生物群落结构特征

一、华阳河湖群

1　采样点设置

华阳河湖群（29°52′～30°58′N，116°00′～116°33′E）共设置采样点 27 个，从西向东分别为龙感湖、黄大湖、泊湖，共设置 11 个点，黄大湖共设置 9 个点，泊湖共设置 7 个点，龙感湖西边 S1、S2、S3、S4 位于湖北省，水生植被分布广泛（图 2-1）。2015 年 4 月、7 月、10 月和 2016 年 1 月（分别代表春、夏、秋、冬四季）乘船到各采样点采集样品，在每月下旬采样。

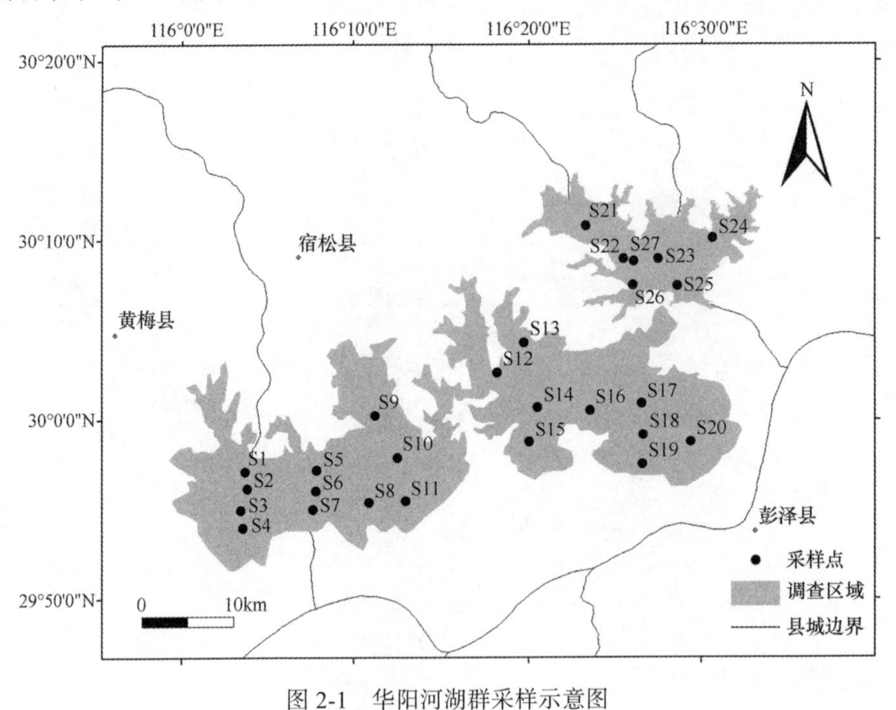

图 2-1　华阳河湖群采样示意图

Figure 2-1　Sampling sites in the Huayanghe Lake

2　华阳河湖群浮游动物群落结构特征

（1）种类组成

本次研究共检出浮游动物 18 科 32 属 52 种（表 2-1），其中，轮虫 9 科 20 属 38

表 2-1 华阳河湖群浮游动物名录

Table 2-1 Zooplankton list in the Huayanghe Lake

序号	科	属	种	拉丁名
	轮虫			
1	臂尾轮科	臂尾轮属	萼花臂尾轮虫	*Brachionus calyciflorus*
2			花篋臂尾轮虫	*Brachionus capsuliflorus*
3			角突臂尾轮虫	*Brachionus angularis*
4			壶状臂尾轮虫	*Brachionus urceus*
5			蒲达臂尾轮虫	*Brachionus budapestiensis*
6			矩形臂尾轮虫	*Brachionus leydigi*
7			剪形臂尾轮虫	*Brachionus forficula*
8			镰状臂尾轮虫	*Brachionus falcatus*
9		须足轮属	透明须足轮虫	*Euchlanis pellucida*
10		龟甲轮属	螺形龟甲轮虫	*Keratella cochlearis*
11			矩形龟甲轮虫	*Keratella quadrata*
12			曲腿龟甲轮虫	*Keratella valga*
13		裂足轮属	裂足轮虫	*Schizocerca diversicornis*
14		平甲轮属	十指平甲轮虫	*Platyias militaris*
15		鬼轮属	方块鬼轮虫	*Trichotria tetractis*
16		叶轮属	唇形叶轮虫	*Notholca labis*
17	疣毛轮科	多肢轮属	针簇多肢轮虫	*Polyarthra trigla*
18		皱甲轮属	郝氏皱甲轮虫	*Ploesoma hudsoni*
19		疣毛轮属	尖尾疣毛轮虫	*Synchaeta stylata*
20	晶囊轮科	晶囊轮属	前节晶囊轮虫	*Asplanchna priodonta*
21	鼠轮科	同尾轮属	纤巧同尾轮虫	*Diurella tenuior*
22			尖头同尾轮虫	*Diurella tigris*
23		异尾轮属	纵长异尾轮虫	*Trichocerca elongata*
24			细异尾轮虫	*Trichocerca gracilis*
25			长刺异尾轮虫	*Trichocerca longiseta*
26			对棘异尾轮虫	*Trichocerca stylata*
27			暗小异尾轮虫	*Trichocerca pusilla*
28			圆筒异尾轮虫	*Trichocerca cylindrica*
29	腔轮科	单趾轮属	尖角单趾轮虫	*Monostyla hamata*
30			月形单趾轮虫	*Monostyla lunaris*
31		腔轮属	月形腔轮虫	*Lecane luna*
32	镜轮科	三肢轮属	迈氏三肢轮虫	*Filinia maior*
33			长三肢轮虫	*Filinia longiseta*
34	椎轮科	拟哈林轮属	象形拟哈林轮虫	*Pseudoharringia semilis*

续表

序号	科	属	种	拉丁名
35	旋轮科	轮虫属	懒轮虫	*Rotaria tardigrada*
36	腹尾轮科	无柄轮属	没尾无柄轮虫	*Ascomorpha ecaudis*
37			舞跃无柄轮虫	*Ascomorpha saltans*
38		彩胃轮属	卵形彩胃轮虫	*Chromogaster ovalis*
	枝角类			
39	仙达溞科	秀体溞属	多刺秀体溞	*Diaphanosoma sarsi*
40	裸腹溞科	裸腹溞属	微型裸腹溞	*Moina micrura*
41	溞科	溞属	僧帽溞	*Daphnia cucullata*
42	象鼻溞科	象鼻溞属	长额象鼻溞	*Bosmina longirostris*
43			脆弱象鼻溞	*Bosmina fatalis*
44		基合溞属	颈沟基合溞	*Bosminopsis deitersi*
45	盘肠溞科	尖额溞属	矩形尖额溞	*Alona rectangula*
46			肋形尖额溞	*Alona costata*
	桡足类			
47	剑水蚤科	中剑水蚤属	广布中剑水蚤	*Mesocyclops leuckarti*
48		小剑水蚤属	跨立小剑水蚤	*Microcyclops vaticans*
49		温剑水蚤属	透明温剑水蚤	*Thermocyclops hyalinus*
50	长腹剑水蚤科	窄腹剑水蚤属	中华窄腹剑水蚤	*Limnoithona sinensis*
51	胸刺水蚤科	华哲水蚤属	汤匙华哲水蚤	*Sinocalanus dorrii*
52	伪镖水蚤科	许水蚤属	指状许水蚤	*Schmackeria inopinus*

种，占物种总数的73.08%；枝角类5科6属8种，占物种总数的15.38%；桡足类4科6属6种，仅占物种总数的11.54%。春季共检出浮游动物13科23属32种，夏季16科22属34种，秋季14科22属35种，冬季10科15属21种。冬季浮游动物种类与其他3个季节相比，检出的种类较少，秋季检出的种类最多；各个季节及总的种类组成中，皆是轮虫所占的比例最大，枝角类和桡足类所占比例较少。

华阳河湖群浮游动物优势种具有明显的季节和空间动态变化特征。华阳河湖群春季后生浮游动物的全湖优势种共7种，其中，轮虫5种、枝角类1种、桡足类1种，主要优势种有螺形龟甲轮虫、前节晶囊轮虫、长额象鼻溞、汤匙华哲水蚤。春季龙感湖和黄大湖的主要优势种均为螺形龟甲轮虫、前节晶囊轮虫、长额象鼻溞、汤匙华哲水蚤，而泊湖主要优势种为螺形龟甲轮虫、郝氏皱甲轮虫、长额象鼻溞、汤匙华哲水蚤。螺形龟甲轮虫、长额象鼻溞和汤匙华哲水蚤在三个湖区均为优势种。

华阳河湖群夏季浮游动物的全湖优势种共17种，其中，轮虫8种、枝角类4种、桡足类5种，主要优势种有角突臂尾轮虫、剪形臂尾轮虫、对棘异尾轮虫、多刺秀体溞、长额象鼻溞、跨立小剑水蚤、中华窄腹剑水蚤。夏季龙感湖的主要优势种为针簇多肢轮虫、对棘异尾轮虫、长额象鼻溞、多刺秀体溞、跨立小剑水蚤；黄大湖的主要优势种为剪形臂尾轮虫、角突臂尾轮虫、长额象鼻溞、中华窄腹剑水蚤、跨立小剑水蚤；泊湖的主要优势种为剪形臂尾轮虫、角突臂尾轮虫、长额象鼻溞、中华窄腹剑水蚤。对棘异尾轮虫、角突臂尾轮虫、裂足轮虫、多刺秀体溞、长额象鼻溞、跨立小剑水蚤、透明温剑水蚤、中华窄腹剑水蚤在三个湖区均为优势种。

华阳河湖群秋季浮游动物全湖优势种共 13 种，其中，轮虫 10 种、枝角类 1 种、桡足类 2 种，主要优势种有角突臂尾轮虫、裂足轮虫、长额象鼻溞、中华窄腹剑水蚤。秋季龙感湖的主要优势种为角突臂尾轮虫、裂足轮虫、长额象鼻溞、中华窄腹剑水蚤；黄大湖的主要优势种为角突臂尾轮虫、裂足轮虫、纵长异尾轮虫、前节晶囊轮虫、长额象鼻溞、中华窄腹剑水蚤；泊湖的主要优势种为裂足轮虫、长额象鼻溞、中华窄腹剑水蚤。裂足轮虫、角突臂尾轮虫、前节晶囊轮虫、迈氏三肢轮虫、长额象鼻溞、中华窄腹剑水蚤、汤匙华哲水蚤在三个湖区均为优势种。

华阳河湖群冬季浮游动物全湖优势种共 9 种，其中，轮虫 5 种、枝角类 1 种、桡足类 3 种，主要优势种有针簇多肢轮虫、脆弱象鼻溞、汤匙华哲水蚤、中华窄腹剑水蚤。冬季龙感湖的主要优势种为针簇多肢轮虫、脆弱象鼻溞、透明温剑水蚤；黄大湖的主要优势种为针簇多肢轮虫、脆弱象鼻溞、汤匙华哲水蚤、中华窄腹剑水蚤；泊湖的主要优势种为针簇多肢轮虫、脆弱象鼻溞、矩形尖额溞、汤匙华哲水蚤。角突臂尾轮虫、萼花臂尾轮虫、针簇多肢轮虫、迈氏三肢轮虫、螺形龟甲轮虫、脆弱象鼻溞、汤匙华哲水蚤在三个湖区均为优势种。

（2）密度与生物量

华阳河湖群浮游动物春季的平均密度为 413.69 ind./L，夏季的平均密度为 223.08 ind./L，秋季的平均密度为 2061.62 ind./L，冬季的平均密度为 717.18 ind./L，秋季后生浮游动物的密度远高于其他季节，变化趋势为秋季＞冬季＞春季＞夏季。在龙感湖、黄大湖、泊湖，后生浮游动物密度的季节变化的趋势相同，皆为秋季＞冬季＞春季＞夏季；在后生浮游动物密度的组成中，轮虫和桡足类密度占较大比例，而枝角类所占比例较小（图 2-2）。

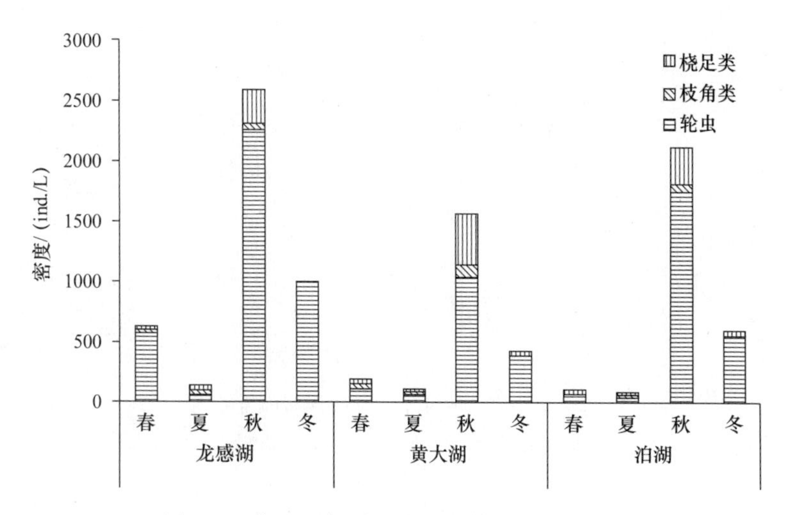

图 2-2 华阳河湖群浮游动物密度的季节变化

Figure 2-2 Seasonal changes of zooplankton density in the Huayanghe Lake

华阳河湖群后生浮游动物春季平均生物量为 7.86 mg/L，夏季平均生物量为 3.40 mg/L，秋季平均生物量为 12.67 mg/L，冬季平均生物量为 1.77 mg/L，变化趋势为秋季＞春季＞夏季＞冬季。龙感湖和泊湖生物量的季节变化趋势为秋季＞春季＞夏季＞冬季，而黄大湖的变化趋势为秋季＞春季＞冬季＞夏季。在后生浮游动物生物量的组成中，桡足类和轮虫所占比例较大，而枝角类所占比例较小（图 2-3）。

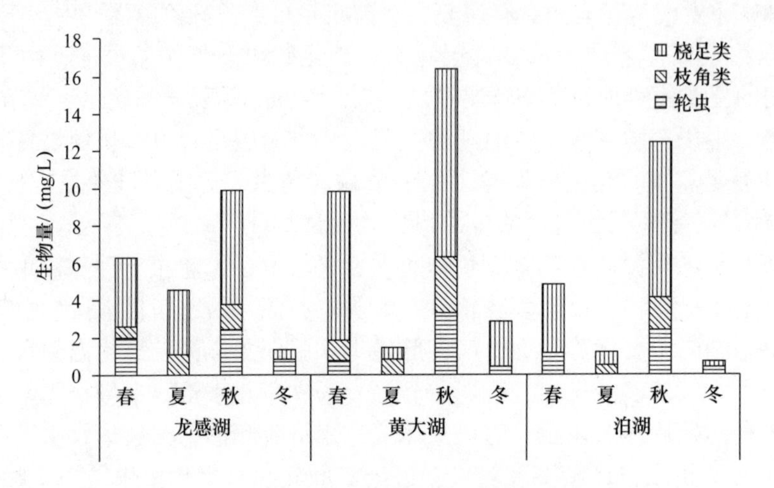

图 2-3　华阳河湖群浮游动物生物量的季节变化

Figure 2-3　Seasonal changes of zooplankton biomass in the Huayanghe Lake

（3）生物多样性指数

春季华阳河湖群浮游动物的 Shannon-Wiener 指数（H'）的平均值为 2.37±0.52，夏季的平均值为 2.86±0.37，秋季的平均值为 2.644±0.50，冬季的平均值为 1.98±0.44，变化趋势为夏季＞秋季＞春季＞冬季（图 2-4）。

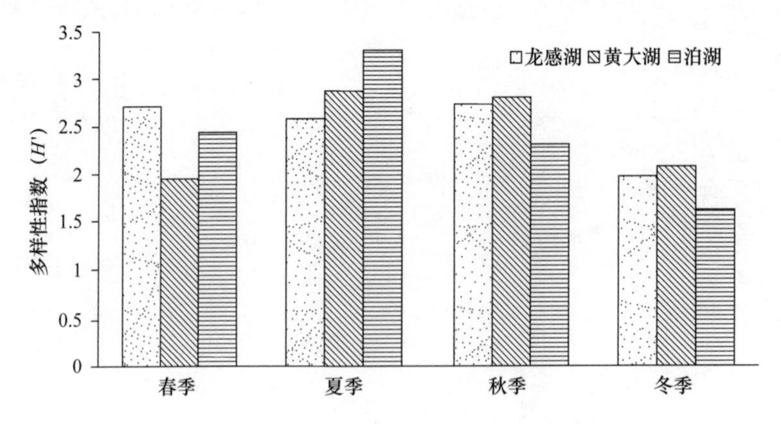

图 2-4　华阳河湖群浮游动物多样性指数

Figure 2-4　Zooplankton diversity index of the Huayanghe Lake

3 华阳河湖群浮游植物群落结构特征

（1）种类组成

四季调查，共有物种8门85属183种（表2-2），其中绿藻门35属83种（45.36%）；硅藻门21属43种（23.50%）；蓝藻门14属29种（15.85%）；裸藻门7属16种（8.74%）；甲藻门3属4种；金藻门2属4种（2.19%）；黄藻门所占比例最低，为1属1种（0.55%）；隐藻门2属3种（0.16%）。春季共调查到物种7门59属98种，其中绿藻门最多，为24属43种（43.88%），其次为硅藻门15属26种（26.53%）。夏季调查到物种共7门54属106种，绿藻门20属49种（46.23%），其次为蓝藻门12属26种（24.53%）。秋季调查到物种共8门63属121种，绿藻门27属59种（48.76%），其次为硅藻门15属25种（20.66%）。冬季调查到物种共7门59属93种，其中绿藻门最多为21属41种（占44.09%），其次为硅藻门17属25种（占26.88%）（图2-5）。

表2-2 华阳河湖群浮游植物名录

Table 2-2 List of phytoplankton in the Huayanghe Lake

序号	门	属	种	拉丁名
1	硅藻门	棒杆藻属	弯棒杆藻	*Rhopalodia gibba*
2		波缘藻属	草鞋形波缘藻	*Cymatopleura solea*
3		布纹藻属	尖布纹藻	*Gyrosigma acuminatum*
4		窗纹藻属	膨大窗纹藻颗粒变种	*Epithemia turgida* var. *granulata*
5		脆杆藻属	钝脆杆藻	*Fragilaria capucina*
6		单针藻属	单针藻属一种	*Monoraphidium* sp.
7		辐节藻属	尖辐节藻	*Stauroneis acuta*
8		菱形藻属	奇异菱形藻	*Nitzschia paradoxa*
9			针状菱形藻	*Nitzschia acicularis*
10		卵形藻属	扁圆卵形藻	*Cocconeis placentula*
11		绿梭藻属	长绿梭藻	*Chlorogonium elongatum*
12		美壁藻属	偏肿美壁藻	*Caloneis ventricosa*
13		桥弯藻属	箱形桥弯藻	*Cymbella cistula*
14			尖头桥弯藻	*Cymbella cuspidate*
15		扇形藻属	环状扇形藻	*Meridion circulare*
16		双菱藻属	端毛双菱藻	*Surirella capronii*
17			线形双菱藻	*Surirella linearis*
18			美丽双菱藻	*Surirella elagans*
19			粗壮双菱藻	*Surirella robusta*
20		双眉藻属	卵圆双眉藻	*Amphora ovalis*
21		小环藻属	扭曲小环藻	*Cyclotella comta*

续表

序号	门	属	种	拉丁名
22			广缘小环藻	*Cyclotella bodanica*
23			科曼小环藻	*Cyclotella comensis*
24			梅尼小环藻	*Cyclotella meneghiniana*
25		星杆藻属	华丽星杆藻	*Asterionella formosa*
26			冰河星杆藻	*Asterionella glacialis*
27		异极藻属	尖顶异极藻	*Gomphonema augur*
28			缢缩异极藻头状变种	*Gomphonema constrictum* var. *capitatum*
29			纤细异极藻	*Gomphonema gracile*
30		针杆藻属	尖针杆藻	*Synedra acus*
31			放射针杆藻	*Synedra berolineasis*
32			平片针杆藻	*Synedra tabulata*
33			肘状针杆藻	*Synedra ulna*
34		直链藻属	颗粒直链藻	*Melosira granulata*
35			颗粒直链藻极狭变种	*Melosira granulata* var. *angustissima*
36			颗粒直链藻极狭变种螺旋变型	*Melosira granulata* var. *angustissima* f. *spiralis*
37			意大利直链藻	*Melosira italica*
38			岛直链藻	*Melosira islandica*
39		舟形藻属	杆状舟形藻	*Navicula bacillum*
40			尖头舟形藻	*Navicula cuspidata*
41			短小舟形藻	*Navicula exigua*
42			双头舟形藻	*Navicula dicephala*
43			披针形舟形藻	*Navicula lanceolata*
44	黄藻门	黄丝藻属	普通黄丝藻	*Tribonema vulgare*
45	甲藻门	多甲藻属	二角多甲藻	*Peridinium bipes*
46			威氏多甲藻	*Peridinium willei*
47		裸甲藻属	裸甲藻	*Gymnodinium aeruginosum*
48		角甲藻属	角甲藻	*Ceratium hirundinella*
49	金藻门	黄团藻属	旋转黄团藻	*Uroglena volvox*
50		锥囊藻属	圆筒形锥囊藻	*Dinobryon cylindricum*
51			长锥形锥囊藻	*Dinobryon bavaricum*
52			密集锥囊藻	*Dinobryon sertularia*
53	蓝藻门	棒胶藻属	史氏棒胶藻	*Rhabdogloea smithii*
54		颤藻属	阿氏颤藻	*Oscillatoria agardhii*
55			绿色颤藻	*Oscillatoria chlorina*
56			巨颤藻	*Oscillatoria princes*
57			弱细颤藻	*Oscillatoria tenuis*
58		集胞藻属	惠氏集胞藻	*Synechocystis willei*

续表

序号	门	属	种	拉丁名
59		小尖头藻属	弯形小尖头藻	*Raphidiopsis curvata*
60			中华小尖头藻	*Raphidiopsis sinensia*
61		螺旋藻属	大螺旋藻	*Spirulina major*
62		平裂藻属	马氏平裂藻	*Merismopedia marssonii*
63			细小平裂藻	*Merismopedia minima*
64		鞘丝藻属	湖泊鞘丝藻	*Lyngbya limnetica*
65		色球藻属	巨大色球藻	*Chroococcus giganteus*
66			湖沼色球藻	*Chroococcus limneticus*
67			微小色球藻	*Chroococcus minutus*
68		束丝藻属	水华束丝藻	*Aphanizomenon flos-aquae*
69		双色藻属	小双色藻	*Cyanobium parvum*
70		微囊藻属	铜绿微囊藻	*Microcystis aeruginosa*
71			水华微囊藻	*Microcystis flos-aquae*
72			假丝微囊藻	*Microcystis pseudofilamentosa*
73		隐球藻属	溪生隐球藻	*Aphanocapsa rivularis*
74			美丽隐球藻	*Aphanocapsa pulchra*
75		鱼腥藻属	卷曲鱼腥藻	*Anabaena circinalis*
76			固氮鱼腥藻	*Anabaena azotica*
77			崎岖鱼腥藻	*Anabaena inaequalis*
78			近亲鱼腥藻	*Anabaena affinis*
79			螺旋鱼腥藻	*Anabaena spiroides*
80			多变鱼腥藻	*Anabaena variabilis*
81		拟鱼腥藻属	环圈拟鱼腥藻	*Anabaenopsis circularis*
82	裸藻门	扁裸藻属	华美扁裸藻	*Phacus lismorensis*
83			长尾扁裸藻	*Phacus longicauda*
84			小型扁裸藻	*Phacus parvulus*
85			斯科亚扁裸藻	*Phacus skujae*
86			三棱扁裸藻	*Phacus triqueter*
87		柄裸藻属	树状柄裸藻	*Colacium arbuscula*
88			剑溞柄裸藻	*Colacium cyclopicola*
89			囊形柄裸藻	*Colacium vesiculosum*
90		袋鞭藻属	楔形袋鞭藻	*Peranema cuneatum*
91		裸藻属	带形裸藻	*Euglena ehrenbergii*
92			梭形裸藻	*Euglena acus*
93			尖尾裸藻	*Euglena oxyuris*
94		囊裸藻属	旋转囊裸藻	*Trachelomonas volvocina*
95		变胞藻属	尾变胞藻	*Astasia klebsii*

续表

序号	门	属	种	拉丁名
96		陀螺藻属	河生陀螺藻	*Strombomonas fluviatilis*
97			剑尾陀螺藻装饰变种	*Strombomonas ensifera* var. *ornata*
98	绿藻门	被刺藻属	被刺藻	*Franceia ovalis*
99		并联藻属	柯氏并联藻	*Quadrigula chodatii*
100		顶棘藻属	长刺顶棘藻	*Chodatella longiseta*
101			四刺顶棘藻	*Chodatella quadriseta*
102		弓形藻属	拟菱形弓形藻	*Schroederia nitzschioides*
103			硬弓形藻	*Schroederia robusta*
104			弓形藻一种	*Schroederia* sp.
105			螺旋弓形藻	*Schroederia spiralis*
106		鼓藻属	厚皮鼓藻	*Cosmarium pachydermum*
107			雷尼鼓藻	*Cosmarium regnellii*
108		角丝鼓藻属	扭联角丝鼓藻	*Desmidium aptogonum*
109		凹顶鼓藻属	小刺凹顶鼓藻	*Euastrum spinulosum*
110		微星鼓藻属	叶状微星鼓藻	*Micrasterias foliacea*
111		柱形鼓藻属	螺纹柱形鼓藻	*Penium spirostriolatum*
112		角星鼓藻属	六臂角星鼓藻	*Staurastrum senarium*
113			近环棘角星鼓藻	*Staurastrum subcyclacanthum*
114			钝齿角星鼓藻	*Staurastrum crenulatum*
115			钝角角星鼓藻	*Staurastrum retusum*
116			纤细角星鼓藻	*Staurastrum gracile*
117			珍珠角星鼓藻	*Staurastrum margaritaceum*
118		叉星鼓藻属	单角叉星鼓藻	*Staurodesmus unicornis*
119		多棘鼓藻属	冠毛多棘鼓藻	*Xanthidium cristatum*
120		集星藻属	河生集星藻	*Actinastrum fluviatile*
121		空球藻属	空球藻	*Eudorina elegans*
122			异球空球藻	*Eudorina illinoisensis*
123		空星藻属	空星藻	*Coelastrum sphaericum*
124		蓝纤维藻	不规则蓝纤维藻	*Dactylococcopsis irregularis*
125			针状蓝纤维藻	*Dactylococcopsis acicularis*
127		盘星藻属	盘星藻	*Pediastrum biradiatum*
128			短棘盘星藻	*Pediastrum boryanum*
129			二角盘星藻纤细变种	*Pediastrum duplex* var. *gracillimum*
130			二角盘星藻皱纹变种	*Pediastrum duplex* var. *regulosum*
131			二角盘星藻	*Pediastrum duplex*
132			单角盘星藻	*Pediastrum simplex*
133			单角盘星藻具孔变种	*Pediastrum simplex* var. *duodenarium*

续表

序号	门	属	种	拉丁名
134			四角盘星藻	*Pediastrum tetras*
135		肾形藻	肾形藻	*Nephrocytium agardhianum*
136		十字藻属	顶锥十字藻	*Crucigenia apiculata*
137			四角十字藻	*Crucigenia quadrata*
138			直角十字藻	*Crucigenia rectangularis*
139			四足十字藻	*Crucigenia tetrapedia*
140		实球藻属	实球藻	*Pandorina morum*
141			华丽实球藻	*Pandorina charkoviensis*
142		四棘藻属	粗刺四棘藻	*Treubaria crassispina*
143			四棘藻	*Treubaria triappendiculata*
144		四角藻属	三角四角藻	*Tetraëdron trigonum*
145			三叶四角藻	*Tetraëdron trilobulatum*
146			膨胀四角藻	*Tetraëdron tumidulum*
147		四链藻属	四链藻	*Tetradesmus wisconsinense*
148		四星藻属	华丽四星藻	*Tetrastrum elegans*
149			异刺四星藻	*Tetrastrum heterocanthum*
150		四月藻属	四月藻	*Tetrallanthos lagerheimii*
151		蹄形藻属	蹄形藻	*Kirchneriella lunaris*
152			肥壮蹄形藻	*Kirchneriella obesa*
153		微芒藻属	微芒藻	*Micractinium pusillum*
154		纤维藻属	镰形纤维藻	*Ankistrodesmus falcatus*
155			针形纤维藻	*Ankistrodesmus acicularis*
156			狭形纤维藻	*Ankistrodesmus angustus*
157			卷曲纤维藻	*Ankistrodesmus convolutus*
158			镰形纤维藻奇异变种	*Ankistrodesmus falcatus* var. *mirabilis*
159		小球藻属	蛋白核小球藻	*Chlorella pyrenoidosa*
160		小桩藻属	湖生小桩藻	*Characium limneticum*
161		新月藻属	纤细新月藻	*Closterium gracile*
162		衣藻属	密实衣藻	*Chlamydomonas conferta*
163			衣藻属一种	*Chlamydomonas* sp.
164			球衣藻	*Chlamydomonas globosa*
165		月牙藻属	端尖月牙藻	*Selenastrum westii*
166			小形月牙藻	*Selenastrum minutum*
167			月牙藻	*Selenastrum bibraianum*
168			纤细月牙藻	*Selenastrum gracile*
169		栅藻属	爪哇栅藻	*Scenedesmus javaensis*
170			尖细栅藻	*Scenedesmus acuminatus*

续表

序号	门	属	种	拉丁名
171			弯曲栅藻	*Scenedesmus arcuatus*
172			被甲栅藻博格变种双尾变型	*Scenedesmus armatus* var. *boglariensis* f. *bicaudatus*
173			双对栅藻	*Scenedesmus bijuga*
174			颗粒栅藻	*Scenedesmus granulatus*
175			齿牙栅藻	*Scenedesmus denticulatus*
176			二形栅藻	*Scenedesmus dimorphus*
177			裂空栅藻	*Scenedesmus perforatus*
178			扁盘栅藻	*Scenedesmus platydiscus*
179			四尾栅藻	*Scenedesmus quadricauda*
180		转板藻属	微细转板藻	*Mougeotia parvula*
181	隐藻门	蓝隐藻属	尖尾蓝隐藻	*Chroomonas acuta*
182		隐藻属	啮蚀隐藻	*Cryptomonas erosa*
183			卵形隐藻	*Cryptomonas ovata*

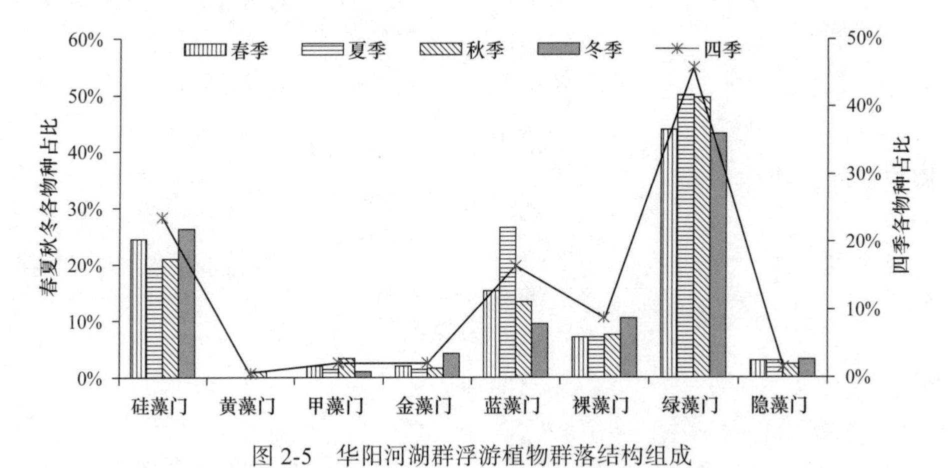

图 2-5　华阳河湖群浮游植物群落结构组成

Figure 2-5　Composition of phytoplankton community structure in the Huayanghe Lake

（2）浮游植物优势种组成

在本次调查中，共鉴定到优势种 24 种，四季都出现有 13 种。其中，春季优势种主要有：硅藻门的钝脆杆藻、梅尼小环藻、华丽星杆藻、放射针杆藻（*Synedra berolineasis*）、岛直链藻（*Melosira islandica*）、颗粒直链藻极狭变种、意大利直链藻（*Melosira italica*）；蓝藻门的绿色颤藻、弱细颤藻（*Oscillatoria tenuis*）。夏季优势种为蓝藻门的绿色颤藻、细小平裂藻、多变鱼腥藻、固氮鱼腥藻（*Anabaena azotica*）。秋季优势种主要为蓝藻门的绿色颤藻、细小平裂藻、多变鱼腥藻、卷曲鱼腥藻（*Anabaena circinalis*）；硅藻门的颗粒直链藻、颗粒直链藻极狭变种、钝脆杆藻；绿藻门的镰形纤维藻（*Ankistrodesmus falcatus*）、螺旋弓形藻、狭形纤维藻。冬季的优势种主要以硅藻门占优势种，包括颗粒直链藻、颗粒直链藻极狭变种、颗粒直链藻极狭变种螺旋变型

（*Melosira granulata* var. *angustissima* f. *spiralis*）、绿藻门的单角盘星藻（表 2-3）。

表 2-3　主要优势种的生物量（mg/L）

Table 2-3　Biomass of main dominant species（mg/L）

序号	种	拉丁名	春季	夏季	秋季	冬季
1	钝脆杆藻	*Fragilaria capucina*	0.15	0.43	1.47	0.06
2	梅尼小环藻	*Cyclotella meneghiniana*	0.05	0.09	0.01	0.02
3	华丽星杆藻	*Asterionella formosa*	0.65	0.01	2.81	0.01
4	颗粒直链藻	*Melosira granulata*	0.29	0.98	1.08	2.14
5	颗粒直链藻极狭变种	*Melosira granulata* var. *angustissima*	0.58	0.01	0.49	4.15
6	裸甲藻	*Gymnodinium aeruginosum*	0	1.01	0.01	0.64
7	绿色颤藻	*Oscillatoria chlorina*	0.09	6.03	1.59	0.06
8	细小平裂藻	*Merismopedia minima*	0	0.05	0.03	0
9	多变鱼腥藻	*Anabaena variabilis*	0	2.93	0.13	0
10	螺旋弓形藻	*Schroederia spiralis*	0.01	0.03	0.23	0
11	单角盘星藻	*Pediastrum simplex*	0	0.02	0.15	0.42
12	狭形纤维藻	*Ankistrodesmus angustus*	0.01	0.01	0.09	0.01
13	啮蚀隐藻	*Cryptomonas erosa*	0.08	0.02	0.05	0.02

（3）浮游植物细胞密度

调查期间，华阳河湖群四季浮游植物细胞密度的变化范围为 0.33×10^5～1.06×10^8 cells/L，平均细胞密度 86.92×10^5 cells/L，在夏季细胞密度最高，其中蓝藻门的细胞密度占到一定的比例，为 96%，在冬季，则主要以清水型的藻类占优势，主要为硅藻和金藻。春季浮游植物细胞密度的变化范围为 4.29×10^5～41.78×10^5 cells/L，平均细胞密度为 15.58×10^5 cells/L。其中硅藻门细胞密度最大，为 6.72×10^5 cells/L；蓝藻门种类密度次之，为 3.85×10^5 cells/L；其次为绿藻门种类，为 3.80×10^5 cells/L；隐藻门、裸藻门、甲藻门、金藻门依次递减，分别为 0.85×10^5 cells/L、0.26×10^5 cells/L、0.08×10^5 cells/L、0.02×10^5 cells/L。夏季浮游植物细胞密度的变化范围为 11.27×10^5～1.06×10^8 cells/L，平均细胞密度为 244.82×10^5 cells/L。其中蓝藻门细胞密度最大，为 236.36×10^5 cells/L；硅藻门种类密度次之，为 4.29×10^5 cells/L；再次为绿藻门种类，为 3.44×10^5 cells/L；隐藻门为 0.39×10^5 cells/L、裸藻门为 0.20×10^5 cells/L、甲藻门为 0.13×10^5 cells/L、金藻门为 0.02×10^5 cells/L。秋季浮游植物细胞密度的变化范围为 23.34×10^5～322.01×10^5 cells/L，平均细胞密度为 85.49×10^5 cells/L。其中，蓝藻门细胞密度最大，为 55.94×10^5 cells/L；硅藻门种类密度次之，为 13.09×10^5 cells/L；再次为绿藻门种类，为 14.48×10^5 cells/L；裸藻门为 0.92×10^5 cells/L、隐藻门为 0.59×10^5 cells/L，甲藻门、金藻门、黄藻门依次递减，分别为 0.36×10^5 cells/L、0.09×10^5 cells/L、0.01×10^5 cells/L。冬季浮游植物细胞密度的变化范围为 0.33×10^5～11.63×10^5 cells/L，平均细胞密度为 1.79×10^5 cells/L。其中，金藻门细胞密度最高，为 0.96×10^5 cells/L，其次为硅藻门，为 $0.36\times$

10^5 cells/L；甲藻门、绿藻门分别为 0.08×10^5 cells/L；蓝藻门、隐藻门、裸藻门依次递减，分别为 0.23×10^5 cells/L、0.05×10^5 cells/L、0.03×10^5 cells/L（图 2-6）。

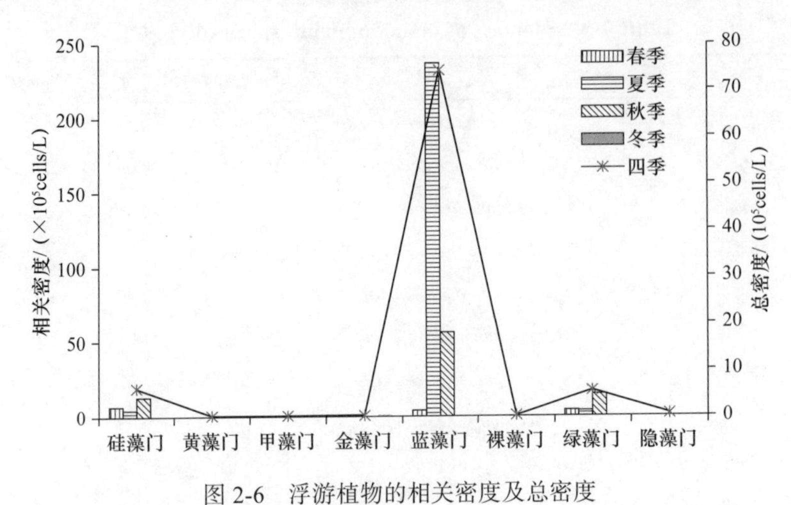

图 2-6　浮游植物的相关密度及总密度

Figure 2-6　Relative density and total density of phytoplankton

（4）浮游植物的生物量

本次调查华阳河湖群浮游植物生物量的年均值为 1.26 mg/L，范围为 0.12～43.15 mg/L，在四季的调查中，发现夏季蓝藻门生物量达到最大，春秋季时硅藻的生物量较大，冬季也以硅藻为最大值。春季浮游植物的生物量的均值为 4.36 mg/L，范围为 0.84～14.59 mg/L，其中硅藻门为 2.84 mg/L，其次为甲藻门 0.62 mg/L，绿藻门为 0.44 mg/L、隐藻门为 0.17 mg/L、裸藻门为 0.15 mg/L、蓝藻门为 0.14 mg/L、金藻门为 0.01 mg/L。夏季浮游植物的生物量均值为 12.90 mg/L，变化范围为 2.19～34.86 mg/L，蓝藻门的生物量为 9.16 mg/L，其次为硅藻门 1.70 mg/L，甲藻门为 1.01 mg/L、绿藻门为 0.67 mg/L、裸藻门为 0.15 mg/L、隐藻门为 0.09 mg/L、金藻门为 0.01 mg/L。秋季浮游植物生物量均值为 17.62 mg/L，变化范围为 7.56～43.15 mg/L，硅藻门生物量为 10.69 mg/L，其次为绿藻门 3.65 mg/L，蓝藻门为 1.82 mg/L、裸藻门为 1.33 mg/L、甲藻门为 0.56 mg/L、金藻门为 0.22 mg/L、隐藻门为 0.14 mg/L、黄藻门为 0.01 mg/L。冬季浮游植物生物量均值为 1.21 mg/L，变化范围为 0.12～3.72 mg/L，甲藻门为 0.64 mg/L，其次硅藻门生物量为 0.31 mg/L，裸藻门为 0.06 mg/L、绿藻门为 0.03 mg/L、金藻门为 0.15 mg/L、蓝藻门为 0.01 mg/L、隐藻门为 0.01 mg/L（图 2-7）。

（5）浮游植物多样性

1）Shannon-Wiener 多样性指数

一般情况下，Shannon-Wiener 多样性指数主要是用来反映群落多样性的复杂程度，当其降低时，说明环境受到了污染，在本研究中发现华阳河湖群的多样性指数均大于 2，故水质较为清洁，对四季进行计算，得出年平均值为 2.92±1.34，变化范围为 0.48～6.60。多样性指数为春季＞冬季＞秋季＞夏季，春季平均值为 4.48±0.96、夏季为 1.43±0.66、秋季为 2.82±0.96、冬季为 2.88±0.60。根据图 2-8 发现，在春季时 Shannon-Wiener 多样性指数最高，且龙感湖＞黄大湖＞泊湖，值分别为 4.78、4.65、

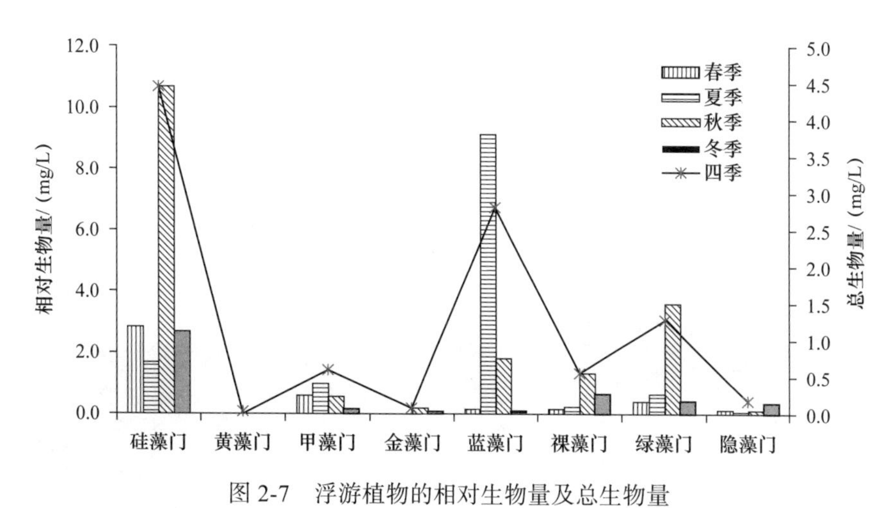

图 2-7　浮游植物的相对生物量及总生物量

Figure 2-7　Relative biomass and total biomass of phytoplankton

3.60；夏季最低，泊湖>黄大湖>龙感湖，值分别为 1.95、1.35、1.22；冬季时，黄大湖的多样性指数最高达到 3.13，其次是龙感湖 2.98，泊湖为 2.09；秋季龙感湖>黄大湖>泊湖，值分别为 3.14、2.88、1.99。综合四季的三个湖区发现，相对来说龙感湖的多样性指数最高，夏季时由于物种多样性相对较为单一导致水体一定程度的污染，故多样性指数小于 2（图 2-8）。

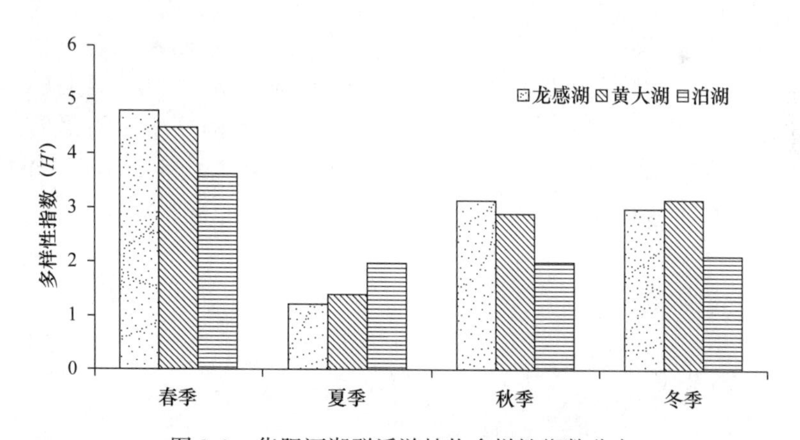

图 2-8　华阳河湖群浮游植物多样性指数分布

Figure 2-8　Distribution of phytoplankton diversity in the Huayanghe Lake

2）Pielou 均匀度指数

Pielou 均匀度指数主要是使用各站点的物种复杂程度，通过计算得出年平均值 0.60±0.27，范围变化为 0.10～1.19。均匀度指数为春季>冬季>秋季>夏季，分别为 0.92±1.65、0.63±1.28、0.52±0.18、0.30±1.42，夏季的水质最差，为中度污染。华阳河湖群由龙感湖、黄大湖、泊湖组成，对其四季进行分析，结果显示春季的均匀度指数在三个湖群都最高，龙感湖>黄大湖>泊湖，值分别为 0.95、0.92、0.80；夏季最低，泊湖>黄大湖>龙感湖，值分别为 0.42、0.28、0.25；冬季时，黄大湖>龙感湖>泊湖，值分别为 0.70、0.64、0.45；秋季时，龙感湖>黄大湖>泊湖，值分别为

0.59、0.53、0.36。根据四季三个湖区的对比发现春季水质最好，达到清洁，在夏季时，水质最差，特别是龙感湖，但综合发现，华阳河湖群基于多样性评价水质，相对较好（图 2-9）。

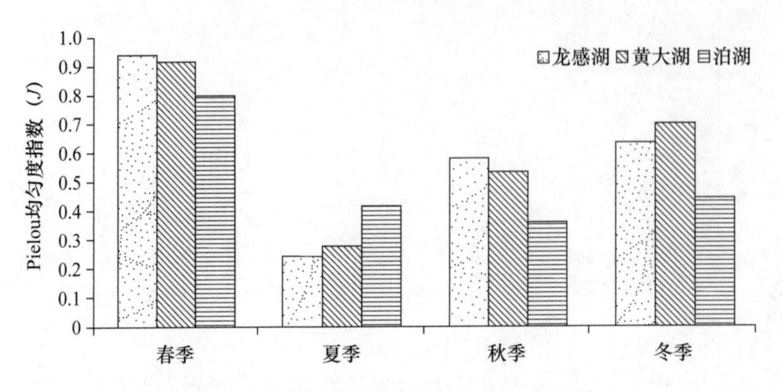

图 2-9　华阳河湖群浮游植物均匀度指数

Figure 2-9　Evenness index of phytoplankton in the Huayanghe Lake

3）Margalef 指数

Margalef 指数（*D*）主要反映群落物种丰富度，即群落中物种数目的多少，根据计算发现年平均值为 3.29±0.86，变化范围为 1.92～5.43。Margalef 指数为秋季>春季>冬季>夏季，分别为 4.01±0.67、3.75±0.73、2.76±0.54、2.57±0.42。根据图 2-10 发现秋季的丰富度指数要高于其他几个季节，泊湖>黄大湖>龙感湖，值分别为 4.18、4.09、3.74；其次是春季，龙感湖>黄大湖>泊湖，值分别为 4.07、3.69、2.96；冬季时，龙感湖>泊湖>黄大湖，值分别为 2.88、2.84、2.61；夏季时丰富度值最低，泊湖>黄大湖>龙感湖，值分别为 2.76、2.61、2.42。通过数值发现 *D* 的大体变化范围为 2～4，所以基于丰富度评价水质为中度污染（图 2-10）。

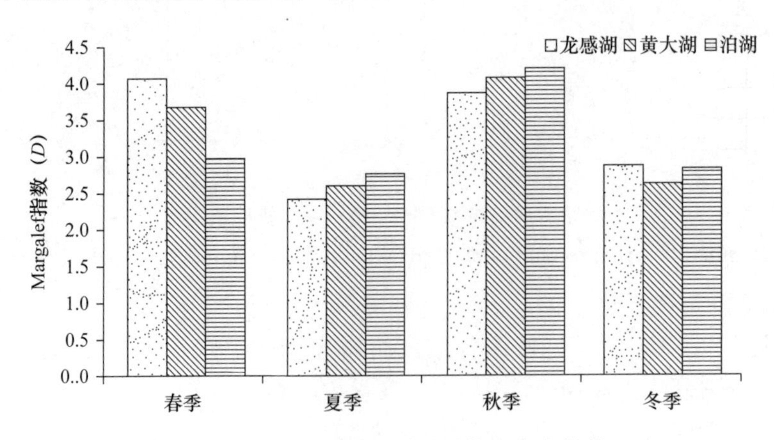

图 2-10　华阳河湖群浮游植物丰富度指数

Figure 2-10　Abundance index of phytoplankton in the Huayanghe Lake

二、升　金　湖

1　采样点设置

2014 年 8 月、11 月及 2015 年 1 月、3 月针对升金湖的上湖、中湖、下湖三个湖区的浮游动、植物群落结构进行定性和定量监测，具体采样点分布如图 2-11 所示。

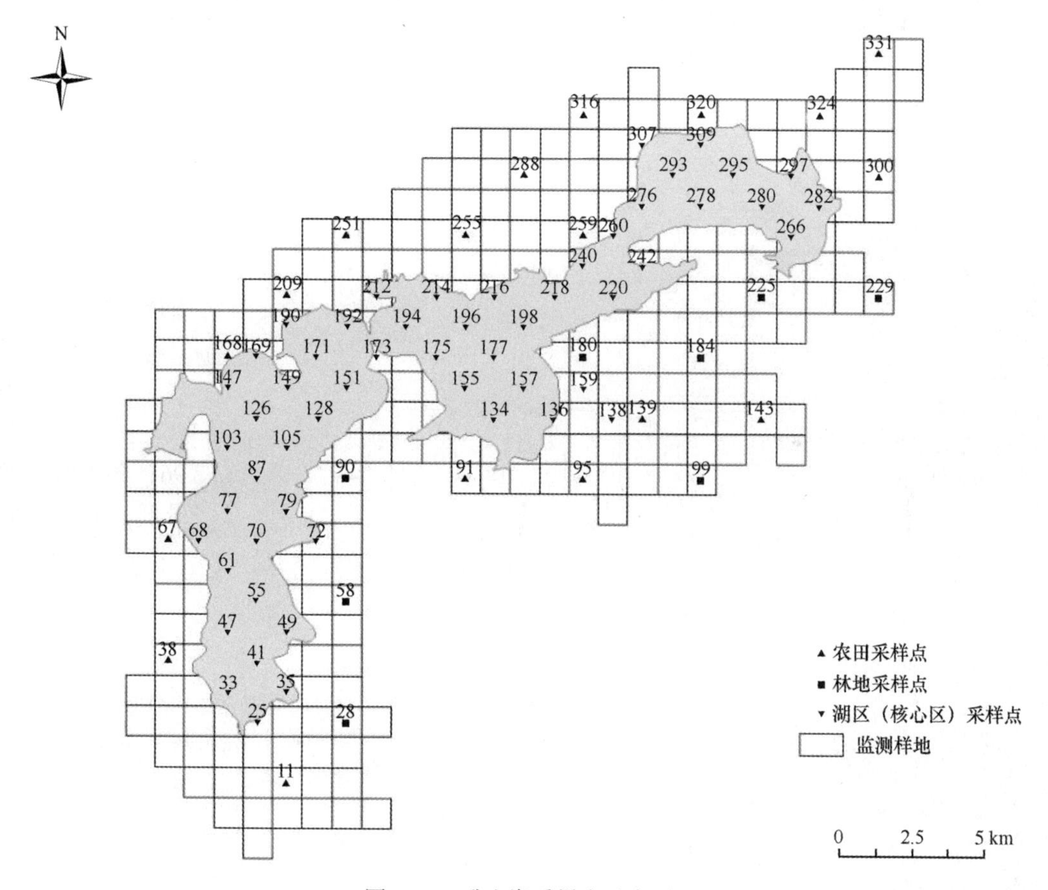

图 2-11　升金湖采样点示意图

Figure 2-11　Sampling sites in the Shengjin Lake

2　升金湖浮游动物群落结构特征

（1）种类组成

在调查中，共发现浮游动物 18 科 28 属 40 种（表 2-4），且各个月份的浮游动物的种类不同。2014 年 8 月的第一次调查中共鉴定出浮游动物 10 科 16 属 28 种，其中臂尾轮属鉴定出的种类最多，为 7 种，其次是异尾轮属 5 种，龟甲轮属 3 种，裂足轮属、鬼轮属、多肢轮属、晶囊轮属、同尾轮属、三肢轮属、高跷轮属、单趾轮属、基合溞属、秀体溞属、象鼻溞属、中剑水蚤属、温剑水蚤属各鉴定出 1 种。本次调查，鉴定出优势种共 11 种，轮虫 7 种，枝角类 2 种，桡足类 2 种，优势种的具体种类及优势度见表 2-5。无节幼体和桡足幼体全湖可见。

表 2-4　升金湖浮游动物名录

Table 2-4　Zooplankton list in the Shengjin Lake

序号	科	属	种	拉丁名
	轮虫			
1	臂尾轮科	臂尾轮属	角突臂尾轮虫	*Brachionus angularis*
2			剪形臂尾轮虫	*Brachionus forficula*
3			花箧臂尾轮虫	*Brachionus capsuliflorus*
4			萼花臂尾轮虫	*Brachionus calyciflorus*
5			镰状臂尾轮虫	*Brachionus falcatus*
6			蒲达臂尾轮虫	*Brachionus budapestiensis*
7		裂足轮属	裂足轮虫	*Schizocerca diversicornis*
8		龟甲轮属	螺形龟甲轮虫	*Keratella cochlearis*
9			曲腿龟甲轮虫	*Keratella valga*
10			矩形龟甲轮虫	*Keratella quadrata*
11		叶轮属	唇形叶轮虫	*Notholca labis*
12		鬼轮属	方块鬼轮虫	*Trichotria tetractis*
13		须足轮属	小须足轮虫	*Euchlanis parva*
14	腹尾轮科	无柄轮属	舞跃无柄轮虫	*Ascomorpha saltans*
15	鼠轮科	同尾轮属	纤巧同尾轮虫	*Diurella tenuior*
16		异尾轮属	暗小异尾轮虫	*Trichocerca pusilla*
17			圆筒异尾轮虫	*Trichocerca cylindrica*
18			细异尾轮虫	*Trichocerca gracilis*
19			长刺异尾轮虫	*Trichocerca longiseta*
20			纵长异尾轮虫	*Trichocerca elongata*
21	疣毛轮科	多肢轮属	针簇多肢轮虫	*Polyarthra trigla*
22	椎轮科	高跷轮属	高跷轮虫	*Scaridium longicaudum*
23	腔轮科	单趾轮属	囊形单趾轮虫	*Monostyla bulla*
24	旋轮科	轮虫属	懒轮虫	*Rotaria tardigrada*
25	腹尾轮科	无柄轮属	没尾无柄轮虫	*Ascomorpha ecaudis*
26	镜轮科	三肢轮属	迈氏三肢轮虫	*Filinia maior*
27	晶囊轮科	晶囊轮属	前节晶囊轮虫	*Asplanchna priodonta*

续表

序号	科	属	种	拉丁名
	枝角类			
28	仙达溞科	秀体溞属	秀体溞	*Diaphanosoma* sp.
29	溞科	网纹溞属	角突网纹溞	*Ceriodaphnia cornuta*
30	裸腹溞科	裸腹溞属	微型裸腹溞	*Moina micrura*
31	象鼻溞科	象鼻溞属	脆弱象鼻溞	*Bosmina fatalis*
32			简弧象鼻溞	*Bosmina coregoni*
33		基合溞属	颈沟基合溞	*Bosminopsis deitersi*
34	盘肠溞科	平直溞属	钩足平直溞	*Pleuroxus hamulatus*
	桡足类			
35	胸刺水蚤科	华哲水蚤属	汤匙华哲水蚤	*Sinocalanus dorrii*
36	老丰猛水蚤科	有爪猛水蚤属	模式有爪猛水蚤	*Onychocamptus mohammed*
37	剑水蚤科	剑水蚤属	近邻剑水蚤	*Cyclops vicinus*
38		中剑水蚤属	广布中剑水蚤	*Mesocyclops leuckarti*
39		温剑水蚤属	透明温剑水蚤	*Thermocyclops hyalinus*
40		小剑水蚤属	跨立小剑水蚤	*Microcyclops varicans*

表 2-5　浮游动物优势种种类及优势度

Table 2-5　Species and dominance of dominant species in zooplankton

优势种	拉丁名	优势度			
		2014 年 8 月	2014 年 11 月	2015 年 1 月	2015 年 3 月
轮虫	**Rotifera**				
螺形龟甲轮虫	*Keratella cochlearis*	—	0.106	—	0.1
前节晶囊轮虫	*Asplanchna priodonta*	0.175	0.023	—	0.104
针簇多肢轮虫	*Polyarthra trigla*	0.159	0.308	0.2244	0.223
裂足轮虫	*Schizocerca diversicornis*	0.347	0.083	—	—
迈氏三肢轮虫	*Filinia maior*	—	0.028	0.0323	0.035
萼花臂尾轮虫	*Brachionus calyciflorus*	0.045	—	0.2253	0.23
镰状臂尾轮虫	*Brachionus falcatus*	0.042	—	—	—
曲腿龟甲轮虫	*Keratella valga*	0.034	—	—	—
圆筒异尾轮虫	*Trichocerca cylindrica*	0.021	—	—	—
懒轮虫	*Rotaria tardigrada*	—	—	—	0.041
壶状臂尾轮虫	*Brachionus urceus*	—	—	—	0.055
角突臂尾轮虫	*Brachionus angularis*	—	—	0.1594	—
唇形叶轮虫	*Notholca labis*	—	—	0.0587	—

续表

优势种	拉丁名	优势度			
		2014年8月	2014年11月	2015年1月	2015年3月
桡足类	**Copepoda**				
透明温剑水蚤	*Thermocyclops hyalinus*	0.518	0.153	—	—
汤匙华哲水蚤	*Sinocalanus dorrii*	—	0.171	0.1167	—
广布中剑水蚤	*Mesocyclops leuckarti*	0.167	—	—	—
近邻剑水蚤	*Cyclops vicinus vicinus*	—	—	0.7268	—
枝角类	**Cladocera**				
象鼻溞	*Bosmina* sp.	—	0.166	0.1016	—
秀体溞	*Diaphanosoma* sp.	0.846	0.247	—	—
颈沟基合溞	*Bosminopsis deitersi*	0.022	—	—	—
钩足平直溞	*Pleuroxus hamulatus*	—	—	0.2083	—

注："—"不是优势种或者未出现

2014年11月的第二次调查中共鉴定出浮游动物10科13属21种，其中，臂尾轮属鉴定出的种类最多，为5种，其次是异尾轮属4种，龟甲轮属2种，裂足轮属、多肢轮属、晶囊轮属、三肢轮属、轮虫属、秀体溞属、象鼻溞属、小剑水蚤属、温剑水蚤属、华哲水蚤属各鉴定出1种。本次调查，鉴定出优势种共9种，轮虫5种，枝角类2种，桡足类2种，优势种的具体种类及优势度见表2-5。无节幼体和桡足幼体全湖可见。

2015年1月的第三次调查中共鉴定出浮游动物12科16属23种，其中，臂尾轮属鉴定出的种类最多，为5种，其次是龟甲轮属3种，象鼻溞属2种，叶轮属、多肢轮属、晶囊轮属、单趾轮属、三肢轮属、轮虫属、无柄轮属、基合溞属、平直溞属、温剑水蚤属、剑水蚤属、华哲水蚤属、有爪猛水蚤属各鉴定出1种。本次调查，鉴定出优势种共9种，轮虫5种，枝角类2种，桡足类2种，具体种类及优势度见表2-5。无节幼体和桡足幼体全湖可见。

2015年3月的第四次调查中共鉴定出浮游动物8科12属16种，其中，臂尾轮属鉴定出的种类最多，为4种，其次是异尾轮属2种，须足轮属、龟甲轮属、裂足轮属、多肢轮属、晶囊轮属、三肢轮属、轮虫属、象鼻溞属、小剑水蚤属、温剑水蚤属各鉴定出1种，未发现枝角类。本次调查，鉴定出优势种都是轮虫，共7种，优势种的具体种类及优势度见表2-5。无节幼体和桡足幼体全湖可见。

由表2-5可知，各个月份的优势种及优势度皆不同。8月的主要优势种为裂足轮虫、前节晶囊轮虫、广布中剑水蚤、透明温剑水蚤、秀体溞；11月的主要优势种为针簇多肢轮虫、螺形龟甲轮虫、汤匙华哲水蚤、透明温剑水蚤、秀体溞、象鼻溞；1月的主要优势种为萼花臂尾轮虫、针簇多肢轮虫、角突臂尾轮虫、近邻剑水蚤、汤匙华哲水蚤、钩足平直溞、象鼻溞，3月的主要优势种为针簇多肢轮虫、萼花臂尾轮虫、前节晶囊轮虫。

（2）浮游动物的密度和生物量

在调查中，浮游动物各个月份的密度和生物量都有所变化。2014 年 8 月第一次调查升金湖各湖区的浮游动物的密度和生物量。全湖的浮游动物平均密度为 246.57 ind./L，平均生物量为 0.84 mg/L（表 2-6）。浮游动物密度的变化趋势为下湖＞中湖＞上湖；生物量的变化趋势为上湖＞中湖＞下湖。

表 2-6　升金湖各湖区浮游动物的密度和生物量

Table 2-6　Density and biomass of zooplankton in lake areas of the Shengjin Lake

湖区	密度 /（ind./L）				生物量 /（mg/L）			
	2014 年 8 月	2014 年 11 月	2015 年 1 月	2015 年 3 月	2014 年 8 月	2014 年 11 月	2015 年 1 月	2015 年 3 月
上湖	213.28	789.13	24.78	61.40	0.90	2.47	0.10	0.17
中湖	278.30	217.23	45.71	83.27	0.76	0.37	0.22	0.16
下湖	384.45	263.25	21.00	61.25	0.68	0.26	0.14	0.22
全湖	246.57	468.91	36.68	70.75	0.84	1.26	0.18	0.17

2014 年 11 月第二次调查升金湖各湖区的浮游动物的密度和生物量。全湖的浮游动物平均密度为 468.91 ind./L，平均生物量为 1.26 mg/L（表 2-6）。浮游动物密度的变化趋势为上湖＞下湖＞中湖；生物量的变化趋势为上湖＞中湖＞下湖。

2015 年 1 月第三次调查的升金湖各湖区的浮游动物的密度和生物量。全湖的浮游动物平均密度为 36.68 ind./L，平均生物量为 0.18 mg/L（表 2-6）。浮游动物密度的变化趋势为中湖＞上湖＞下湖，而生物量的变化趋势为中湖＞下湖＞上湖。

2015 年 3 月第四次调查的升金湖各湖区的浮游动物的密度和生物量。全湖的浮游动物平均密度为 70.75 ind./L，平均生物量为 0.17 mg/L（表 2-6）。浮游动物密度的变化趋势为中湖＞上湖＞下湖；生物量的变化趋势为下湖＞上湖＞中湖。

上湖中，浮游动物的密度及生物量变化明显，2014 年 11 月浮游动物的密度和生物量明显高于其他月份，且 2015年1 月浮游动物的密度和生物量皆是最低；中湖中，2014 年 8 月浮游动物的密度和 2014 年 11 月差别不大，但 2014 年 11 月浮游动物的生物量比 2014 年 8 月明显减少，2015年1 月浮游动物的密度和生物量也都较低；下湖中，2014 年 8 月浮游动物的密度和生物量最高，2014 年 11 月浮游动物的密度明显高于 2015年3 月，但 2014 年 11 月和 2015年3 月的浮游动物的生物量却相差不大，1 月浮游动物的密度和生物量也都较低。总体来说，浮游动物的密度和生物量的变化趋势相同：2014 年 11 月＞2014 年 8 月＞2015年3 月＞2015年1 月（图 2-12 和图 2-13）。此现象可能是由于各湖区的环境状况不同，浮游动物的群落结构包括物种组成、优势种的种类及数量等明显不同。

（3）浮游动物群落结构多样性

2014 年 8 月的调查中，升金湖浮游动物的平均 Shannon-Wiener 多样性指数为 2.77，其变化规律为下湖＞中湖＞上湖，且各湖区 Shannon-Wiener 多样性指数差别很小；Margalef 丰富度指数为 1.81，其变化规律为下湖＞上湖＞中湖，且中湖的丰富度

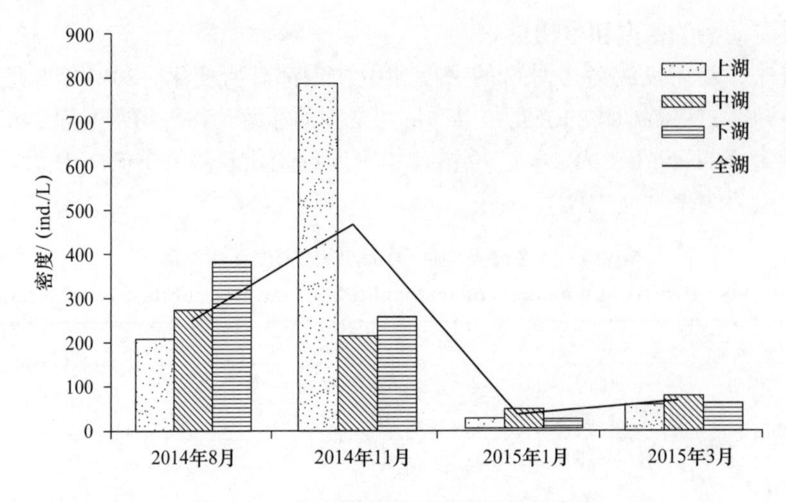

图 2-12　升金湖各湖区浮游动物的密度

Figure 2-12　Density of zooplankton in lake areas of the Shengjin Lake

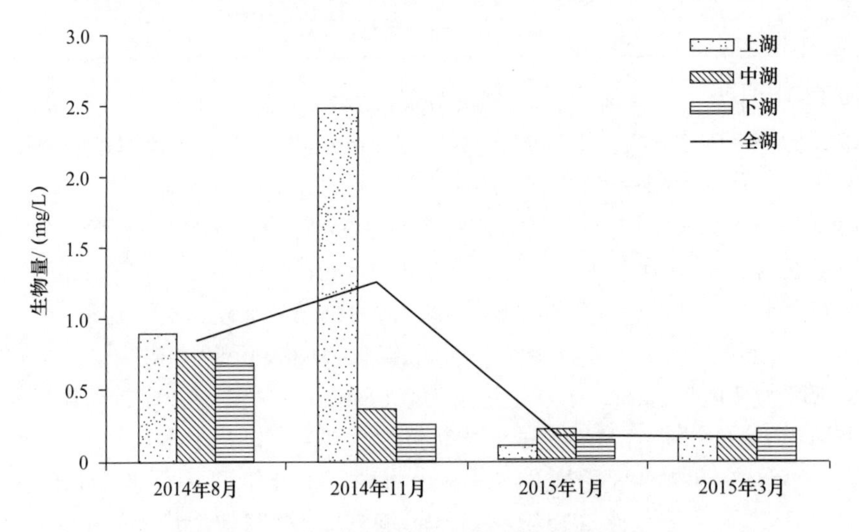

图 2-13　升金湖各湖区浮游动物的生物量

Figure 2-13　Biomass of zooplankton in lake areas of the Shengjin Lake

指数明显低于其他两个湖区；Pielou 均匀度指数为 0.71，其变化规律为中湖＞下湖＝上湖，且各湖区差异不大（表 2-7）。

2014 年 11 月的调查中，升金湖浮游动物的平均 Shannon-Wiener 多样性指数为 2.82，其变化规律为下湖＞上湖＞中湖，且下湖的 Shannon-Wiener 多样性指数明显高于其他两个湖区；Margalef 丰富度指数为 1.48，其变化规律为下湖＞上湖＞中湖，且下湖的丰富度指数明显高于其他两个湖区；Pielou 均匀度指数为 0.76，其变化规律为下湖＞中湖＞上湖，且各湖区差异不大（表 2-7）。

2015 年 1 月的调查中，升金湖浮游动物的平均 Shannon-Wiener 多样性指数为 2.05，其变化规律为下湖＞中湖＞上湖；Margalef 丰富度指数为 1.56，其变化规律为下湖＞中湖＞上湖，各湖区 Margalef 丰富度指数差别不大；Pielou 均匀度指数为 0.54，

表 2-7　升金湖各湖区浮游动物群落结构多样性指数

Table 2-7　Zooplankton community structure diversity index in lake areas of the Shengjin Lake

湖区	多样性指数（H'）				丰富度指数（D）				均匀度指数（J）			
	2014 年 8 月	2014 年 11 月	2015 年 1 月	2015 年 3 月	2014 年 8 月	2014 年 11 月	2015 年 1 月	2015 年 3 月	2014 年 8 月	2014 年 11 月	2015 年 1 月	2015 年 3 月
上湖	2.65	2.67	1.79	2.68	1.94	1.40	1.55	1.43	0.68	0.72	0.51	0.86
中湖	2.82	2.58	2.13	2.76	1.52	1.30	1.56	1.33	0.78	0.75	0.51	0.86
下湖	2.84	3.20	2.60	2.98	1.98	1.74	1.60	1.18	0.68	0.82	0.73	0.99
全湖	2.77	2.82	2.05	2.81	1.81	1.48	1.56	1.31	0.71	0.76	0.54	0.91

注：H'：Shannon-Wiener 多样性指数；D：Margalef 丰富度指数；J：Pielou 均匀度指数

其变化规律为下湖＞中湖＝上湖，且各湖区差异不大（表 2-7）。

2015 年 3 月的调查中，升金湖浮游动物的平均 Shannon-Wiener 多样性指数为 2.81，其变化规律为下湖＞中湖＞上湖，且各湖区 Shannon-Wiener 多样性指数差别不大；Margalef 丰富度指数为 1.31，其变化规律为上湖＞中湖＞下湖，且下湖的丰富度指数明显低于其他两个湖区；Pielou 均匀度指数为 0.91，其变化规律为下湖＞中湖＝上湖，且各湖区差异不大（表 2-7）。

总体来说，三个湖区的变化规律类似，Shannon-Wiener 多样性指数差别不大；Margalef 丰富度指数变化较大，8 月的丰富度指数最高，且明显高于其他月份；Pielou 均匀度指数则是 3 月最高，但差别也不大。

3　升金湖浮游植物群落结构特征

（1）种类组成

在 2014 年 8 月、2014 年 11 月、2015 年 3 月，对升金湖浮游植物名录调查结果如表 2-8 所示。2014 年 8 月共调查到浮游植物 8 门 62 属 96 种，其中硅藻门、蓝藻门、绿藻门种类最多，而金藻门、隐藻门、裸藻门、黄藻门种类较少。在本次调查中共检测出硅藻门 16 属，绿藻门 23 属，蓝藻门 13 属，裸藻门 5 属，隐藻门 2 属，黄藻门、甲藻门和金藻门各 1 属。在总体的调查中，定量测得绿藻门数量最大，占总量的 40.63%，为优势种群，其次是硅藻门，占总量的 23.96%，金藻门和甲藻门最少，仅占总量的 1.04%。根据 Y 值（见第一章优势度计算公式）大于 0.02 的种类为优势种，计算得到主要优势种为硅藻门的钝脆杆藻（*Fragilaria capucina*）、颗粒直链藻（*Melosira granulata*）、尖针杆藻（*Synedra acus*），蓝藻门的绿色颤藻（*Oscillatoria chlorina*）、湖泊鞘丝藻（*Lyngbya limnetica*）、弱细颤藻（*Oscillatoria tenuis*）、细小平裂藻（*Merismopedia minima*），绿藻门的纤细月牙藻（*Selenastrum gracile*）、螺旋弓形藻（*Schroederia spiralis*）（图 2-14）。

表 2-8　升金湖浮游植物名录

Table 2-8　The phytoplankton list in the Shengjin Lake

序号	门	属	种	拉丁名
1	硅藻门	棒杆藻属	弯棒杆藻	*Rhopalodia gibba*

续表

序号	门	属	种	拉丁名
2		菱板藻属	双尖菱板藻	*Hantzschia amphioxys*
3		波缘藻属	草鞋形波缘藻	*Cymatopleura solea*
4		羽纹藻属	中狭羽纹藻	*Pinnularia mesolepta*
5		布纹藻属	尖布纹藻	*Gyrosigma acuminatum*
6			斯潘塞布纹藻	*Gyrosigma spencerii*
7		脆杆藻属	钝脆杆藻	*Fragilaria capucina*
8		等片藻属	普通等片藻	*Diatoma vulgare*
9			冬生等片藻中型变种	*Diatoma hiemale* var. *mesodon*
10			纤细等片藻	*Diatoma tenue*
11		短缝藻属	克氏短缝藻	*Eunotia clevei*
12		辐节藻属	尖辐节藻	*Stauroneis acuta*
13			双头辐节藻	*Stauroneis anceps*
14		菱形藻属	谷皮菱形藻	*Nitzschia palea*
15			针状菱形藻	*Nitzschia acicularis*
16		卵形藻属	扁圆卵形藻	*Cocconeis placentula*
17		平板藻属	窗格平板藻	*Tabellaria fenestrata*
18		桥弯藻属	膨胀桥弯藻	*Cymbella pusilla*
19			披针形桥弯藻	*Cymbella delicatula*
20			偏肿桥弯藻	*Cymbella ventrilosa*
21			尖头桥弯藻	*Cymbella cuspidate*
22			箱形桥弯藻	*Cymbella cistula*
23		曲壳藻属	短小曲壳藻	*Achnanthes exigua*
24		扇形藻属	环状扇形藻	*Meridion circulare*
25		双壁藻属	卵圆双壁藻	*Diploneis ovalis*
26		双菱藻属	粗壮双菱藻	*Surirella robusta*
27			端毛双菱藻	*Surirella capronii*
28			线型双菱藻	*Surirella linenris*
29		双眉藻属	卵圆双眉藻	*Amphora ovalis*
30		小环藻属	科曼小环藻	*Cyclotella comensis*
31			梅尼小环藻	*Cyclotella meneghiniana*
32		星杆藻属	华丽星杆藻	*Asterionella formosa*
33		异极藻属	尖顶异极藻	*Gomphonema augur*
34			缠结异极藻	*Gomphonema intricatum*
35			缢缩异极藻头状变种	*Gomphonema constrictum* var. *capitatum*
36			缢缩异极藻	*Gomphonema constrictum*

续表

序号	门	属	种	拉丁名
37		针杆藻属	放射针杆藻	*Synedra berolineasis*
38			尖针杆藻	*Synedra acus*
39			平片针杆藻	*Synedra tabulata*
40			肘状针杆藻	*Synedra ulna*
41		直链藻属	变异直链藻	*Melosira varians*
42			颗粒直链藻	*Melosira granulata*
43			颗粒直链藻极狭变种	*Melosira granulata* var. *angustissima*
44			颗粒直链藻极狭变种螺旋变型	*Melosira granulata* var. *angustissima* f. *spiralis*
45			意大利直链藻	*Melosira italica*
46		舟形藻属	短小舟形藻	*Navicula exigua*
47			简单舟形藻	*Navicula simplex*
48			尖头舟形藻	*Navicula cuspidata*
49			瞳孔舟形藻椭圆变种	*Navicula pupula* var. *elliptica*
50			凸出舟形藻	*Navicula protracta*
51			系带舟形藻	*Navicula cincta*
52			双头舟形藻	*Navicula dicephala*
53			杆状舟形藻	*Navicula bacillum*
54	黄藻门	黄管藻属	头状黄管藻	*Ophiocytium capitatum*
55		黄丝藻属	普通黄丝藻	*Tribonema vulgare*
56	甲藻门	多甲藻属	多甲藻	*Peridinium perardiforme*
57		裸甲藻属	裸甲藻	*Gymnodinium aeruginosum*
58	金藻门	黄团藻属	旋转黄团藻	*Uroglena volvox*
59		锥囊藻属	长锥形锥囊藻	*Dinobryon bavaricum*
60		棕鞭藻属	简单棕鞭藻	*Ochromonas simplex*
61	隐藻门	尖尾蓝隐藻属	尖尾蓝隐藻	*Chroomonas acuta*
62			具尾蓝隐藻	*Chroomonas caudata*
63		隐藻属	卵形隐藻	*Cryptomonas ovata*
64	蓝藻门	棒胶藻属	史氏棒胶藻	*Rhabdogloea smithii*
65		颤藻属	巨颤藻	*Oscillatoria princes*
66			绿色颤藻	*Oscillatoria chlorina*
67			弱细颤藻	*Oscillatoria tenuis*
68		集胞藻属	惠氏集胞藻	*Synechocystis willei*
69		尖头藻属	中华尖头藻	*Raphidiopsis sinensia*
70		平裂藻属	马氏平裂藻	*Merismopedia marssonii*
71			细小平裂藻	*Merismopedia minima*

续表

序号	门	属	种	拉丁名
72		鞘丝藻属	半丰鞘丝藻	*Lyngbya semiplena*
73			湖泊鞘丝藻	*Lyngbya limnetica*
74			巨大鞘丝藻	*Lyngbya majuscula*
75		色球藻属	微小色球藻	*Chroococcus minutus*
76			粘连色球藻	*Chroococcus cohaerens*
77		束丝藻属	水华束丝藻	*Aphanizomenon flos-aquae*
78		双色藻属	小双色藻	*Cyanobium parvum*
79		微囊藻属	铜绿微囊藻	*Microcystis aeruginosa*
80		席藻属	狭细席藻	*Phormidium angustissimum*
81			小席藻	*Phormidium tenu*
82			层理席藻	*Phormidium laminosum*
83		隐球藻属	美丽隐球藻	*Aphanocapsa pulchra*
84		鱼腥藻属	多变鱼腥藻	*Anabaena variabilis*
85			固氮鱼腥藻	*Anabaena azotica*
86			崎岖鱼腥藻	*Anabaena inaqualis*
87		柱孢藻属	地衣形柱孢藻	*Cylindrospermum licheniforme*
88	裸藻门	扁裸藻属	三棱扁裸藻矩圆变种	*Phacus triqueter* var. *oblongus*
89			小型扁裸藻	*Phacus parvulus*
90			长尾扁裸藻	*Phacus longicauda*
91		柄裸藻属	树状柄裸藻	*Colacium arbuscula*
92		裸藻属	尖尾裸藻	*Euglena oxyuris*
93			梭形裸藻	*Euglena acus*
94			血红裸藻	*Euglena sanguinea*
95		囊裸藻属	旋转囊裸藻	*Trachelomonas volvocina*
96			华丽囊裸藻	*Trachelomonas superba*
97		陀螺藻属	剑尾陀螺藻装饰变种	*Strombomonas ensifera* var. *ornata*
98	绿藻门	被刺藻属	被刺藻	*Franceia ovalis*
99		并联藻属	柯氏并联藻	*Quadrigula chodatii*
100		顶棘藻属	四刺顶棘藻	*Chodatella quadriseta*
101		弓形藻属	弓形藻	*Schroederia setigera*
102			螺旋弓形藻	*Schroederia spiralis*
103			硬弓形藻	*Schroederia robusta*
104		叉星鼓藻属	单角叉星鼓藻	*Staurodesmus unicornis*
105		鼓藻属	厚皮鼓藻	*Cosmarium pachydermum*
106			近膨胀鼓藻	*Cosmarium subtumidum*
107			雷尼鼓藻	*Cosmarium regnellii*

续表

序号	门	属	种	拉丁名
108		角丝鼓藻属	扭联角丝鼓藻	*Desmidium aptogonum*
109		角星鼓藻属	钝齿角星鼓藻	*Staurastrum crenulatum*
110			钝角角星鼓藻	*Staurastrum retusum*
111			纤细角星鼓藻	*Staurastrum gracile*
112			珍珠角星鼓藻	*Staurastrum margaritaceum*
113		聚球藻属	细长聚球藻	*Synechococcus elongatus*
114		空球藻属	空球藻	*Eudorina elegans*
115		空星藻属	网状空星藻	*Coelastrum reticulatum*
116			小空星藻	*Coelastrum microporum*
117		卵囊藻属	波吉卵囊藻	*Oocystis borgei*
118			湖生卵囊藻	*Oocystis lacustris*
119		拟小椿藻属	尖锐拟小椿藻	*Characiopsis acuta*
120		盘星藻属	四角盘星藻四齿变种	*Pediastrum tetras* var. *tetraodon*
121			单角盘星藻	*Pediastrum simplex*
122			单角盘星藻具孔变种	*Pediastrum simplex* var. *duodenarium*
123			短棘盘星藻	*Pediastrum boryanum*
124		色球藻	微小色球藻	*Chroococcus minutus*
125		十字藻属	顶锥十字藻	*Crucigenia apiculata*
126			四角十字藻	*Crucigenia quadrata*
127			四足十字藻	*Crucigenia tetrapedia*
128		实球藻属	华丽实球藻	*Pandorina charkoviensis*
129			实球藻	*Pandorina morum*
130		水绵属	水绵	*Spirogyra* sp.
131		四鞭藻属	四鞭藻	*Tetraselmis* sp.
132		四棘藻属	四棘藻	*Treubaria triappendiculata*
133		四角藻属	膨胀四角藻	*Tetraëdron tumidulum*
134			三角四角藻	*Tetraëdron trigonum*
135			三叶四角藻	*Tetraëdron trilobulatum*
136			微小四角藻	*Tetraëdron minimum*
137		四星藻属	华丽四星藻	*Tetrastrum elegans*
138		梭藻属	长绿梭藻	*Chlorogonium elongatum*
139		蹄形藻属	肥壮蹄形藻	*Kirchneriella obesa*
140		网球藻属	美丽网球藻	*Dictyosphaerium pulchellum*
141		微芒藻属	微芒藻	*Micractinium pusillum*
142		纤维藻属	卷曲纤维藻	*Ankistrodesmus convolutus*

续表

序号	门	属	种	拉丁名
143			镰形纤维藻	*Ankistrodesmus falcatus*
144			狭形纤维藻	*Ankistrodesmus angustus*
145			针形纤维藻	*Ankistrodesmus acicularis*
146		小球藻属	蛋白核小球藻	*Chlorella pyrenoidosa*
147			小球藻	*Chlorella vulgaris*
148		新月藻属	库津新月藻	*Closterium kützingii*
149		衣藻属	球衣藻	*Chlamydomonas globosa*
150			衣藻属一种	*Chlamydomonas* sp.
151		月绿藻属	饶氏月绿藻	*Selenochloris jaoii*
152		月牙藻属	纤细月牙藻	*Selenastrum gracile*

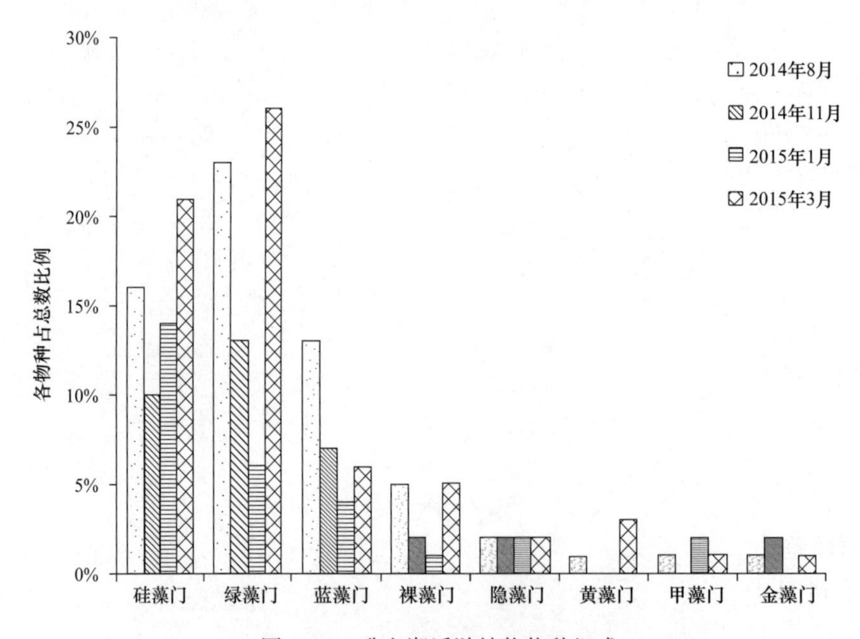

图 2-14　升金湖浮游植物物种组成

Figure 2-14　Phytoplankton species in the Shengjin Lake

2014 年 11 月共调查到浮游植物 6 门 36 属 55 种，其中硅藻门、蓝藻门、绿藻门种类最多，而金藻门、隐藻门、裸藻门种类较少。在本次调查中共检测出硅藻门 10 属，绿藻门 13 属，蓝藻门 7 属，裸藻门 2 属，隐藻门 2 属，金藻门 2 属。在总体的调查中，定量测得绿藻门数量最大，占总量的 41.82%，为优势种群，其次是硅藻门，占总量的 23.64%，金藻门最少，仅占总量的 3.64%。根据 Y 值大于 0.02 的种类为优势种，计算得到主要优势种为硅藻门的颗粒直链藻极狭变种（*Melosira granulata* var. *angustissima*）、尖针杆藻（*Synedra acus*）、肘状针杆藻（*Synedra ulna*），蓝藻门的史氏棒胶藻（*Rhabdogloea smithii*）、马氏平裂藻（*Merismopedia marssonii*），绿藻门的肥壮蹄形藻（*Kirchneriella obesa*）、螺旋弓形藻（*Schroederia spiralis*）、纤细月牙藻（*Selenastrum gracile*）。

2015 年 1 月共调查到浮游植物 6 门 29 属 41 种，其中硅藻门、绿藻门种类最多，而蓝藻门、金藻门、隐藻门、裸藻门种类较少。在本次调查中共检测出硅藻门 14 属，绿藻门 6 属，蓝藻门 4 属，甲藻门和隐藻门各 2 属，裸藻门 1 属。在总体的调查中，定量测得硅藻门数量最大（图 2-14），占总量的 56%，为优势种群，其次是绿藻门，占总量的 22%，裸藻门最少，仅占总量的 2%，主要优势种有钝脆杆藻（*Fragilaria capucina*）、颗粒直链藻极狭变种（*Melosira granulata* var. *angustissima*）、变异直链藻（*Melosira varians*）和金藻门长锥形锥囊藻（*Dinobryon bavaricum*）。

2015 年 3 月共调查到浮游植物 8 门 65 属 109 种，其中硅藻门、绿藻门种类最多，分别为 39 种、48 种，而蓝藻门、金藻门、隐藻门、裸藻门、黄藻门、甲藻门种类较少，分别为 8 种、3 种、3 种、6 种、1 种、1 种。在本次调查中共检测出硅藻门 21 属，绿藻门 26 属，蓝藻门 6 属，裸藻门 5 属，隐藻门 2 属，金藻门 3 属，黄藻门和甲藻门各 1 属。在总体的调查中，定量测得绿藻门数量最大，占总量的 44.04%，为优势种群，其次是硅藻门，占总量 35.78%，金藻门和甲藻门最少，仅占总量的 0.92%。根据 Y 值大于 0.02 的种类为优势种，计算得到主要优势种为硅藻门的直链藻（*Melosira* sp.）、小环藻（*Cyclotella* sp.）；金藻门的锥囊藻（*Dinobryon* sp.）；蓝藻门的狭细席藻（*Phormidium angustissimum*）；绿藻门的衣藻（*Chlamydomonas* sp.）；隐藻门的尖尾蓝隐藻（*Chroomonas acuta*）、卵形隐藻（*Cryptomonas ovata*）。

（2）浮游植物密度、生物量及多样性指数

浮游植物细胞密度常被用来评价水质，细胞密度≤5×10^5 cells/L，水体为极贫营养；≤10×10^5 cells/L，水体为贫营养；10×10^5～90×10^5 cells/L 时，水体为贫中营养。升金湖 8 月浮游植物平均数量为 9.78×10^6 cells/L，表明水体总体属于贫中营养性，其中，下湖采样点细胞数达到最小值为 0.93×10^6 cells/L，中湖采样点细胞数达到最大值为 20.78×10^6 cells/L。中湖的生物量最高为 12.29 mg/L，下湖最低为 1.81 mg/L。各采样点的丰富度指数变化范围是 2.43～3.71，多样性指数范围是 4.7～6.34，均匀度指数为 0.58～1.43。综合三个指数来看，其中上湖和下湖两个采样点水质较好，采样点中湖水质相对较差（图 2-15）。

升金湖 11 月浮游植物平均数量为 1.70×10^6 cells/L，表明水体总体属于贫中营养性。各个采样点的细胞密度情况如图 2-15 所示：其中，上湖采样点细胞数达到最小值为 1.62×10^6 cells/L，下湖采样点细胞数达到最大值为 1.78×10^6 cells/L。上湖的生物量最高为 7.44 mg/L，中湖最低为 3.44 mg/L。各采样点的丰富度指数变化范围是 0.99～11.77，多样性指数范围是 4.11～6.11，均匀度指数为 1.27～2.44。综合三个指数来看，其中上湖和中湖两个采样点水质较好，下湖采样点水质相对较差（图 2-15）。

升金湖 3 月浮游植物平均数量为 7.39×10^6 cells/L，表明水体总体属于贫中营养性。其中下湖采样点细胞数达到最小值为 4.35×10^6 cells/L，上湖采样点细胞数达到最大值为 9.62×10^6 cells/L。中湖的生物量最高为 6.49 mg/L，下湖最低为 4.86 mg/L。各采样点的丰富度指数变化范围是 3.04～3.96，多样性指数范围是 4.74～5.72，均匀度指数为 0.55～0.62。综合三个指数来看，其中上湖和下湖两个采样点水质较好，采样点中湖水质相对较差（图 2-15）。

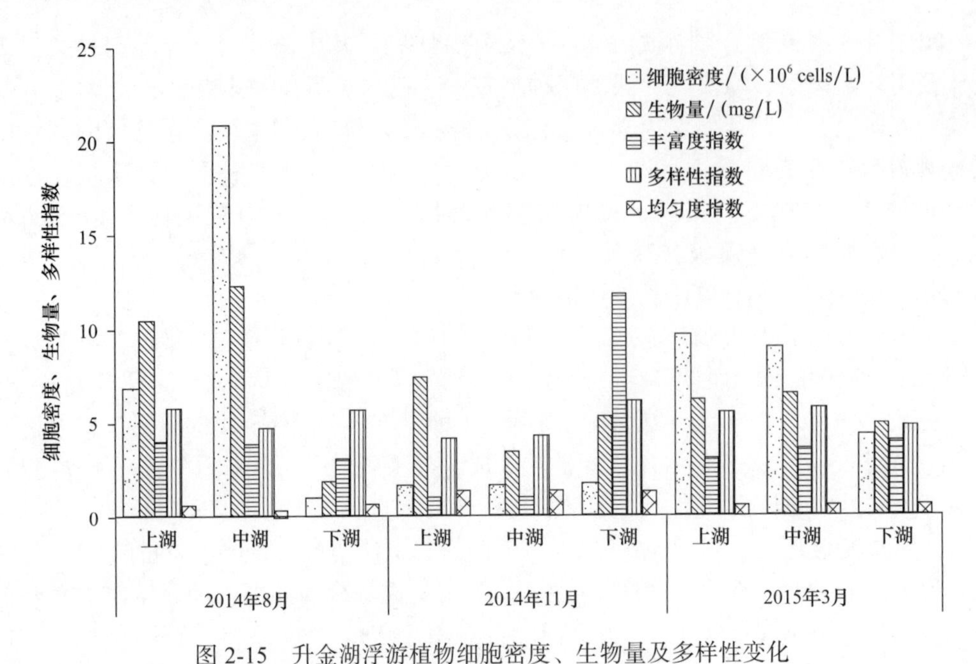

图 2-15　升金湖浮游植物细胞密度、生物量及多样性变化
Figure 2-15 The cell density，biomass and diversity of phytoplankton in the Shengjin Lake

三、菜　子　湖

1 采样点设置

菜子湖中心弧线长，所以每 4～5 km 设置一个采样断面，每个断面根据长度不同取 3 个采样点，共计布设 10 个断面 30 个采样点。2006 年 10 月和 2007 年的 1 月、4 月、7 月（分别代表秋、冬、春、夏四季）乘船到各采样点采集样品，在每月的下旬采样（图 2-16）。

2 菜子湖浮游动物群落结构特征

（1）种类组成

一年 4 个季节 4 次采样共鉴定轮虫 7 科 24 属 59 种（表 2-9），其中臂尾轮属和单趾轮属的种类数最多，分别为 9 种和 8 种。轮虫种类在菜子湖的水平分布差异较大，共鉴定浮游甲壳动物 13 种，其中枝角类 6 属 7 种、桡足类 5 属 6 种。桡足类中除夏季出现极个别的模式有爪猛水蚤外，其余均为剑水蚤。菜子湖浮游动物优势种组成中轮虫优势种为镰状臂尾轮虫、角突臂尾轮虫和剪形臂尾轮虫。枝角类中的常见种有长额象鼻溞、圆形盘肠溞和颈沟基合溞等，能形成优势种群的是长额象鼻溞和圆形盘肠溞，主要在夏秋季占优势；桡足类常见的种有中华哲水蚤、长尾真剑水蚤、中华窄腹剑水

图 2-16　菜子湖采样站布置示意图

Figure 2-16　Sampling sites in the Caizi Lake

蚤及汤匙华哲水蚤，优势种类主要是中华哲水蚤，在冬春季占优势。

表 2-9　菜子湖浮游动物名录

Table 2-9　The zooplankton list in the Caizi Lake

序号	科	属	种	拉丁名
	轮虫			
1	臂尾轮科	臂尾轮属	萼花臂尾轮虫	*Brachionus calyciflorus*
2			蒲达臂尾轮虫	*Brachionus budapestinisis*
3			壶状臂尾轮虫	*Brachionus urceus*
4			角突臂尾轮虫	*Brachionus angularis*
5			尾突臂尾轮虫	*Brachionus caudatus*
6			剪形臂尾轮虫	*Brachionus forficula*
7			矩形臂尾轮虫	*Brachionus leydigi*
8			镰状臂尾轮虫	*Brachionus falcatus*
9			花箧臂尾轮虫	*Brachionus capsuliflorus*
10		裂足轮属	裂足轮虫	*Schizocerca diversicornis*
11		狭甲轮属	双尖钩状狭甲轮虫	*Colurella uncinata*
12			钝角狭甲轮虫	*Colurella uncinata*

续表

序号	科	属	种	拉丁名
13		平甲轮属	四角平甲轮虫	*Platyias quadricornis*
14			十指平甲轮虫	*Platyias militaris*
15		须足轮属	大肚须足轮虫	*Enchlanis dilatata*
16			透明须足轮虫	*Enchlanis pellucida*
17		龟甲轮属	螺形龟甲轮虫	*Keratella cochlearis*
18			矩形龟甲轮虫	*Keratella quadrata*
19			曲腿龟甲轮虫	*Keratella valga*
20		帆叶轮属	叶状帆叶轮虫	*Argonotholca foliacea*
21		叶轮属	唇形叶轮虫	*Notholca labis*
22		鞍甲轮属	卵形鞍甲轮虫	*Lepadella ovalis*
23		鬼轮属	方块鬼轮虫	*Trichotria tetractis*
24	腔轮科	腔轮属	月形腔轮虫	*Lecane luna*
25			蹄形腔轮虫	*Lecane ungulate*
26			突纹腔轮虫	*Lecane hornemanni*
27			细爪腔轮虫	*Lecane tenuiseta*
28			弯角腔轮虫	*Lecane curvicornis*
29		单趾轮属	囊形单趾轮虫	*Monostyla bulla*
30			月形单趾轮虫	*Monostyla lunaris*
31			尖角单趾轮虫	*Monostyla hamata*
32			梨形单趾轮虫	*Monostyla pyriformis*
33			精致单趾轮虫	*Monostyla elachis*
34			四齿单趾轮虫	*Monostyla quadridentata*
35			史氏单趾轮虫	*Monostyla stenroosi*
36			钝齿单趾轮虫	*Monostyla crenata*
37	晶囊轮科	晶囊轮属	前节晶囊轮虫	*Asplanchna priodonta*
38			盖氏晶囊轮虫	*Asplanchna girodi*
39		哈林轮属	真足哈林轮虫	*Harringia eupoda*
40	椎轮科	索轮属	黑斑索轮虫	*Resticula melandocus*
41		巨头轮属	小巨头轮虫	*Cephalodella exigna*
42			凸背巨头轮虫	*Cephalodella gibba*
43	鼠轮科	同尾轮属	腕状同尾轮虫	*Diurella brachyura*
44			颈环同尾轮虫	*Diurella collaris*
45		异尾轮属	冠饰异尾轮虫	*Trichocerca lophoessa*
46			圆筒异尾轮虫	*Trichocerca cylindrical*
47			纵长异尾轮虫	*Trichocerca elongata*

续表

序号	科	属	种	拉丁名
48			细异尾轮虫	*Trichocerca gracilis*
49			刺盖异尾轮虫	*Trichocerca capucina*
50			鼠异尾轮虫	*Trichocerca rattus*
51		彩胃轮属	卵形彩胃轮虫	*Chromogaster ovalis*
52	疣毛轮科	多肢轮属	针簇多肢轮虫	*Polyarthra trigla*
53			真翅多肢轮虫	*Polyarthra euryptera*
54		皱甲轮属	截头皱甲轮虫	*Ploesoma truncatum*
55	镜轮科	镜轮属	盘镜轮虫	*Testudinella patina*
56			微凸镜轮虫	*Testudinella mucronata*
57		泡轮属	沟痕泡轮虫	*Pompholyx sulcata*
58			扁平泡轮虫	*Pompholyx complanata*
59		三肢轮属	长三肢轮虫	*Filinia longiseta*
	枝角类			
60	象鼻溞科	象鼻溞属	长额象鼻溞	*Bosmina longirostris*
61			简弧象鼻溞	*Bosmina coregoni*
62		基合溞属	颈沟基合溞	*Bosminopsis deitersi*
63	溞科	网纹溞属	方形网纹溞	*Ceriodaphnia quadrangular*
64	裸腹溞科	裸腹溞属	发头裸腹溞	*Moina irrasa*
65	盘肠溞科	盘肠溞属	圆形盘肠溞	*Chydorus sphaericus*
66		锐额溞属	镰角锐额溞	*Alonella excisa*
	桡足类			
67	胸刺水蚤科	华哲水蚤属	中华哲水蚤	*Sinocalanus sinensis*
68			汤匙华哲水蚤	*Sinocalanus dorrii*
69	伪镖水蚤科	许水蚤属	指状许水蚤	*Schmackeria inopinus*
70	老丰猛水蚤科	有爪猛水蚤属	模式有爪猛水蚤	*Onychocamptus mohammed*
71	长腹剑水蚤科	窄腹剑水蚤属	中华窄腹剑水蚤	*Limnoithona sinensis*
72	剑水蚤科	真剑水蚤属	长尾真剑水蚤	*Eucyclops macrurus*

（2）浮游动物密度与生物量

根据一年四季总轮虫密度，菜子湖轮虫在夏季出现密度最高峰，秋冬次之，春季最低，分别为 929.15 ind./L、210.45 ind./L、120.78 ind./L 和 67.52 ind./L。其中，在夏季出现密度最高峰主要在于优势种群镰状臂尾轮虫（密度为 503.51 ind./L）、角突臂尾轮虫（密度为 350.29 ind./L）和剪形臂尾轮虫（密度为 156.34 ind./L）的大量出现，而且这 3 个优势种和总轮虫的密度季节变化规律一致。轮虫密度的水平变化，以 9 号采样站最高，轮虫密度在各采样站的变动不大，且均较低。除 3 号站、6 号站主要由剪形臂尾轮虫组成外，各采样站均以镰状臂尾轮虫为主，且在 9 号采样站大量出现，达

0.490 mg/L，主要是生物量优势种镰状臂尾轮虫和裂足轮虫的大量出现；秋季出现一个次高峰，达 0.296 mg/L，其生物量则主要由裂足轮虫构成。在生物量的季节分布中，仅裂足轮虫和总轮虫的季节变化规律一致。轮虫生物量的水平变化，以 10 号采样站最高，达 0.812 mg/L，9 号站次之，二站均主要由镰状臂尾轮虫构成，而 9 号站主要由镰状臂尾轮虫和裂足轮虫构成，生物量分别达 0.231 mg/L 和 0.0065 mg/L。其余各站生物量均较低，并且各优势种的生物量差异不明显。

采样站 1～10 号的年平均密度依次为 57 ind./L、46.5 ind./L、72 ind./L、46 ind./L、36 ind./L、30 ind./L、70 ind./L、51 ind./L、323.5 ind./L 和 138 ind./L，其中采样站 6 号最低，采样站 9 号最高，主要为夏季长额象鼻溞形成高峰所致。浮游甲壳动物生物量的水平分布有明显的差异，采样站 3 号和 7 号明显高于其他各站，分别达 9.34 mg/L 和 9.62 mg/L，主要是夏季桡足类中华哲水蚤形成高峰。

3 菜子湖浮游植物群落结构特征

（1）种类组成

2006～2007 年共 4 次采样调查，采集到浮游植物样品经观察鉴定，共有浮游植物 8 门 128 属 425 种（包括变种及变型）（表 2-10）。其中，绿藻门 180 种，占 42.24%；硅藻门 103 种，占 24.24%；裸藻门 62 种，占 14.59%；蓝藻门 60 种，占 14.12%；黄藻门和甲藻门分别为 1 种和 8 种，分别占 0.26% 和 1.88%；金藻门 7 种，占 1.65%；隐藻门 4 种，占 0.94%。

表 2-10 菜子湖浮游植物名录

Table 2-10 The phytoplankton list in the Caizi Lake

序号	门	属	种	拉丁名
1	蓝藻门	螺旋藻属	大螺旋藻	*Spirulina major*
2		颤藻属	美丽颤藻	*Oscillatoria formosa*
3			巨颤藻	*Oscillatoria princes*
4			弱细颤藻	*Oscillatoria tenuis*
5			灿烂颤藻	*Oscillatoria splendida*
6			简单颤藻	*Oscillatoria simplicissima*
7			近旋颤藻	*Oscillatoria subcontorta*
8			两栖颤藻	*Oscillatoria amphibia*
9			绿色颤藻	*Oscillatoria chlorina*
10			泥生颤藻	*Oscillatoria limosa*
11			拟短形颤藻	*Oscillatoria subbrevis*
12			尖细颤藻	*Oscillatoria acuminata*
13			珊瑚颤藻	*Oscillatoria corallinae*
14			似镰刀颤藻	*Oscillatoria brevis*

续表

序号	门	属	种	拉丁名
15			纹饰颤藻	*Oscillatoria ornata*
16			悦目颤藻	*Oscillatoria amoena*
17		胶刺藻属	豌豆形胶刺藻	*Gloeotrichia pisum*
18			刺孢胶刺藻	*Gloeotrichia echinulata*
19			浮胶刺藻	*Gloeotrichia natans*
20		胶须藻属	坚硬胶须藻	*Rivularia dura*
21		立方藻属	高山立方藻	*Eucapsis alpina*
22		眉藻属	多形眉藻	*Calothrix polymorpha*
23			附生眉藻	*Calothrix epiphytica*
24			棕眉藻	*Calothrix fusca*
25		念珠藻属	普通念珠藻	*Nostoc commune*
26		平裂藻属	细小平裂藻	*Merismopedia minima*
27			银灰平裂藻	*Merismopedia glauca*
28			马氏平裂藻	*Merismopedia marssonii*
29			微小平裂藻	*Merismopedia tenuissima*
30			点形平裂藻	*Merismopedia punctata*
31		鞘丝藻属	湖泊鞘丝藻	*Lyngbya limnetica*
32			赖氏鞘丝藻	*Lyngbya lagerheimii*
33		色球藻属	光辉色球藻	*Chroococcus splendidus*
34			束缚色球藻	*Chroococcus tenax*
35			小形色球藻	*Chroococcus minor*
36		束丝藻属	水华束丝藻	*Aphanizomenon flos-aquae*
37		微毛藻属	柔嫩微毛藻	*Microchate tenera*
38		微囊藻属	不定微囊藻	*Microcystis incerta*
39			华美微囊藻	*Microcystis elabens*
40			假丝微囊藻	*Microcystis pseudofilamentosa*
41			坚实微囊藻	*Microcystis firma*
42			具缘微囊藻	*Microcystis marginata*
43			水华微囊藻	*Microcystis flos-aquae*
44			铜绿微囊藻	*Microcystis aeruginosa*
45		席藻属	层理席藻	*Phormidium laminosum*
46		小尖头藻属	弯形小尖头藻	*Raphidiopsis curvata*
47		星球藻属	粘杆星球藻	*Asterocapsa gloeothecegormis*
48			紫色星球藻	*Asterocapsa purpurea*
49		隐球藻属	美丽隐球藻	*Aphanocapsa pulchra*

续表

序号	门	属	种	拉丁名
50			高氏隐球藻	*Aphanocapsa koordensii*
51			细小隐球藻	*Aphanocapsa elachista*
52		鱼腥藻属	固氮鱼腥藻	*Anabaena azotica*
53			类颤藻鱼腥藻	*Anabaena oscillarioides*
54			卷曲鱼腥藻	*Anabaena circinalis*
55		粘杆藻属	线形粘杆藻	*Gloeothece linearis*
56			棕黄粘杆藻	*Gloeothece fusco-lutea*
57		粘球藻属	点形粘球藻	*Gloeocapsa punctata*
58			居氏粘球藻	*Gloeocapsa kutzingiana*
59			铜绿粘球藻	*Gloeocapsa aeruginosa*
60			捏团粘球藻	*Gloeocapsa magma*
61	绿藻门	栅藻属	巴西栅藻	*Sceaedesmus brasilieasis*
62			被甲栅藻	*Scenedesmus armatus*
63			被甲栅藻博格变种双尾变型	*Scenedesmus armatus* var. *boglariensis* f. *bicaudatus*
64			扁盘栅藻	*Scenedesmus platydiscus*
65			齿牙栅藻	*Scenedesmus denticulatus*
66			二形栅藻	*Scenedesmus dimorphus*
67			丰富栅藻不对称变种	*Scenedesmus abundance* var. *asymmetrica*
68			厚顶栅藻	*Scenedesmus incrassatulus*
69			尖细栅藻	*Scenedesmus acuminatus*
70			裂孔栅藻	*Scenedesmus perforatus*
71			龙骨栅藻	*Scenedesmus cavinatus*
72			双对栅藻	*Scenedesmus bijuga*
73			双对栅藻交错变种	*Scenedesmus bijuga* var. *alternans*
74			斜生栅藻	*Scenedesmus obliquus*
75			四尾栅藻	*Scenedesmus quadricauda*
76			凸头状栅藻	*Scenedesmus producto-capitatus*
77			弯曲栅藻	*Scenedesmus arcuatus*
78			弯曲栅藻扁盘变种	*Scenedesmus arcuatus* var. *platydiscus*
79		盘星藻属	单角盘星藻	*Pediastrum simplex*
80			单角盘星藻具孔变种	*Pediastrum simplex* var. *duodenarium*
81			短棘盘星藻	*Pediastrum boryanum*
82			二角盘星藻	*Pediastrum duplex*
83			二角盘星藻纤细变种	*Pediastrum duplex* var. *gracillimum*

续表

序号	门	属	种	拉丁名
84			短棘盘星藻长角变种	*Pediastrum boryanum* var. *longicorne*
85			盘星藻长角变种	*Pediastrum biradiatum* var. *longecornutum*
86			盘星藻	*Pediastrum biradiatum*
87			四角盘星藻	*Pediastrum tetras*
88			四角盘星藻四齿变种	*Pediastrum tetras* var. *tetraodon*
89		纤维藻属	卷曲纤维藻	*Ankistrodesmus convolutus*
90			镰形纤维藻	*Ankistrodesmus falcatus*
91			镰形纤维藻奇异变种	*Ankistrodesmus falcatus* var. *mirabilis*
92			螺旋纤维藻	*Ankistrodesmus spiralis*
93			狭形纤维藻	*Ankistrodesmus angustus*
94			针形纤维藻	*Ankistrodesmus acicularis*
95		拟新月藻属	拟新月藻	*Closteriopsis longissima*
96		空星藻属	小空星藻	*Coelastrum microporum*
97			空星藻	*Coelastrum sphaericum*
98			网状空星藻	*Coelastrum reticulatum*
99		卵囊藻属	湖生卵囊藻	*Oocystis lacustris*
100			波吉卵囊藻	*Oocystis borgei*
101			单生卵囊藻	*Oocystis solitaria*
102			椭圆卵囊藻	*Oocystis elliptica*
103		小桩藻属	湖生小桩藻	*Characium limneticum*
104			近直立小桩藻	*Characium substrictum*
105			直立小桩藻	*Characium strictum*
106		小箍藻属	小箍藻	*Trochiscia reticularis*
107		并联藻属	柯氏并联藻	*Quadrigula chodatii*
108		绿柄球属	绿柄球藻	*Stylosphaeridium stipitatum*
109		集星藻属	集星藻	*Actinastrum hantzschii*
110			河生集星藻	*Actinastrum fluviatile*
111		新月藻属	厚顶新月藻	*Closterium dianae*
112			库津新月藻	*Closterium kützingii*
113			莱布新月藻	*Closterium leibleinii*
114			微小新月藻	*Closterium parvulum*
115			纤细新月藻	*Closterium gracile*
116			小新月藻	*Closterium venus*
117		拟新月藻属	拟新月藻	*Closteriopsis longissima*
118		凹顶鼓藻属	不定凹顶鼓藻	*Euastrum dubium*

续表

序号	门	属	种	拉丁名
119			华美凹顶鼓藻	*Euastrum elegans*
120			近伸长凹顶鼓藻	*Euastrum subporrectum*
121			双片凹顶鼓藻	*Euastrum binale*
122			锡兰凹顶鼓藻	*Euastrum ceylanicum*
123			小齿凹顶鼓藻	*Euastrum denticulatum*
124			小刺凹顶鼓藻	*Euastrum spinulosum*
125		四角藻属	不正四角藻	*Tetraëdron enorme*
126			二叉四角藻	*Tetraëdron bifurcatum*
127			戟形四角藻	*Tetraëdron hastatum*
128			三叶四角藻	*Tetraëdron trilobulatum*
129			具尾四角藻	*Tetraëdron caudatum*
130			膨胀四角藻	*Tetraëdron tumidulum*
131			三角四角藻	*Tetraëdron trigonum*
132			三角四角藻小形变种	*Tetraëdron trigonum* var. *gracile*
133			细小四角藻	*Tetraëdron pusillum*
134			微小四角藻	*Tetraëdron minimum*
135			整齐四角藻砧形变种	*Tetraëdron regulare* var. *incus*
136		角星鼓藻属	不显著角星鼓藻	*Staurastrum inconspicum*
137			成对角星鼓藻	*Staurastrum gemelliparum*
138			钝齿角星鼓藻	*Staurastrum crenulatum*
139			多形角星鼓藻	*Staurastrum polymorphum*
140			哈博角星鼓藻	*Staurastrum haaboebiense*
141			近缘角星鼓藻	*Staurastrum connatum*
142			具齿角星鼓藻	*Staurastrum indentatum*
143			六臂角星鼓藻	*Staurastrum senarium*
144			曼弗角星鼓藻	*Staurastrum manfeldtii*
145			膨胀角星鼓藻	*Staurastrum dilatatum*
146		角星鼓藻属	四角角星鼓藻	*Staurastrum tetracerum*
147			弯曲角星鼓藻	*Staurastrum inflexum*
148			威尔角星鼓藻	*Staurastrum willsii*
149			伪四角角星鼓藻	*Staurastrum pseudotetracerum*
150			纤细角星鼓藻	*Staurastrum gracile*
151			珍珠角星鼓藻	*Staurastrum margaritaceum*
152			装饰角星鼓藻	*Staurastrum vestitum*
153		微星鼓藻属	羽裂微星鼓藻	*Micrasterias pinnatifida*

续表

序号	门	属	种	拉丁名
154			辐射微星鼓藻	*Micrasterias radiata*
155			十字微星鼓藻	*Micrasterias crux-melitensis*
156		十字藻属	顶锥十字藻	*Crucigenia apiculata*
157			华美十字藻	*Crucigenia lauterbornii*
158			铜钱形十字藻	*Crucigenia fenestrata*
159			四角十字藻	*Crucigenia quadratea*
160			窗形十字藻	*Crucigenia fenestrata*
161		月牙藻属	端尖月牙藻	*Selenastrum westii*
162			纤细月牙藻	*Selenastrum gracile*
163			小形月牙藻	*Selenastrum minutum*
164			月牙藻	*Selenastrum bibraianum*
165		水绵属	水绵	*Spirogyra* sp.
166		多棘鼓藻属	弗里曼多棘鼓藻	*Xanthidium freemanii*
167		弓形藻属	弓形藻	*Schroederia setigera*
168			螺旋弓形藻	*Schroederia spiralis*
169			拟菱形弓形藻	*Schroederia nitzschioides*
170		四星藻属	华丽四星藻	*Tetrastrum elegans*
171			异刺四星藻	*Tetrastrum heterocanthum*
172		四棘鼓藻属	八角四棘鼓藻	*Arthrodesmus octocornis*
173			四棘鼓藻	*Arthrodesmus convergens*
174			英克斯四棘鼓藻	*Arthrodesmus incus*
175		四棘藻属	粗刺四棘藻	*Treubaria crassispina*
176		顶棘藻属	十字顶棘藻	*Chodatella wratislaviensis*
177			四刺顶棘藻	*Chodatella quadriseta*
178		鼓藻属	凹凸鼓藻	*Cosmarium impressulum*
179			斑点鼓藻	*Cosmarium punctulatum*
180			波特鼓藻	*Cosmarium portianum*
181			布莱鼓藻	*Cosmarium blyttii*
182			短鼓藻	*Cosmarium abbreviatum*
183			钝鼓藻	*Cosmarium obtusatum*
184			方鼓藻	*Cosmarium quadrum*
185			光滑鼓藻	*Cosmarium laeve*
186			厚皮鼓藻	*Cosmarium pachydermum*
187			近膨胀鼓藻	*Cosmarium subtumidum*
188			近前膨胀鼓藻	*Cosmarium subprotumidum*

续表

序号	门	属	种	拉丁名
189			近缘鼓藻	*Cosmarium connatum*
190			具角鼓藻	*Cosmarium angulosum*
191			颗粒鼓藻	*Cosmarium granatum*
192			雷尼鼓藻	*Cosmarium regnellii*
193			梅尼鼓藻	*Cosmarium meneghinii*
194			模糊鼓藻	*Cosmarium obsoletum*
195			三叶鼓藻	*Cosmarium trilobulatum*
196			肾形鼓藻	*Cosmarium reniforme*
197			双齿鼓藻	*Cosmarium binum*
198			双浆鼓藻	*Cosmarium bireme*
199			双眼鼓藻	*Cosmarium bioculatum*
200			特平鼓藻	*Cosmarium turpinii*
201			项圈鼓藻	*Cosmarium moniliforme*
202			异粒鼓藻	*Cosmarium anisochondrum*
203			着色鼓藻	*Cosmarium tinctum*
204		叉星鼓藻属	尖头叉星鼓藻	*Staurodesmus cuspidatus*
205			平卧叉星鼓藻	*Staurodesmus dejectus*
206		角丝鼓藻属	角丝鼓藻	*Desmidium swartzii*
207			扭联角丝鼓藻	*Desmidium aptogonum*
208		棒形鼓藻属	棒形鼓藻	*Gonatozygon monotaenium*
209		被刺藻属	被刺藻	*Franceia ovalis*
210		顶接鼓藻属	平顶顶接鼓藻	*Spondylosium planum*
211		独球藻属	独球藻	*Eremosphaera viridis*
212		浮球藻属	浮球藻	*Planktosphaeria gelatinosa*
213		棘鞘藻属	棘鞘藻	*Echinocoleum elegans*
214		胶球藻属	胶球藻	*Coccomyxa dispar*
215		胶星藻属	胶星藻	*Gloeoactinium limneticum*
216		角绿藻属	小刺角绿藻	*Goniochloris brevispinosa*
217		绿星球藻属	湖生绿星球藻	*Asterococcus limneticus*
218		拟气球藻属	拟气球藻	*Botrydiopsis arhiza*
219		拟韦斯藻属	线形拟韦斯藻	*Westellopsis linearis*
220		盘藻属	盘藻	*Gonium pectorale*
221		鞘毛藻属	鞘毛藻	*Coleochaete scutata*
222		鞘丝藻属	湖泊鞘丝藻	*Lyngbya limnetica*
223			赖氏鞘丝藻	*Lyngbya lagerheimii*

续表

序号	门	属	种	拉丁名
224		球囊藻属	球囊藻	*Sphaerocystis schroeteri*
225		球网藻属	球网藻	*Spaerodictyon coelastroides*
226		肾形藻属	肾形藻	*Nephrocytium agardhianum*
227		双形藻属	月形双形藻	*Dimorphococcus lunatus*
228		水网藻属	水网藻	*Hydrodictyon reticulatum*
229		四集藻属	红色四集藻	*Palmella miniata*
230		四链藻属	四链藻	*Tetradesmus wisconsinense*
231		四球藻属	四球藻	*Tetrachlorella alternans*
232		蹄形藻属	肥壮蹄形藻	*Kirchneriella obesa*
233			扭曲蹄形藻	*Kirchneriella contorta*
234			蹄形藻	*Kirchneriella lunaris*
235		团藻属	美丽团藻	*Volvox aureus*
236			球团藻	*Volvox globator*
237		网膜藻属	网膜藻	*Tetrasporidium javanicum*
238		尾丝藻属	尾丝藻	*Uronema confervicolum*
239		小球藻属	蛋白核小球藻	*Chlorella pyrenoidosa*
240			小球藻	*Chlorella vulgaris*
241	甲藻门	多甲藻属	二角多甲藻	*Peridinium bipes*
242			盾形多甲藻	*Peridinium umbonatum*
243			威氏多甲藻	*Peridinium willei*
244			微小多甲藻	*Peridinium pusillum*
245			加顿多甲藻	*Peridinium gatunense*
246		拟多甲藻属	坎宁顿拟多甲藻	*Peridiniopsis cunningtonii*
247		角甲藻属	角甲藻	*Ceratium hirundinella*
248		薄甲藻属	薄甲藻	*Glenodinium pulvisculus*
249	金藻门	锥囊藻属	密集锥囊藻	*Dinobryon sertularia*
250			分歧锥囊藻	*Dinobryon divergens*
251			长锥形锥囊藻	*Dinobryon bavaricum*
252			圆筒形锥囊藻	*Dinobryon cylindricum*
253			群聚锥囊藻	*Dinobryon sociale*
254		黄群藻属	黄群藻	*Synura uvella*
255		双角藻属	肾形双角藻	*Diceras phaseolus*
256	隐藻门	隐藻属	卵形隐藻	*Cryptomonas ovata*
257			啮蚀隐藻	*Cryptomonas erosa*
258		蓝隐藻属	具尾蓝隐藻	*Chroomonas caudata*

续表

序号	门	属	种	拉丁名
259			尖尾蓝隐藻	*Chroomonas acuta*
260	黄藻门	黄管藻属	头状黄管藻	*Ophiocytium capitatum*
261	裸藻门	扁裸藻属	颤动扁裸藻	*Phacus oscillans*
262			长尾扁裸藻	*Phacus longicauda*
263			多养扁裸藻	*Phacus polytrophos*
264			尖尾扁裸藻	*Phacus acuminatus*
265			具瘤扁裸藻	*Phacus suecicus*
266			梨形扁裸藻	*Phacus pyrum*
267			粒形扁裸藻	*Phacus granum*
268			扭曲扁裸藻	*Phacus tortus*
269			曲尾扁裸藻	*Phacus lismorensis*
270			旋形扁裸藻	*Phacus helicoides*
271			圆形扁裸藻	*Phacus orbicularis*
272			爪形扁裸藻	*Phacus onyx*
273		鳞孔藻属	喙状鳞孔藻	*Lepocinclis playfairiana*
274			卵形鳞孔藻	*Lepocinclis ovum*
275			平滑鳞孔藻	*Lepocinclis teres*
276			秋鳞孔藻	*Lepocinclis autumnalis*
277			椭圆鳞孔藻	*Lepocinclis steinii*
278			纺锤鳞孔藻	*Lepocinclis fusiformis*
279		柄裸藻属	附生柄裸藻	*Colacium epiphyticum*
280			树状柄裸藻	*Colacium arbuscula*
281			延长柄裸藻	*Colacium elongatum*
282		裸甲藻属	裸甲藻	*Gymnodinium aeruginosum*
283		裸藻属	刺鱼状裸藻	*Euglena gasterosteus*
284			带形裸藻	*Euglena ehrenbergii*
285			多形裸藻	*Euglena polymorpha*
286			裸藻一种	*Euglena* sp.
287			尖尾裸藻	*Euglena oxyuris*
288			近轴裸藻	*Euglena proxima*
289			静裸藻	*Euglena deses*
290			绿色裸藻	*Euglena viridis*
291			密盘裸藻	*Euglena wangi*
292			三棱裸藻	*Euglena tripteris*
293			梭形裸藻	*Euglena acus*

续表

序号	门	属	种	拉丁名
294			膝曲裸藻	*Euglena geniculata*
295			纤细裸藻	*Euglena gracilis*
296			旋纹裸藻	*Euglena spirogyra*
297			血红裸藻	*Euglena sanguinea*
298			易变裸藻	*Euglena mutabilis*
399			鱼形裸藻	*Euglena pisciformis*
300		囊裸藻属	不定囊裸藻	*Trachelomonas incertissima*
301			糙纹囊裸藻	*Trachelomonas scabra*
302			糙纹囊裸藻长颈变种	*Trachelomonas scabra* var. *longicollis*
303			长梭囊裸藻	*Trachelomonas nadsoni*
304			华丽囊裸藻	*Trachelomonas superba*
305			棘刺囊裸藻	*Trachelomonas hispida*
306			矩圆囊裸藻	*Trachelomonas oblonga*
307			螺肋囊裸藻	*Trachelomonas spiricostatum*
308			密刺囊裸藻	*Trachelomonas sydneyensis*
309			筛孔囊裸藻	*Trachelomonas cribrum*
310			尾棘囊裸藻	*Trachelomonas armata*
311			尾棘囊裸藻短刺变种	*Trachelomonas armata* var. *steinii*
312			细粒囊裸藻	*Trachelomonas granulosa*
313			相似囊裸藻	*Trachelomonas similis*
314			旋转囊裸藻	*Trachelomonas volvocina*
315		陀螺藻属	糙膜陀螺藻	*Strombomonas schauinslandii*
316			剑尾陀螺藻	*Strombomonas ensifera*
317			罐形陀螺藻	*Strombomonas urceolata*
318			圆形陀螺藻	*Strombomonas rotunda*
319			皱囊陀螺藻	*Strombomonas tambowika*
320		尾裸藻属	尾裸藻	*Euglena caudata*
321			尾裸藻小型变种	*Euglena caudata* var. *minutum*
322		袋鞭藻属	弯曲袋鞭藻	*Peranema deflexum*
323	硅藻门	棒杆藻属	弯棒杆藻	*Rhopalodia gibba*
324		波缘藻属	草鞋形波缘藻	*Cymatopleura solea*
325		布纹藻属	尖布纹藻	*Gyrosigma acuminatum*
326			斯潘塞布纹藻	*Gyrosigma spencerii*
327		长篦藻属	细纹长篦藻	*Neidium affine*
328		窗纹藻属	斑纹窗纹藻	*Epithemia zebra*

续表

序号	门	属	种	拉丁名
329			光亮窗纹藻	*Epithemia argus*
330			鼠形窗纹藻	*Epithemia sorex*
331		脆杆藻属	短线脆杆藻	*Fragilaria brevistriata*
332			钝脆杆藻	*Fragilaria capucina*
333			连接脆杆藻	*Fragilaria construens*
334			沃切里脆杆藻小头端变种	*Fragilaria vaucheriae* var. *capitellata*
335			中型脆杆藻	*Fragilaria intermedia*
336		等片藻属	长等片藻	*Diatoma elongatum*
337			普通等片藻	*Diatoma vulgare*
338			纤细等片藻	*Diatoma tenue*
339		短缝藻属	南方短缝藻	*Eunotia sudetica*
340			强壮短缝藻	*Eunotia valida*
341		蛾眉藻属	弧形蛾眉藻	*Ceratoneis arcus*
342		辐节藻属	克里格辐节藻	*Stauroneis kriegeri*
343			双头辐节藻	*Stauroneis anceps*
344			双头辐节藻线形变种	*Stauroneis anceps* f.*linearis*
345		根管藻属	长刺根管藻	*Rhizosolenia longiseta*
346		肋缝藻属	普通肋缝藻	*Frustulia vulgaris*
347		菱形藻属	近线形菱形藻	*Nitzschia sublinearis*
348			两栖菱形藻	*Nitzschia amphibia*
349			细齿菱形藻	*Nitzschia denticula*
350			小头菱形藻	*Nitzschia microcephala*
351		卵形藻属	扁圆卵形藻	*Cocconeis placentula*
352			扁圆卵形藻多孔变种	*Cocconeis placentula* var. *euglypta*
353		美壁藻属	短角美壁藻	*Caloneis silicula*
354			短角美壁藻截形变种	*Caloneis silicula* var. *truncatula*
355			偏肿美壁藻	*Caloneis ventricosa*
356			偏肿美壁藻截形变种	*Caloneis ventricosa* var. *truncatula*
357			舒曼美壁藻	*Caloneis schumanniana*
358		平板藻属	窗格平板藻	*Tabellaria fenestrata*
359		桥弯藻属	粗糙桥弯藻	*Cymbella aspera*
360			极小桥弯藻	*Cymbella perpusilla*
361			近缘桥弯藻	*Cymbella affinis*
362			膨胀桥弯藻	*Cymbella tumida*

续表

序号	门	属	种	拉丁名
363			披针形桥弯藻	*Cymbella lanceolata*
364			偏肿桥弯藻	*Cymbella ventricosa*
365			细小桥弯藻	*Cymbella pusilla*
366			纤细桥弯藻	*Cymbella gracillis*
367			箱形桥弯藻	*Cymbella cistula*
368			小桥弯藻	*Cymbella laevis*
369			新月形桥弯藻	*Cymbella cymbiformis*
370			膨大桥弯藻	*Cymbella turgida*
371			舟形桥弯藻	*Cymbella naviculiformis*
372		曲壳藻属	优美曲壳藻	*Achnanthes delicatula*
373		双壁藻属	卵圆双壁藻长圆变种	*Diploneis ovalis* var. *oblongella*
374			美丽双壁藻	*Diploneis puella*
375		双菱藻属	粗壮双菱藻	*Surirella robusta*
376			粗壮双菱藻华彩变种	*Surirella robusta* var. *splendida*
377			粗壮双菱藻原变种	*Surirella robusta* var. *robusta*
378			端毛双菱藻	*Surirella capronii*
379			卵形双菱藻	*Surirella ovata*
380			卵形双菱藻羽纹变种	*Surirella ovata* var. *pinnata*
381			线形双菱藻	*Surirella linearis*
382			线形双菱藻缢缩变种	*Surirella linearis* var. *constricta*
383			窄双菱藻	*Surirella angustata*
384		双眉藻属	卵圆双眉藻	*Amphora ovalis*
385		弯楔藻属	弯形弯楔藻	*Rhoicosphenia curvata*
386		细齿藻属	窄细齿藻	*Denticula tenuis*
387		小环藻属	具星小环藻	*Cyclotella stelligera*
388			科曼小环藻	*Cyclotella comensis*
389			扭曲小环藻	*Cyclotella comta*
390		异极藻属	缠结异极藻	*Gomphonema intricatum*
391			尖异极藻	*Gomphonema acuminatum*
392			尖异极藻布雷变种	*Gomphonema acuminatum* var. *brebissonii*
393			窄异极藻	*Gomphonema angustatum*
394			纤细异极藻	*Gomphonema gracile*
395			小形异极藻	*Gomphonema parvulum*
396			缢缩异极藻	*Gomphonema constrictum*
397			缢缩异极藻头状变种	*Gomphonema constrictum* var. *capitata*
398			窄异极藻延长变种	*Gomphonema angustatum* var. *productum*

续表

序号	门	属	种	拉丁名
399		异菱藻属	具球异菱藻	*Anomoeoneis sphaerophora*
400		羽纹藻属	短肋羽纹藻	*Pinnularia brevicostata*
401			近头端羽纹藻	*Pinnularia subcapitata*
402			磨石形羽纹藻	*Pinnularia molaris*
403			弯羽纹藻	*Pinnularia gibba*
404			著名羽纹藻	*Pinnularia nobilis*
405		针杆藻属	尖针杆藻	*Synedra acus*
406			肘状针杆藻	*Synedra ulna*
407			两头针杆藻	*Synedra amphicephala*
408			平片针杆藻	*Synedra tabulata*
409			偏凸针杆藻	*Synedra vaucheriae*
410		直链藻属	变异直链藻	*Melosira varians*
411			岛直链藻	*Melosira islandica*
412			颗粒直链藻	*Melosira granulata*
413			颗粒直链藻极狭变种	*Melosira granulata* var. *angustissima*
414			颗粒直链藻极狭变种螺旋变型	*Melosira granulata* var. *angustissima* f. *spiralis*
415			意大利直链藻	*Melosira italica*
416		舟形藻属	短小舟形藻	*Navicula exigua*
417			喙头舟形藻	*Navicula rhynchocephala*
418			微型舟形藻	*Navicula minima*
419			简单舟形藻	*Navicula simplex*
420			双球舟形藻	*Navicula amphibola*
421			双头舟形藻	*Navicula dicephala*
422			线形舟形藻	*Navicula graciloides*
423			弯月形舟形藻	*Navicula menisculus*
424			隐头舟形藻	*Navicula cryptocephala*
425		扇形藻属	环状扇形藻缢缩变种	*Meridion circulare* var. *constricta*

菜子湖浮游植物的优势种在四季有显著区别。冬季的优势种比较单一，主要是锥囊藻属（*Dinobryon*）、隐藻属（*Cryptomonas*）、直链藻属（*Melosira*）、平板藻属（*Tabellaria*）。

春季菜子湖浮游植物以硅藻门的直链藻属（*Melosira*）、桥弯藻属（*Cymbella*）、脆杆藻属（*Fragilaria*）和绿藻门的鼓藻属（*Cosmarium*）、纤维藻属（*Ankistrodesmus*）、盘星藻属（*Pediastrum*）、栅藻属（*Scenedesmus*）和十字藻属（*Crucigenia*）为主要优势类群。

夏季以蓝藻门的不定微囊藻（*Microcystis incerta*）、水华微囊藻（*Microcystis flos-*

aquae)、湖沼色球藻(*Chroococcus limneticus*)和绿藻门的裂开圆丝鼓藻(*Hyalotheca dissiliens*)、四尾栅藻(*Scenedesmus quadricauda*)及硅藻门的颗粒直链藻极狭变种(*Melosira granulata* var. *angustissima*)为主要优势种。

秋季菜子湖的优势种类较多，优势度差异不大，主要以硅藻门的直链藻(*Melosira* sp.)、变异直链藻(*Melosira varians*)、桥弯藻(*Cymbella* sp.)、脆杆藻(*Fragilaria* sp.)、针杆藻(*Synedra* sp.)；绿藻门的栅藻(*Scenedesmus* sp.)、十字藻(*Crucigenia* sp.)、四角藻(*Tetraëdron* sp.)、盘星藻(*Pediastrum* sp.)；蓝藻门的固氮鱼腥藻(*Anabaena azotica*)、具缘微囊藻(*Microcystis marginata*)等为主要的种类。

(2)细胞密度和丰富度指数

利用Margalef丰富度指数(*D*)和Menhinick丰富度指数(*α*)计算得到的各断面浮游植物的种类多样性的结果指数较高，均大于1，表明群落中的浮游植物种类很多，群落结构复杂，自动调节能力强，群落稳定性高，整个生态系统的稳定性很高。

藻类细胞密度和种群结构的变化可以指示水体现状，用来评价水体的污染程度。种类丰富度指数是常用的水质评价指标，通常情况下，指数值越大，水质越净。数据显示，*D*和*a*值分别在2.40～4.77和1.91～3.50波动，根据多样性指数*D*和*a*评价水体污染时的标准，生物学评价结果为寡污-β中污型水体，湖泊水质现状如表2-11。

表2-11　菜子湖秋季浮游植物细胞密度与丰富度指数

Table 2-11　Cell density and abundance index of phytoplankton in autumn in the Caizi Lake

采样断面	种数	细胞密度($\times10^4$ cells/L)	Margalef指数(*D*)	Menhinick指数(*a*)
1(杨湾)	112	38.08	4.48	3.50
2(杨湾)	115	42.463	2.66	2.41
3(杨湾)	100	75.87	3.29	2.21
4(雨坛)	94	29.37	4.77	3.48
5(雨坛)	92	58.10	2.40	2.40
6(雨坛)	98	83.23	4.73	2.28
7(雨坛)	62	41.19	3.16	2.27
8(雨坛)	49	25.37	3.44	3.44
9(雨坛)	117	30.43	3.42	2.91
10(练潭枫树窑)	109	123.28	2.94	1.91
11(练潭枫树窑)	119	28.10	3.43	2.51

浮游植物的细胞密度是水生生态系统功能和水质评价的重要参数之一，菜子湖断面的最低细胞密度为28.10×10^4 cells/L，最高为123.28×10^4 cells/L，分别出现在练潭枫树窑区的2个断面。杨湾区细胞密度平均为52.13×10^4 cells/L，雨坛区平均细胞密度为44.61×10^4 cells/L，练潭枫树窑区的密度值为75.69×10^4 cells/L，就浮游植物细胞密度对水环境因子的指示作用，三个湖区的水质洁净程度为雨坛区＞杨湾区＞练潭枫树窑区。秋季整个湖面的细胞密度值为52.32×10^4 cells/L。细胞密度值明显低于湖泊富营养化的细胞密度标准10^6 cells/L，为中营养型水体(图2-17)。

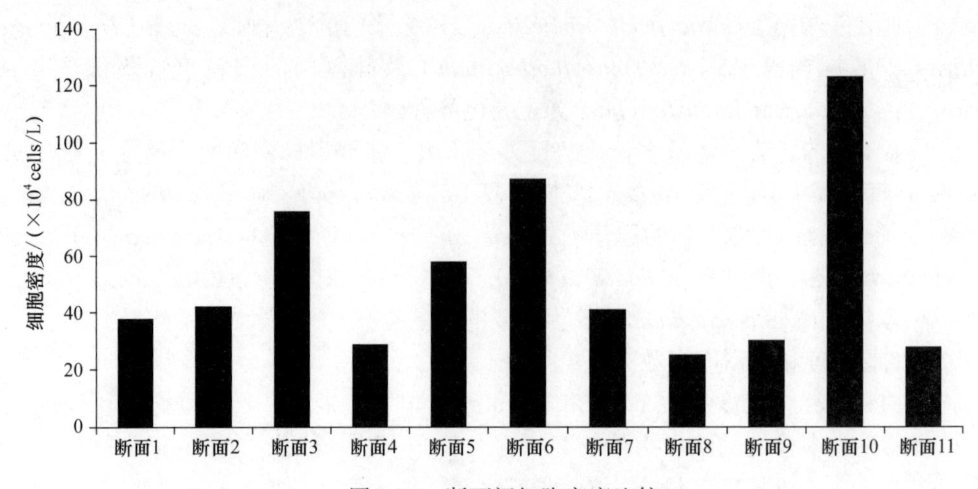

图 2-17　断面间细胞密度比较

Figure 2-17　Comparison of cell density between sections

各断面含义同表 2-11

从 2006 年 11 月各采样断面浮游植物细胞密度大小可以看出，断面间浮游植物的细胞密度水平差异明显。断面 10 出现了硅藻门的颗粒直链藻（*Melosira granulata*）和蓝藻门的鱼腥藻属（*Anabaena*）、微囊藻属（*Microcystis*）、色球藻属（*Chroococcus*）等个体细胞微小的多细胞藻类，细胞密度值最高。断面 1、2 细胞密度值较低，但是物种数量相对较高，主要是出现了大型的硅藻和绿藻的种类所导致。

各个断面间多样性指数（*H′*）差别不大，而且指数偏高，表明该水体中物种分布较为均匀，断面 10、11 属于练潭枫树窑区，在该水域内由于水体利用程度较高，Shannon-Wiener 多样指数稍低；均匀度指数 *J* 较高，体现出种间个体数分布均匀，多样性阈值都大于3.5，说明该水体中物种多样性非常丰富，水质状况为 I 类标准，基本没有受到污染（表 2-12）。

表 2-12　断面间多样性指数及多样性阈值比较

Table 2-12　Comparison of diversity indices and diversity thresholds across sections

采样断面	多样性指数（*H′*）	均匀度指数（*J*）	多样性阈值（*Dv*）
1（杨湾）	4.001	0.811	4.922
2（杨湾）	3.714	0.831	4.488
3（杨湾）	2.855	0.642	4.503
4（雨坛）	4.054	0.853	4.77
5（雨坛）	3.135	0.689	4.526
6（雨坛）	3.528	0.704	4.965
7（雨坛）	3.62	0.815	4.462
8（雨坛）	4.204	0.89	4.728
9（雨坛）	3.378	0.749	4.557
10（练潭枫树窑）	3.239	0.644	4.982
11（练潭枫树窑）	3.728	0.859	4.344

对群落的生态特征的分析通过计算种类优势度（Y）来进行，根据以往学者的观点，在本区内拟以 $Y>0.01$ 的种类定为优势种，主要优势种如表 2-13 所示。

表 2-13　各断面主要优势种及优势度

Table 2-13　Main dominant species and dominance of each section

采样断面	种类	优势度（Y）
1（杨湾）	极小桥弯藻（*Cymbella perpusilla*）	0.125
	固氮鱼腥藻（*Anabaena azotica*）	0.386
	短棘盘星藻（*Pediastrum boryanum*）	0.132
	颗粒直链藻（*Melosira granulata*）	0.184
	点形平裂藻（*Merismopedia punctata*）	0.324
	湖沼色球藻（*Chroococcus limneticus*）	0.126
2（杨湾）	缢缩异极藻（*Gomphonema constrictum*）	0.172
	极小桥弯藻（*Cymbella perpusilla*）	0.108
	六臂角星鼓藻（*Staurastrum senarium*）	0.180
	缢缩异极藻头状变种（*Gomphonema constrictum* var. *capitatum*）	0.137
	箱形桥弯藻（*Cymbella cistula*）	0.140
3（杨湾）	啮蚀隐藻（*Cryptomonas erosa*）	0.142
	双对栅藻（*Scenedesmus bijuga*）	0.114
	具缘微囊藻（*Microcystis marginata*）	0.283
	颗粒直链藻（*Melosira granulata*）	0.145
	水华微囊藻（*Microcystis flos-aquae*）	0.233
4（雨坛）	极小桥弯藻（*Cymbella perpusilla*）	0.176
	双对栅藻（*Scenedesmus bijuga*）	0.117
	扁圆卵形藻（*Cocconeis placentula*）	0.147
	捏团粘球藻（*Gloeocapsa magma*）	0.104
	啮蚀隐藻（*Cryptomonas erosa*）	0.103
5（雨坛）	微小色球藻（*Chroococcus minutus*）	0.284
	单角盘星藻具孔变种（*Pediastrum simplex* var. *duodenarium*）	0.329
	分歧锥囊藻（*Dinobryon divergens*）	0.107
	小型黄丝藻（*Tribonema minus*）	0.134
6（雨坛）	固氮鱼腥藻（*Anabaena azotica*）	0.541
	颗粒直链藻极狭变种（*Melosira granulata* var. *angustissima*）	0.108
	类颤藻鱼腥藻（*Anabaena oscillarioides*）	0.115
	四足十字藻（*Crucigenia tetrapedia*）	0.136
7（雨坛）	颗粒直链藻（*Melosira granulata*）	0.260
	颗粒直链藻极狭变种（*Melosira granulata* var. *angustissima*）	0.235
	四尾栅藻（*Scenedesmus quadricauda*）	0.153

续表

采样断面	种类	优势度（Y）
8（雨坛）	小型黄丝藻（*Tribonema minue*）	0.238
	尖尾裸藻（*Euglena oxyuris*）	0.101
	单角盘星藻具孔变种（*Pediastrum simplex* var. *duodenarium*）	0.152
	颗粒直链藻（*Melosira granulata*）	0.142
9（雨坛）	颗粒直链藻极狭变种（*Melosira granulata* var. *angustissima*）	0.194
	极小桥弯藻（*Cymbella perpusilla*）	0.138
	双对栅藻（*Scenedesmus bijuga*）	0.111
	梭形裸藻（*Euglena acus*）	0.129
	颗粒直链藻（*Melosira granulata*）	0.220
	缢缩异极藻头状变种（*Gomphonema constrictum* var. *capitatum*）	0.204
10（练潭枫树窑）	固氮鱼腥藻（*Anabaena azotica*）	0.149
	类颤藻鱼腥藻（*Anabaena oscillarioides*）	0.180
	细小平裂藻（*Merismopedia minima*）	0.270
	固氮鱼腥藻（*Anabaena azotica*）	0.345
	卷曲纤维藻（*Ankistrodesmus convolutus*）	0.110
	水华束丝藻（*Aphanizomenon flos-aquae*）	0.100
11（练潭枫树窑）	扁盘栅藻（*Scenedesmus platydiscus*）	0.111
	颗粒直链藻极狭变种（*Melosira granulata* var. *angustissima*）	0.180
	四足十字藻（*Crucigenia tetrapedia*）	0.166
	集星藻（*Actinastrum hantzschii*）	0.144
	固氮鱼腥藻（*Anabaena azotica*）	0.309
	小型黄丝藻（*Tribonema minus*）	0.183

各采样点均未发现极为单一的优势群落，差别亦不明显。从出现频率和数量大小来看，硅藻门的直链藻（*Melosira* sp.）、变异直链藻（*Melosira varians*）、桥弯藻属（*Cymbella* sp.）、脆杆藻（*Fragilaria* sp.）、针杆藻（*Synedra* sp.）；绿藻门的栅藻（*Scenedesmus* sp.）、十字藻（*Crucigenia* sp.）、四角藻（*Tetraëdron* sp.）、盘星藻（*Pediastrum* sp.）；蓝藻门的固氮鱼腥藻（*Anabaena azotica*）、具缘微囊藻（*Microcystis marginata*）等及裸藻门的裸藻（*Euglena* sp.）是较为主要的种类，各采样点均有分布，而且在数量分布上占有一定比例。

从整个湖泊的种类数量和出现频率来看，硅藻、绿藻优势明显，蓝藻和裸藻优势相当，甲藻和金藻出现很少。

个别采样点优势种类出现的颗粒直链藻（*Melosira granulata*）、二形栅藻（*Scenedesmus dimorphus*）、四尾栅藻（*Scenedesmus quadricauda*）、银灰平裂藻（*Merismopedia glauca*）、啮蚀隐藻（*Cryptomonas erosa*）及具尾蓝隐藻（*Cryptomonas caudata*）等被视为富营养湖泊的代表种，但是在整个断面出现种类中数量比例不大。

各断面之间的优势类群主要为蓝藻门的色球藻属（*Chroococcus*）、微囊藻属（*Microcystis*）、鱼腥藻属（*Anabaena*）；绿藻门的主要是盘星藻属（*Pediastrum*）、栅藻属（*Scenedesmus*）、十字藻属（*Crucigenia*）为优势类群。以具缘微囊藻（*Microcystis marginata*）、固氮鱼腥藻（*Anabaena azotica*）、颗粒直链藻（*Melosira granulata*）为主要优势种，硅藻门的直链藻属（*Melosira*）、桥弯藻属（*Cymbella*）、异极藻属（*Gomphonema*）为优势类群。

四、武　昌　湖

1 采样点设置

根据武昌湖的形态、水文及湖区内的渔业状况在武昌湖和青草湖分别划分了4个断面，每个断面设置3个采样点，在武昌湖共设置24个采样点（图2-18）。2016年5月至2017年2月共采集浮游植物4次。

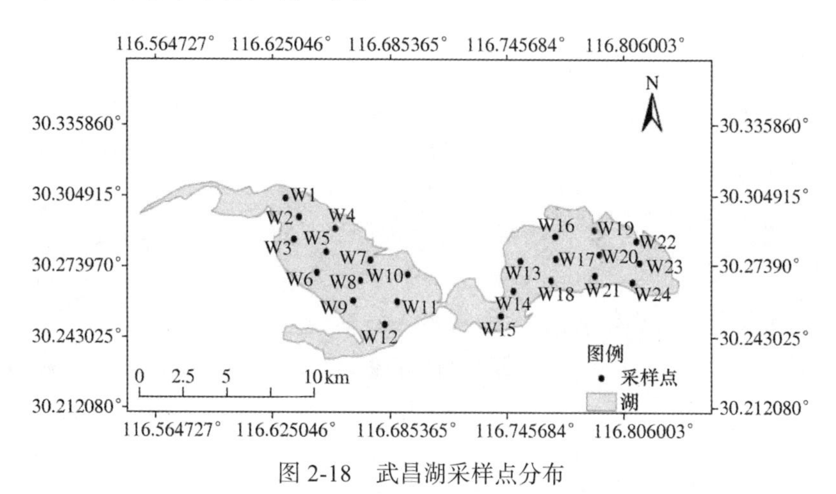

图 2-18　武昌湖采样点分布

Figure 2-18　Distribution of sampling points in the Wuchang Lake

2 武昌湖浮游动物群落结构特征

（1）种类组成

在武昌湖共设置24个采样点，共采集浮游动物4次。2016年5月至2017年1月共调查到浮游动物61种（表2-14）。其中，轮虫18属44种，枝角类8属10种，桡足类5属7种。2016年5月角突臂尾轮虫、螺形龟甲轮虫、针簇多肢轮虫、罗氏同尾轮虫、对棘同尾轮虫、柱足腹尾轮虫和暗小异尾轮虫为轮虫优势种，短尾秀体溞、微型裸腹溞和盔形溞为枝角类优势种，桡足类优势种有球状许水蚤、大型中镖水蚤、广布中剑水蚤和透明温剑水蚤（表2-15），无节幼体和桡足幼体全湖可见。2016年8月调查中轮虫的优势种有角突臂尾轮虫、剪形臂尾轮虫、蒲达臂尾轮虫、曲腿龟甲轮虫、螺形龟甲轮虫、针簇多肢轮虫、圆筒异尾轮虫和卵形彩胃轮虫，枝角类优势种有短尾秀体溞、脆弱象鼻溞和长额象鼻溞，球状许水蚤、广布中剑水蚤、透明温剑水蚤和台湾温剑水蚤为桡足类优势种（表 2-15），无节幼体和桡足幼体全湖可见。

表 2-14　武昌湖浮游动物名录

Table 2-14　The zooplankton list in the Wuchang Lake

序号	科	属	种	拉丁名
	轮虫			
1	臂尾轮科	臂尾轮属	角突臂尾轮虫	*Brachionus angularis*
2			剪形臂尾轮虫	*Brachionus forficula*
3			花篋臂尾轮虫	*Brachionus capsuliflorus*
4			萼花臂尾轮虫	*Brachionus calyciflorus*
5			镰状臂尾轮虫	*Brachionus falcatus*
6			蒲达臂尾轮虫	*Brachionus budapestiensis*
7		裂足轮属	裂足轮虫	*Schizocerca diversicornis*
8		平甲轮属	十指平甲轮虫	*Platyias militaris*
9			四角平甲轮虫	*Platyias quadricornis*
10		龟甲轮属	螺形龟甲轮虫	*Keratella cochlearis*
11			曲腿龟甲轮虫	*Keratella valga*
12			矩形龟甲轮虫	*Keratella quadrata*
13		龟纹轮属	裂痕龟纹轮虫	*Anuraeopsis fissa*
14	腔轮科	单趾轮属	梨形单趾轮虫	*Monostyla pyriformis*
15			尖趾单趾轮虫	*Monostyla closterocerca*
16			擦碟单趾轮虫	*Monostyla batillifer*
17	椎轮科	巨头轮属	小巨头轮虫	*Cephalodella exigna*
18			剪形巨头轮虫	*Cephalodella forficula*
19		索轮属	冷淡索轮虫	*Resticula gelida*
20			黑斑索轮虫	*Resticula melandocus*
21	腹尾轮科	腹尾轮属	柱足腹尾轮虫	*Gastropus stylifer*
22			腹足腹尾轮虫	*Gastropus hyptopus*
23		彩胃轮属	卵形彩胃轮虫	*Chromogaster ovalis*
24			弧形彩胃轮虫	*Chromogaster testudo*
25		无柄轮属	舞跃无柄轮虫	*Ascomorpha saltans*
26	鼠轮科	同尾轮属	罗氏同尾轮虫	*Diurella rousseleti*
27			对棘同尾轮虫	*Diurella stylata*
28			颈环同尾轮虫	*Diurella collaris*
29			腕状同尾轮虫	*Diurella brachyura*
30			田奈同尾轮虫	*Diurella dixon-nuttalli*

续表

序号	科	属	种	拉丁名
31			双齿同尾轮虫	*Diurella bidens*
32			尖头同尾轮虫	*Diurella tigris*
33		异尾轮属	暗小异尾轮虫	*Trichocerca pusilla*
34			圆筒异尾轮虫	*Trichocerca cylindrica*
35			细异尾轮虫	*Trichocerca gracilis*
36			长刺异尾轮虫	*Trichocerca longiseta*
37			刺盖异尾轮虫	*Trichocerca capucina*
38	疣毛轮科	多肢轮属	针簇多肢轮虫	*Polyarthra trigla*
39		疣毛轮属	梳状疣毛轮虫	*Synchaeta pectinata*
40			尖尾疣毛轮虫	*Synchaeta stylata*
41	镜轮科	披甲轮属	郝氏皱甲轮虫	*Ploesoma hudsoni*
42		三肢轮属	迈氏三肢轮虫	*Filinia maior*
43			臂三肢轮虫	*Filinia brachiata*
44	晶囊轮科	晶囊轮属	前节晶囊轮虫	*Asplanchna priodonta*
	枝角类			
45	薄皮溞科	薄皮溞属	透明薄皮溞	*Leptodora kindti*
46	仙达溞科	秀体溞属	短尾秀体溞	*Diaphanosoma brachyurum*
47	溞科	网纹溞属	角突网纹溞	*Ceriodaphnia cornuta*
48		溞属	盔形溞	*Daphnia galeata*
49	裸腹溞科	裸腹溞属	微型裸腹溞	*Moina micrura*
50	象鼻溞科	象鼻溞属	长额象鼻溞	*Bosmina longirostris*
51			脆弱象鼻溞	*Bosmina fatalis*
52			简弧象鼻溞	*Bosmina coregoni*
53	盘肠溞科	尖额溞属	矩形尖额溞	*Alona rectangula*
54		盘肠溞属	圆形盘肠溞	*Chydorus sphaericus*
	桡足类			
55	胸刺水蚤科	华哲水蚤属	汤匙华哲水蚤	*Sinocalanus dorrii*
56	伪镖水蚤科	许水蚤属	球状许水蚤	*Schmackeria forbesi*
57			指状许水蚤	*Schmackeria inopinus*
58	镖水蚤科	中镖水蚤属	大型中镖水蚤	*Sinodiaptomus sarsi*
59	剑水蚤科	中剑水蚤属	广布中剑水蚤	*Mesocyclops leuckarti*
60		温剑水蚤属	台湾温剑水蚤	*Thermocyclops taihokuensis*
61			透明温剑水蚤	*Thermocyclops hyalinus*

表 2-15 武昌湖浮游动物优势种种类及优势度

Table 2-15 Species and dominance of dominant species in zooplankton in the Wuchang Lake

优势种	拉丁名	优势度			
		2016年5月	2016年8月	2016年10月	2017年1月
轮虫					
角突臂尾轮虫	*Brachionus angularis*	0.084	0.162	0.026	0.027
剪形臂尾轮虫	*Brachionus forficula*	—	0.236	—	—
花箧臂尾轮虫	*Brachionus capsuliflorus*	—	—	—	—
萼花臂尾轮虫	*Brachionus calyciflorus*	—	—	—	—
镰状臂尾轮虫	*Brachionus falcatus*	—	—	—	—
蒲达臂尾轮虫	*Brachionus budapestiensis*	—	0.022	—	—
裂足轮虫	*Schizocerca diversicornis*	—	—	0.022	—
十指平甲轮虫	*Platyias militaris*	—	—	—	—
四角平甲轮虫	*Platyias quadricornis*	—	—	—	—
螺形龟甲轮虫	*Keratella cochlearis*	0.220	0.115	0.621	0.326
曲腿龟甲轮虫	*Keratella valga*	—	0.163	—	—
矩形龟甲轮虫	*Keratella quadrata*	—	—	—	—
裂痕龟纹轮虫	*Anuraeopsis fissa*	—	—	—	—
梨形单趾轮虫	*Monostyla pyriformis*	—	—	—	—
尖趾单趾轮虫	*Monostyla closterocerca*	—	—	—	—
擦碟单趾轮虫	*Monostyla batillifer*	—	—	—	—
小巨头轮虫	*Cephalodella exigna*	—	—	—	—
剪形巨头轮虫	*Cephalodella forficula*	—	—	—	—
冷淡索轮虫	*Resticula gelida*	—	—	—	—
黑斑索轮虫	*Resticula melandocus*	—	—	—	—
柱足腹尾轮虫	*Gastropus stylifer*	0.070	—	—	—
腹足腹尾轮虫	*Gastropus hyptopus*	—	—	—	—
卵形彩胃轮虫	*Chromogaster ovalis*	—	0.022	—	—
弧形彩胃轮虫	*Chromogaster testudo*	—	—	—	—
舞跃无柄轮虫	*Ascomorpha saltans*	—	—	—	—
罗氏同尾轮虫	*Diurella rousseleti*	0.108	—	—	—
对棘同尾轮虫	*Diurella stylata*	0.076	—	—	—
颈环同尾轮虫	*Diurella collaris*	—	—	—	—
腕状同尾轮虫	*Diurella brachyura*	—	—	—	—
田奈同尾轮虫	*Diurella dixon-nuttalli*	—	—	—	—
双齿同尾轮虫	*Diurella bidens*	—	—	—	—
尖头同尾轮虫	*Diurella tigris*	—	—	—	—
暗小异尾轮虫	*Trichocerca pusilla*	0.063	—	—	—

续表

优势种	拉丁名	优势度			
		2016 年 5 月	2016 年 8 月	2016 年 10 月	2017 年 1 月
圆筒异尾轮虫	*Trichocerca cylindrica*	—	0.038	—	—
细异尾轮虫	*Trichocerca gracilis*	—	—	—	—
长刺异尾轮虫	*Trichocerca longiseta*	—	—	—	—
刺盖异尾轮虫	*Trichocerca capucina*	—	—	—	—
针簇多肢轮虫	*Polyarthra trigla*	0.114	0.064	0.173	0.617
梳状疣毛轮虫	*Synchaeta pectinata*	—	—	—	—
尖尾疣毛轮虫	*Synchaeta stylata*	—	—	—	—
郝氏皱甲轮虫	*Ploesoma hudsoni*	—	—	—	—
迈氏三肢轮虫	*Filinia maior*	—	—	—	—
臂三肢轮虫	*Filinia brachiata*	—	—	—	—
前节晶囊轮虫	*Asplanchna priodonta*	—	—	—	—
枝角类					
透明薄皮溞	*Leptodora kindti*	—	—	—	—
短尾秀体溞	*Diaphanosoma brachyurum*	0.644	0.876	0.025	—
角突网纹溞	*Ceriodaphnia cornuta*	—	—	—	—
盔形溞	*Daphnia galeata*	0.054	—	—	—
微型裸腹溞	*Moina micrura*	0.197	—	—	—
长额象鼻溞	*Bosmina longirostris*	—	0.026	0.029	0.809
脆弱象鼻溞	*Bosmina fatalis*	—	0.048	0.278	—
简弧象鼻溞	*Bosmina coregoni*	—	—	—	—
矩形尖额溞	*Alona rectangula*	—	—	0.087	—
圆形盘肠溞	*Chydorus sphaericus*	—	—	0.025	—
桡足类					
汤匙华哲水蚤	*Sinocalanus dorrii*	—	—	0.022	0.315
球状许水蚤	*Schmackeria forbesi*	0.492	0.061	0.298	0.261
指状许水蚤	*Schmackeria inopinus*	—	—	—	—
大型中镖水蚤	*Sinodiaptomus sarsi*	0.389	—	—	—
广布中剑水蚤	*Mesocyclops leuckarti*	0.272	0.712	0.570	0.349
台湾温剑水蚤	*Thermocyclops taihokuensis*	—	0.035	—	—
透明温剑水蚤	*Thermocyclops hyalinus*	0.210	0.153	—	—

注："—"不是优势种或者未出现

2016 年 10 月调查中发现轮虫优势种有角突臂尾轮虫、螺形龟甲轮虫、针簇多肢轮虫和裂足轮虫，枝角类中短尾秀体溞、长额象鼻溞、脆弱象鼻溞、矩形尖额溞和圆形盘肠溞占优势。桡足类优势种为汤匙华哲水蚤、球状许水蚤和广布中剑水蚤

（表 2-15），无节幼体和桡足幼体全湖可见。2017 年 1 月在武昌湖调查中发现角突臂尾轮虫、螺形龟甲轮虫和针簇多肢轮虫在轮虫中占有优势，枝角类中长额象鼻溞占有优势，桡足类优势种有汤匙华哲水蚤、球状许水蚤和广布中剑水蚤，无节幼体和桡足幼体全湖可见。

（2）密度和生物量

在调查中，各个月份浮游动物的密度和生物量都有所变化。2016 年 5 月第一次调查武昌湖浮游动物密度和生物量见表 2-16。全湖浮游动物的平均密度为（146.56±145.72）ind./L，平均生物量为（0.52±0.41）mg/L。其中，轮虫的平均密度为（77.93±90.69）ind./L，桡足类为（60.07±83.81）ind./L，枝角类为（8.65±5.44）ind./L。轮虫的平均生物量为（0.02±0.03）mg/L，桡足类为（0.29±0.32）mg/L，枝角类为（0.21±0.11）mg/L（图 2-19）。

表 2-16 武昌湖浮游动物密度和生物量

Table 2-16 The density and biomass of zooplankton in the Wuchang Lake

月份	密度 /（ind./L）	生物量 /（mg/L）
2016 年 5 月	146.56±145.72	0.52±0.41
2016 年 8 月	286.73±143.57	1.57±0.73
2016 年 10 月	284.39±100.24	0.68±0.70
2017 年 1 月	539.73±216.35	0.65±0.35

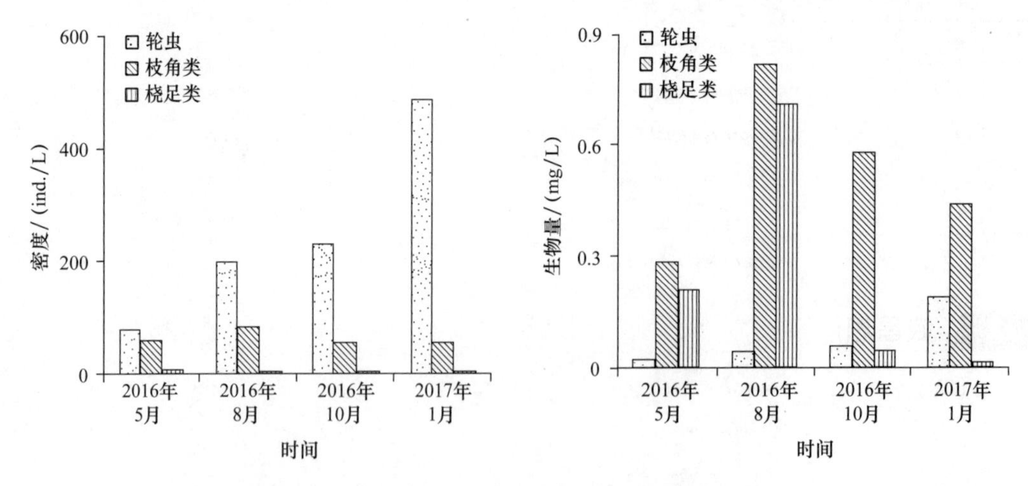

图 2-19 武昌湖轮虫、桡足类与枝角类密度和生物量

Figure 2-19 Density and biomass of rotifers, copepods and cladoceras in the Wuchang Lake

2016 年 8 月第二次调查的武昌湖浮游动物的密度和生物量见表 2-16。全湖的浮游动物平均密度为（286.73±143.57）ind./L，平均生物量为（1.57±0.73）mg/L。其中，轮虫的平均密度为（201.13±113.30）ind./L，桡足类为（82.05±38.47）ind./L，枝角类为（3.55±2.08）ind./L。轮虫的平均生物量为（0.04±0.03）mg/L，桡足类的为（0.82±0.40）mg/L，枝角类的为（0.71±0.42）mg/L（图 2-19）。

2016 年 10 月第三次调查的武昌湖浮游动物的密度和生物量见表 2-16。全湖的浮游动物平均密度为（284.39±100.24）ind./L，平均生物量为（0.68±0.70）mg/L。其中，轮虫平均密度为（228.88±90.64）ind./L，桡足类为（54.15±24.90）ind./L，枝角类为（1.35±1.45）ind./L。轮虫平均生物量为（0.06±0.04）mg/L，桡足类为（0.58±0.68）mg/L，枝角类为（0.44±0.07）mg/L（图 2-19）。

2017 年 1 月第四次调查武昌湖浮游动物的密度和生物量见表 2-16。全湖的浮游动物平均密度为（539.73±216.35）ind./L，平均生物量为（0.63±0.35）mg/L。其中轮虫的平均密度为（484±203.63）ind./L，桡足类的为（55.16±22.17）ind./L，枝角类的为（0.57±0.40）ind./L。轮虫的平均生物量为（0.19±0.09）mg/L，桡足类的为（0.44±0.29）mg/L，枝角类的为（0.02±0.01）mg/L（图 2-19）。

（3）多样性指数

春季调查中，数据显示各采样点的丰富度指数（*D*）变化范围为 3.03～4.78，多样性指数（*H'*）为 1.71～3.76，均匀度指数（*J*）为 0.45～0.82。夏季调查中，数据显示各采样点的丰富度指数（*D*）变化范围为 2.81～4.61，多样性指数（*H'*）为 1.91～3.56，均匀度指数（*J*）为 0.48～0.83。秋季调查中，数据显示各采样点的丰富度指数（*D*）变化范围为 2.36～3.63，多样性指数（*H'*）为 1.45～2.67，均匀度指数（*J*）为 0.36～0.64。冬季调查中，数据显示各采样点的丰富度指数（*D*）变化范围为 1.39～2.26，多样性指数（*H'*）为 0.98～1.67，均匀度指数（*J*）为 0.28～0.47（表 2-17）。

表 2-17　武昌湖浮游动物多样性指数

Table 2-17　Zooplankton diversity index of the Wuchang Lake

月份	多样性	丰富度	均匀度
2016 年 5 月	2.96	3.93	0.73
2016 年 8 月	3.02	3.63	0.70
2016 年 10 月	2.08	2.97	0.51
2017 年 1 月	1.26	1.87	0.35

3　武昌湖浮游植物群落结构特征

（1）种类组成

共调查到浮游植物共 8 门 108 属 276 种（表 2-18），其中绿藻门、蓝藻门、硅藻门种类最多，而黄藻门、金藻门、隐藻门、裸藻门、甲藻门种类较少。在一年四季度调查中共检测出绿藻门 93 种、蓝藻门 71 种、硅藻门 71 种、裸藻门 27 种、甲藻门 6 种、隐藻门 4 种、黄藻门 3 种、金藻门 1 种。在总体的调查中，定量测得夏季数量最大占总量的 76.32%，其次是秋季占总量的 12.58%，春季占总量的 10.06%，冬季最少占总量的 1.05%（图 2-20）。主要优势种有颗粒直链藻（*Melosira granulata*）、包氏颤藻（*Oscillatoria boryana*）、固氮鱼腥藻（*Anabaena azotica*）和惠氏集胞藻（*Synechocystis willei*）、坑形细鞘丝藻（*Leptolyngbya foveolara*）、铜绿微囊藻（*Microcystis aeruginosa*）、漂浮胶丝藻（*Gloeotila pelagica*）、水华束丝藻（*Aphanizomenon flos-aquae*）（表 2-19）。

表 2-18　武昌湖浮游植物名录

Figure 2-18　The phytoplankton list in the Wuchang Lake

序号	门	属	种	拉丁名
1	硅藻门	波缘藻属	椭圆波缘藻缢缩变种	*Cymatopleura elliptica* var. *constricta*
2			草鞋形波缘藻	*Cymatopleura solea*
3		布纹藻	锉刀状布纹藻	*Gyrosigma scalproides*
4			尖布纹藻	*Gyrosigma acuminatum*
5		窗纹藻属	钝端窗纹藻	*Epithemia hyndmanii*
6			膨大窗纹藻	*Epithemia turgida*
7		脆杆藻属	钝脆杆藻	*Fragilaria capucina*
8			巴豆叶脆杆藻	*Fragilaria crotonensis*
9		辐节藻属	双头辐节藻	*Stauroneis anceps*
10		菱板藻属	双尖菱板藻	*Hantzschia amphioxys*
11		拟菱形藻属	拟菱形藻属一种	*Nitzschiella* sp.
12		菱形藻属	断纹菱形藻	*Nitzschia interrupta*
13			谷皮菱形藻	*Nitzschia palea*
14			奇异菱形藻	*Nitzschia paradoxa*
15			泉生菱形藻	*Nitzschia fonticola*
16			碎片菱形藻很小变种	*Nitzschia frustulum* var. *perpusilla*
17			小头端菱形藻	*Nitzschia capitellata*
18			线形菱形藻	*Nitzschia linearis*
19			针状菱形藻	*Nitzschia acicularis*
20		卵形藻属	扁圆卵形藻	*Cocconeis placentula*
21		平板藻属	窗格平板藻	*Tabellaria fenestrata*
22		桥弯藻属	奥地利桥弯藻	*Cymbella austriaca*
23			极小桥弯藻	*Cymbella perpusilla*
24			尖头桥弯藻	*Cymbella cuspidate*
25			略钝桥弯藻	*Cymbella obtusiuscula*
26			膨胀桥弯藻	*Cymbella tumida*
27			披针形桥弯藻	*Cymbella lanceolata*
28			偏肿桥弯藻	*Cymbella ventricosa*
29			微细桥弯藻	*Cymbella parva*
30			箱型桥弯藻	*Cymbella cistula*
31			新月形桥弯藻	*Cymbella cymbiformis*
32		曲壳藻属	披针形曲壳藻	*Achnanthes lanceolata*
33		双肋藻属	橙红双肋藻	*Amphipleura rutilans*
34		双菱藻属	端毛双菱藻	*Surirella capronii*

续表

序号	门	属	种	拉丁名
35			粗壮双菱藻华彩变种	*Surirella robusta* var. *splendida*
36			线形双菱藻	*Surirella linearis*
37		双眉藻属	卵圆双眉藻	*Amphora ovalis*
38		四棘藻属	扎卡四棘藻	*Attheya zachariasi*
39		小环藻属	广缘小环藻	*Cyclotella bodanica*
40			湖北小环藻	*Cyclotella hubeiana*
41			花环小环藻	*Cyclotella operculata*
42			库津小环藻	*Cyclotella kutzingiana*
43			梅尼小环藻	*Cyclotella meneghiniana*
44			扭曲小环藻	*Cyclotella comta*
45			小环藻一种	*Cyclotella* sp.
46		异极藻属	纤细异极藻	*Gomphonema gracile*
47			缢缩异极藻	*Gomphonema constrictum*
48			缢缩异极藻头状变种	*Gomphonema constrictum* var. *capitatum*
49		羽纹藻属	布雷羽纹藻	*Pinnularia brebissonii*
50			短肋羽纹藻	*Pinnularia brevicostata*
51		针杆藻属	放射针杆藻	*Synedra berolineasis*
52			尖针杆藻	*Synedra acus*
53			针杆藻	*Synedra* sp.
54			双头针杆藻	*Synedra amphicephala*
55			平片针杆藻	*Synedra tabulata*
56			头状针杆藻	*Synedra capitata*
57			肘状针杆藻	*Synedra ulna*
58		直链藻属	变异直链藻	*Melosira varians*
59			极小直链藻	*Melosira minmum*
60			颗粒直链藻	*Melosira granulata*
61			颗粒直链藻极狭变种	*Melosira granulata* var. *angustissima*
62			颗粒直链藻极狭变种螺旋变型	*Melosira granulata* var. *angustissima* f. *spiralis*
63			意大利直链藻	*Melosira italica*
64		舟形藻属	钝舟形藻	*Navicula mutica*
65			短小舟形藻	*Navicula exigua*
66			放射舟形藻	*Navicula radiosa*
67			杆状舟形藻	*Navicula bacillum*
68			尖头舟形藻	*Navicula cuspidata*
69			简单舟形藻	*Navicula simplex*

续表

序号	门	属	种	拉丁名
70			双头舟形藻	*Navicula dicephala*
71			瞳孔舟形藻头端变种	*Navicula pupula* var. *capitata*
72	黄藻门	顶刺藻属	具针顶刺藻	*Centritractus belonophorus*
73		黄管藻属	头状黄管藻	*Ophiocytium capitatum*
74		黄丝藻属	普通黄丝藻	*Tribonema vulgare*
75	甲藻门	多甲藻属	坎宁顿多甲藻	*Peridinium cunningtonii*
76			微小多甲藻	*Peridinium pussillum*
77			双足多甲藻	*Peridinium bipes*
78			威氏多甲藻	*Peridinium willei*
79		薄甲藻属	薄甲藻	*Glenodinium pulvisculus*
80		角甲藻属	角甲藻	*Ceratium hirundinella*
81	金藻门	锥囊藻属	长锥形锥囊藻	*Dinobryon bavaricum*
82	蓝藻门	棒胶藻属	史氏棒胶藻	*Rhabdogloea smithii*
83		颤藻属	包氏颤藻	*Oscillatoria boryana*
84			变红颤藻	*Oscillatoria rubeccens*
85			断裂颤藻	*Oscillatoria fraca*
86			近旋颤藻	*Oscillatoria subcontorta*
87			巨颤藻	*Oscillatoria princes*
88			两栖颤藻	*Oscillatoria amphibia*
89			钻头颤藻	*Oscillatoria terebriformis*
90		常丝藻属	颗粒常丝藻	*Tychonema granulatum*
91		管胞藻属	圆柱管胞藻	*Chamaesiphon cylindricus*
92		集胞藻属	大型集胞藻	*Synechocystis crassa*
93			湖沼集胞藻	*Synechocystis limnetica*
94			惠氏集胞藻	*Synechocystis willei*
95			极小集胞藻	*Synechocystis minuscula*
96			水生集胞藻	*Synechocystis aquetilis*
97			集胞藻一种	*Synechocystis* sp.
98		尖头藻属	地中海尖头藻	*Raphidiopsis mediterranea*
99			中华小尖头藻	*Raphidiopsis sinensia*
100		胶鞘藻属	法式胶鞘藻	*Phormiaium valderiae*
101		胶球藻属	最小胶球藻	*Gloeocapsa minima*
102		蓝囊藻属	塔特蓝囊藻	*Cyanocystis tatrensis*
103		蓝纤维藻属	针状蓝纤维藻	*Dactylococcopsis acicularis*
104		裂胞藻属	具刺裂胞藻	*Clastidium setigerum*

续表

序号	门	属	种	拉丁名
105		螺旋藻属	大螺旋藻	*Spirulina major*
106			为首螺旋澡	*Spirulina princeps*
107		拟鱼腥藻属	环圈拟鱼腥藻	*Anabaenopsis circularis*
108			阿氏拟鱼腥藻	*Anabaenopsis arnoldii*
109		念珠藻属	喜钙念珠藻	*Nostoc calcicola*
110		平裂藻属	点形平裂藻	*Merismopedia punctata*
111			马氏平裂藻	*Merismopedia marssonii*
112			微小平裂藻	*Merismopedia tenuissima*
113			细小平裂藻	*Merismopedia minima*
114			旋折平裂藻	*Merismopedia convoluta*
115			中华平裂藻	*Merismopedia sinica*
116		腔球藻属	不定腔球藻	*Coelosphaerium dubium*
117		鞘丝藻属	螺旋鞘丝藻	*Lygbya contorta*
118			坑形细鞘丝藻	*Lyngbya foveolara*
119		色球藻属	湖沼色球藻	*Chroococcus limneticus*
120			微小色球藻	*Chroococcus minutus*
121			小形色球藻	*Chroococcus minor*
122			印度色球藻	*Chroococcus indicus*
123		束丝藻属	水华束丝藻	*Aphanizomenon flos-aquae*
124		双色藻属	二分双色藻	*Cyanobium distomicola*
125			小双色藻	*Cyanobium parvum*
126		微囊藻属	奥连微囊藻	*Microcystis orissica*
127			具缘微囊藻	*Microcystis marginata*
128			不定微囊藻	*Microcystis incerta*
129			苍白微囊藻	*Microcystis pallida*
130			粉末微囊藻	*Microcystis pulverea*
131			假丝微囊藻	*Microcystis pseudofilamentosa*
132			坚实微囊藻	*Microcystis firma*
133			水华微囊藻	*Microcystis flos-aquae*
134			铜绿微囊藻	*Microcystis aeruginosa*
135			微细微囊藻	*Microcystis minutissima*
136			微囊藻一种	*Microcystis* sp.
137		席藻属	给水席藻	*Phormidium irriguum*
138			尖头席藻	*Phormidium acutissimum*
139			小席藻	*Phormidium tenu*

续表

序号	门	属	种	拉丁名
140		隐杆藻属	窗格隐杆藻	*Aphanothece clathrata*
141		隐球藻属	溪生隐球藻	*Aphanocapsa rivularis*
142			细小隐球藻	*Aphanocapsa elachista*
143		鱼腥藻属	多变鱼腥藻	*Anabaena variabilis*
144			浮游鱼腥藻	*Anabaena planctonica*
145			固氮鱼腥藻	*Anabaena azotica*
146			类颤鱼腥藻	*Anabaena osicillariordes*
147			卷曲鱼腥藻	*Anabaena circinalis*
148			螺旋鱼腥藻	*Anabaena spiroides*
149			崎岖鱼腥藻	*Anabaena inaequalis*
150			水华鱼腥藻	*Anabaena flos-aquae*
151		岳氏藻属	透明岳氏藻	*Johannesbaptistia pellucida*
152		紫管藻属	罗氏紫管藻	*Porphyrosiphon notarisii*
153	裸藻门	瓣胞藻属	瓣胞藻	*Petalomonas mediocanellata*
154		扁裸藻属	扁裸藻一种	*Phacus* sp.
155			尖尾扁裸藻	*Phacus acuminatus*
156			曲尾扁裸藻	*Phacus lismorensis*
157			三棱扁裸藻	*Phacus triqueter*
158			具瘤扁裸藻	*Phacus suecicus*
159			长尾扁裸藻	*Phacus longicauda*
160		多形藻属	变异多形藻	*Distigma proteus*
161		鳞孔藻属	喙状鳞孔藻	*Lepocinclis playfairiana*
162			秋鳞孔藻	*Lepocinclis autumnalis*
163		裸藻属	带形裸藻	*Euglena ehrenbergii*
164			尖尾裸藻	*Euglena oxyuris*
165			近轴裸藻	*Euglena proxima*
166			三棱裸藻	*Euglena tripteris*
167			绿色裸藻	*Euglena viridis*
168			梭形裸藻	*Euglena acus*
169			纤细裸藻	*Euglena gracilis*
170		囊裸藻属	湖生囊裸藻	*Trachelomonas lacustris*
171			华丽囊裸藻	*Trachelomonas superba*
172			尾棘囊裸藻短刺变种	*Trachelomonas armata* var. *steinii*
173			尾棘囊裸藻长刺变种	*Trachelomonas armata* var. *longispina*
174		拟裸藻属	贪食拟裸藻	*Euglenopsis vorax*

续表

序号	门	属	种	拉丁名
175		陀螺藻属	粗糙陀螺藻卵形变种	*Strombomonas aspera* var. *ovata*
176			剑尾陀螺藻装饰变种	*Strombomonas ensifera* var. *ornata*
177		壶藻属	圆口壶藻	*Urceolus cyclostomus*
178		塔胞藻属	娇柔塔胞藻	*Pyramimonas delicatula*
179		棒形鼓藻属	布雷棒形鼓藻	*Gonatozygon brebissonii*
180	绿藻门	被刺藻属	被刺藻	*Franceia ovalis*
181		并联藻属	柯氏并联藻	*Quadrigula chodatii*
182		叉星鼓藻属	单角叉星鼓藻	*Staurodesmus unicornis*
183			尖头叉星鼓藻	*Staurodesmus cuspidatus*
184			近缘叉星鼓藻	*Staurodesmus connatus*
185			芒状叉星鼓藻	*Staurodesmus aristiferus*
186		粗刺藻属	粗刺藻	*Acanthosphaera zachariasi*
187		顶棘藻属	四刺顶棘藻	*Chodatella quadriseta*
188			盐生顶棘藻	*Chodatella subsalsa*
189		多芒藻属	疏刺多芒藻	*Golenkinia paucispina*
190		弓形藻属	弓形藻一种	*Schroederia* sp.
191			螺旋弓形藻	*Schroederia spiralis*
192			拟菱形弓形藻	*Schroederia nitzschioides*
193			硬弓形藻	*Schroederia robusta*
194		凹顶鼓藻属	不定凹顶鼓藻	*Euastrum dubium*
195		鼓藻属	斑点鼓藻	*Cosmarium punctulatum*
196			雷尼鼓藻	*Cosmarium regnellii*
197		新月藻属	纤细新月藻	*Closterium gracile*
198		集球藻属	集球藻	*Palmellococcus miniatus*
199		集星藻属	河生集星藻	*Actinastrum fluviatile*
200		胶丝藻属	漂浮胶丝藻	*Gloeotila pelagica*
201		角丝鼓藻属	扭联角丝鼓藻	*Desmidium aptogonum*
202		角星鼓藻属	钝齿角星鼓藻	*Staurastrum crenulatum*
203			钝角角星鼓藻	*Staurastrum retusum*
204			多棘角星鼓藻	*Staurastrum arctiscon*
205			肥壮角星鼓藻	*Staurastrum pingue*
206			浮游角星鼓藻	*Staurastrum planctonicum*
207			六臂角星鼓藻	*Staurastrum senarium*
208			角星鼓藻	*Staurastrum paradoxum*
209			纤细角星鼓藻	*Staurastrum gracile*

续表

序号	门	属	种	拉丁名
210			成对角星鼓藻	*Staurastrum gemelliparum*
211			珍珠角星鼓藻	*Staurastrum margaritaceum*
212		拟新月藻属	拟新月藻	*Closteriopsis longissima*
213		空球藻属	空球藻	*Eudorina elegans*
214		空星藻属	空星藻	*Coelastrum sphaericum*
215			小空星藻	*Coelastrum microporum*
216		卵囊藻属	椭圆卵囊藻	*Oocystis elliptica*
217		拟韦斯藻属	线形拟韦斯藻	*Westellopsis linearis*
218		盘星藻属	单角盘星藻	*Pediastrum simplex*
219			单角盘星藻具孔变种	*Pediastrum simplex* var. *duodenarium*
220			二角盘星藻	*Pediastrum duplex*
221			二角盘星藻纤细变种	*Pediastrum duplex* var. *gracillimum*
222			二角盘星藻皱纹变种	*Pediastrum duplex* var. *regulosum*
223			盘星藻	*Pediastrum biradiatum*
224			四角盘星藻	*Pediastrum tetras*
225			四角盘星藻四齿变种	*Pediastrum tetras* var. *tetraodon*
226		骈列藻属	美丽骈列藻	*Lauterborniella elegantissima*
227		球衣藻属	球衣藻	*Chlamydomonas globosa*
228		肾形藻属	肾形藻	*Nephrocytium agardhianum*
229		十字藻属	顶锥十字藻	*Crucigenia apiculata*
230			四角十字藻	*Crucigenia quadrata*
231			四足十字藻	*Crucigenia tetrapedia*
232			铜钱形十字藻	*Crucigenia fenstrata*
233		水网藻属	水网藻	*Hydrodictyon reticulatum*
234		四棘鼓藻属	英克斯四棘鼓藻	*Arthrodesmus incus*
235		四棘藻属	粗刺四棘藻	*Treubaria crassispina*
236			四棘藻一种	*Treubaria* sp.
237			四棘藻	*Treubaria triappendiculata*
238		四角藻属	二叉四角藻	*Tetraëdron bifurcatum*
239			膨胀四角藻	*Tetraëdron tumidulum*
240			三角四角藻	*Tetraëdron trigonum*
241			三角四角藻小型变种	*Tetraëdron trigonum* var. *gracile*
242			四角藻一种	*Tetraëdron* sp.

续表

序号	门	属	种	拉丁名
243			具尾四角藻	*Tetraëdron caudatum*
244			整齐四角藻扭曲变种	*Tetraëdron regulare* var. *torsum*
245		四链藻属	四链藻	*Tetradesmus wisconsinense*
246		四星藻属	华丽四星藻	*Tetrastrum elegans*
247			异刺四星藻	*Tetrastrum heterocanthum*
248		绿梭藻属	长绿梭藻	*Chlorogonium elongatum*
249		蹄形藻属	肥壮蹄形藻	*Kirchneriella obesa*
250		网球藻属	美丽网球藻	*Dictyosphaerium pulchellum*
251		微芒藻属	微芒藻	*Micractinium pusillum*
252		纤维藻属	卷曲纤维藻	*Ankistrodesmus convolutus*
253			镰形纤维藻	*Ankistrodesmus falcatus*
254			镰形纤维藻奇异变种	*Ankistrodesmus falcatus* var. *mirabilis*
255			狭形纤维藻	*Ankistrodesmus angustus*
256			针形纤维藻	*Ankistrodesmus acicularis*
257		小球藻属	蛋白核小球藻	*Chlorella pyrenoidosa*
258			小球藻	*Chlorella vulgaris*
259		月牙藻属	纤细月牙藻	*Selenastrum gracile*
260		栅藻属	被甲栅藻	*Scenedesmus armatus*
261			被甲栅藻博格变种	*Scenedesmus armatus* var. *boglariensis*
262			被甲栅藻博格变种双尾变型	*Scenedesmus armatus* var. *boglariensis* f. *bicaudatus*
263			扁盘栅藻	*Scenedesmus platydiscus*
264			齿牙栅藻	*Scenedesmus denticulatus*
265			二形栅藻	*Scenedesmus dimorphus*
266			武汉栅藻	*Scenedesmus wuhanensis*
267			尖细栅藻	*Scenedesmus acuminatus*
268			裂孔栅藻	*Scenedesmus perforatus*
269			双对栅藻	*Scenedesmus bijuga*
270			四尾栅藻	*Scenedesmus quadricauda*
271			弯曲栅藻	*Scenedesmus arcuatus*
272			斜生栅藻	*Scenedesmus obliqnus*
273	隐藻门	隐藻属	隐藻一种	*Cryptomonas* sp.
274			卵形隐藻	*Cryptomonas ovata*

续表

序号	门	属	种	拉丁名
275			啮蚀隐藻	*Cryptomonas erosa*
276		蓝隐藻属	尖尾蓝隐藻	*Chroomonas acuta*

表 2-19　武昌湖浮游植物优势度分布

Table 2-19　Phytoplankton dominance distribution in the Wuchang Lake

物种	春	夏	秋	冬
颗粒直链藻	0.86	5.47	5.07	1.5
包氏颤藻	2.01	20.91	0.2	0.1
固氮鱼腥藻	0.01	0.21	0.03	0.01
惠氏集胞藻	0.02	0.21	0.02	0.01
坑形细鞘丝藻	0.04	3.33	0.42	0.02
铜绿微囊藻	0.12	0.21	0.2	0.005
漂浮胶丝藻	0.005	3	0.41	0.2
水华束丝藻	0.01	0.74	0.18	0.01

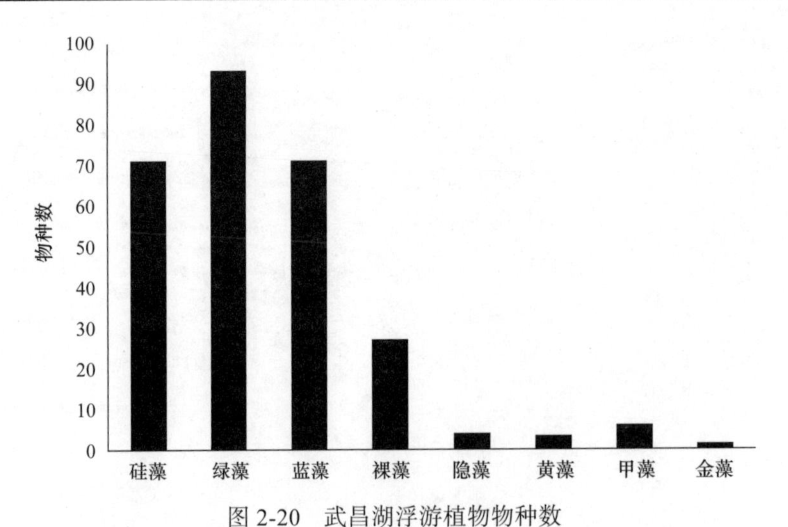

图 2-20　武昌湖浮游植物物种数

Figure 2-20　Number of phytoplankton species in the Wuchang Lake

（2）密度和生物量

调查得到的数据中细胞密度常用来评价水质，细胞密度≤5×10^5 cells/L，水体为极贫营养；≤10×10^5 cells/L，水体为贫营养；10×10^5～90×10^5 cells/L 时，水体为贫中营养。武昌湖浮游植物平均数量为 4.56×10^8 cells/L，表明水体总体属于中营养性。其中 W9 采样点细胞数达到最小值为 1.57×10^7 cells/L。W23 采样点细胞数达到最大值为 2.18×10^8 cells/L。硅藻门、绿藻门、蓝藻门、甲藻门、黄藻门、隐藻门、裸藻门生物量分别为 4.82 mg/L、2.25 mg/L、9.49 mg/L、2.73 mg/L、0.031 mg/L、0.107 mg/L、

0.26 mg/L 及金藻门的平均生物量为 0.021 mg/L。夏季生物量最大为 46.66 mg/L，冬季生物量最小为 3.97 mg/L（表 2-20）。

表 2-20　武昌湖浮游植物密度统计表（$\times 10^6$ cells/L）

Table 2-20　Phytoplankton density statistics in the Wuchang Lake（$\times 10^6$ cells/L）

采样点	春	夏	秋	冬	总密度
W1	5.38	20.17	8.63	1.39	35.58
W2	7.12	83.76	11.87	1.19	103.94
W3	5.39	31.26	10.14	3.25	50.05
W4	5.80	43.76	—	1.08	50.63
W5	5.86	11.84	10.24	1.63	29.57
W6	2.50	30.54	—	1.46	34.51
W7	6.55	24.94	16.51	3.34	51.34
W8	5.65	36.83	12.44	1.14	56.07
W9	3.83	10.26	—	1.60	15.69
W10	6.93	64.24	10.24	1.39	82.80
W11	6.61	32.26	9.96	0.87	49.71
W12	4.47	53.84	8.84	0.86	68.02
W13	9.07	51.91	13.81	—	74.80
W14	5.37	34.26	11.00	—	50.63
W15	9.09	9.19	23.14	—	41.43
W16	—	39.95	—	—	39.95
W17	1.44	80.51	39.26	—	121.21
W18	12.87	123.98	43.33	—	180.19
W19	—	50.55	—	—	50.55
W20	7.17	77.93	—	—	85.11
W21	13.56	85.34	—	—	98.91
W22	14.49	67.42	—	—	81.91
W23	14.92	202.98	—	—	217.90
W24	16.47	124.66	—	—	141.13

注：“—”由于环境原因无法采集

（3）多样性指数分析

春季调查中，数据显示各采样点的丰富度指数（D）平均值为 3.89，多样性指数（H'）平均值为 2.92，均匀度指数（J）平均值为 0.41。夏季调查中，数据显示各采样点的丰富度指数（D）平均值是 45.39，多样性指数（H'）平均值为 3.46，均匀度指数（J）平均值为 0.38。秋季调查中，数据显示各采样点的丰富度指数（D）平均值为 19.69，多样性指数（H'）平均值为 3.31，均匀度指数（J）平均值为 0.43。冬季调查中，数据显示各采样点的丰富度指数（D）平均值为 11.16，多样性指数（H'）平均值是 3.67，均匀度指数（J）平均值为 0.56（图 2-21）。

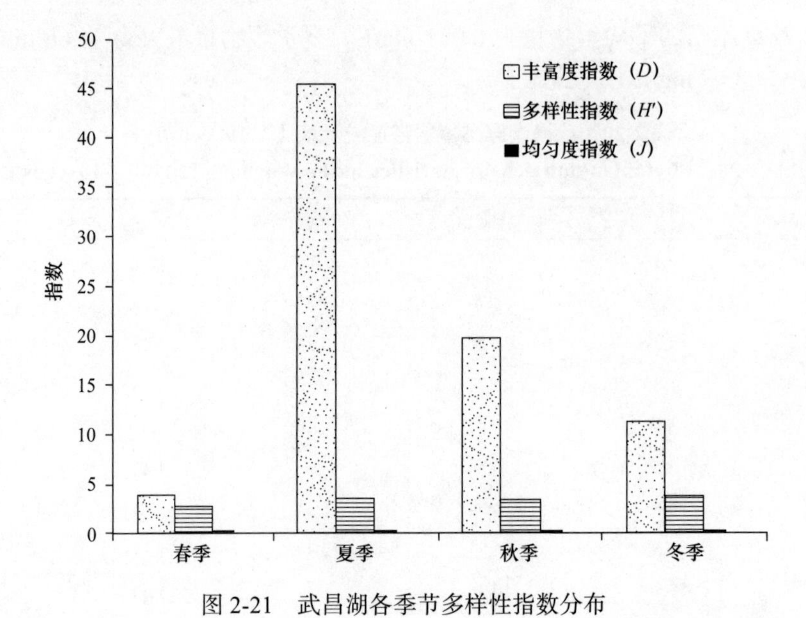

图 2-21　武昌湖各季节多样性指数分布

Figure 2-21　Distribution of diversity index of each season in the Wuchang Lake

上部　浮游植物

第三章　蓝藻门形态分种描述

蓝藻门（Cyanophyta）是一类原核生物（procaryotic organism），又称为蓝细菌（cyanobacteria）和放氧细菌（oxyphotobacter），最近又有学者称之为蓝原核藻门（Cyanoprocaryota）。

蓝藻由于细胞结构、生理学、生态学、生物化学、遗传学的许多独特性质而得到藻类学、分子遗传学、植物系统发育等许多相关学科学者的重视，对蓝藻生物学的各领域进行了深入系统的研究，某些种类的品系已成为分子生物学研究的模式生物（model organism），如 Synechococcus PCC 6803、Anabeana7120 等。

蓝藻为单细胞，丝状或非丝状群体。非丝状群体有板状、中空球状、立方形等各种形态，但大多数为不定形群体，群体常具一定形态和不同颜色的胶被。丝状群体由相连的一列细胞组成藻丝（trichome），藻丝具胶鞘或不具胶鞘，藻丝及胶鞘合称为丝状体（filament），每条丝状体中具 1 条或数条藻丝。藻丝具有分枝或假分枝，假分枝由藻丝的一端穿出胶鞘延伸生长而形成。

蓝藻细胞无色素体和真正的细胞核等细胞器。原生质体常分为外部色素区和内部无色中央区。色素区含有叶绿素 a、两种特殊的叶黄素外和大量藻胆蛋白，藻胆蛋白由颗粒的藻胆体（phycobilisome）附着在类囊体（thylakoid）膜的外表面上。蓝藻的藻胆蛋白有 4 种色素：藻蓝素（C-phycocyanin，C-PC）、别藻蓝素（allophycocyanin，APC）、藻红素（C-phycoerythrin，C-PE）及藻红蓝素（phycoerythrocyanin，PEC）。所有蓝藻都含有前两种色素，而后两种只在某些类群中存在。同化产物以蓝藻淀粉为主，还含有藻蓝素颗粒体。无色中央区主要含有环形丝状的 DNA，无核膜及核仁。

细胞壁由氨基糖和氨基酸组成。单细胞类群由 3 层构成；丝状类群由 4 层构成；单细胞及非丝状类群常具个体或群体胶被。胶被的化学组成很复杂，主要成分为肽聚糖（peptidoglycan），丝状种类的细胞壁外常具胶鞘，胶被或胶鞘分层或不分层，无色或具有黄、褐、红、紫、蓝等颜色。

有些种属的少数营养细胞分化形成异形胞（heterocyst），异形胞比营养细胞大，细胞壁厚，内含物稀少，在光学显微镜下无色透明，但异形胞内含丰富的固氮酶，是这些类群细胞固氮的场所。异形胞与相邻细胞连接处的细胞壁有向内突出而增厚的瘤状小体，称为“极节”。

某些类群细胞内含有气囊（gas vacuole），由于折光的原因，在光学显微镜下呈黑色、红色或紫色。在电子显微镜下观察气囊纵切面为两端呈锥形的柱状体，横切面为六角形。气囊具有遮光和漂浮的功能。

蓝藻的繁殖通常为细胞分裂。单细胞类群有的只有一个分裂面，有的有两个分裂面（横分裂和纵分裂），有的甚至有 3 个分裂面，这种类群的细胞分裂后的子细胞常具胶被，虽彼此分离，但仍形成胶群体，也有分裂的子细胞彼此不分离形成立方形的群体。因此，单细胞类群的细胞分裂方式决定藻体形态，是科、属分类的重要特征之一。一些单细胞或群体类群还形成内生孢子（endospore）或外生孢子（exospore）。丝状类群除细胞分裂（横分裂或纵分裂）外，藻丝还能形成“藻殖段”（hormogonia）。藻殖段是藻丝的短断片，在其一端或两端细胞壁增厚形成分离盘（separation disc）或产生死细胞（necridia），藻殖段从藻丝滑动离开后发育成新的藻丝。某些真枝藻产生的藻殖孢（hormocystis）也是一种短丝体，与藻殖段不同之处为外部有厚而有层理的胶鞘包围着，位于母株分枝顶部，不能运动。萌发时，胶鞘的一端或两端破裂，发育形成新植物体。一些单细胞、群体或丝状类型还产生微小的微孢子（nanocyte）。

蓝藻生长在各种水体或潮湿土壤、岩石、树干及树叶上，不少种类能在干旱的环境中生长繁殖。水生类群常在含氮较高、有机质丰富的碱性水体中生长。在夏、秋季，湖泊池塘有时因一些蓝藻（如微囊藻、束丝藻）大量繁殖形成水华（water bloom），使水体含氧量降低，有的微囊藻、束丝藻释放毒素，严重破坏水生态系统，造成鱼、虾等水生生物死亡，同时还危及人的身体健康。有的蓝藻，如地木耳、葛仙米、发菜等可供食用。

一些有异形胞的蓝藻，能将空气中的氮同化为细胞体内的氮化合物，并将部分氮化合物分泌到细胞外，增加土壤、水体的有机氮。还有少数种类营共生生活。由于蓝藻种类多，分布广，许多种类的内含物和分泌物蕴涵着有用的物质，因而蓝藻的宝贵资源具有广阔开发应用前景。

自 1985 年以来，K. Anagnostidis 和 J. Komarek 对蓝藻门分类系统进行了全面的修订。根据他们拟定的系统，蓝藻门改称为“蓝原核藻门”（Cyanoprocaryota），分 4 目：色球藻目（Chroococcales）、颤藻目（Osillatoriales）、念珠藻目（Nostocales）及真枝藻目（Stigonematales），本章分类系统依据他们的系统。

安徽通江湖泊蓝藻门的优势种主要有绿色颤藻、弱细颤藻、细小平裂藻、多变鱼腥藻、卷曲鱼腥藻、不定微囊藻、水华微囊藻和湖沼色球藻。

一、聚球藻科 Synechococcaceae Komarek et Anagnostidis

1 双色藻属 *Cyanobium* Rippka et Cohen-Bazire

细胞单生或分裂后呈双细胞，不为群体；细胞小，长 1～2（～4）μm，宽 1（～3）μm，无胶被，卵形、椭圆形到短杆形，常可见色素质，内囊体周边位，沿细胞壁排列。

细胞分裂面与纵轴垂直，形成两个形态相同的子细胞，细胞在长成原来母细胞的形态和大小前进行下一次分裂。

（1）小双色藻 *Cyanobium parvum*（Migula）Komarek et al.（**图 1**）

单细胞或 2 至少数细胞前后相接而成暂时性的假短丝体。细胞长圆形或圆柱形，原生质体蓝绿色，含有微细或较粗大的颗粒体；细胞直径 3.4～4.8 μm，长 5～8 μm；

细胞具薄而透明的胶被；分裂后为近球形；原生质体蓝绿色，含有微细或较粗大颗粒体。

鉴别特征：细胞圆形到圆柱形，原生质体蓝绿色，含有微细或较粗大的颗粒体。

生境：稻田、湖泊、水池及滴水岩石上。

2 棒胶藻属 *Rhabdogloea* Schröder

群体微小，漂浮，或者混杂于其他浮游藻类中；群体胶被不明显，无色；细胞细长，圆柱形，两端狭而长，直出，或多或少做螺旋状绕转，“S”形，或不规则弯曲；单细胞或由少数至多数细胞聚合于柔软而透明的群体胶被中；细胞的原生质体均匀，淡蓝绿色至亮蓝绿色；细胞分裂为与纵轴垂直的横裂。

（1）史氏棒胶藻 *Rhabdogloea smithii*（R. et F. Choda）Komarek（**图 2**）

植物体团块由少数细胞组成群体，自由漂浮；胶被无色透明，质地均匀；细胞形态变化较多，梭形、“S”形、半圆形，直或弯曲，末端狭小而尖锐；细胞宽 1.2～3 μm，长 14～25 μm；原生质体均匀，蓝绿色。

鉴别特征：细胞形态多样，末端狭小而尖，原生质体均匀，蓝绿色。

生境：潮湿土壤、岩石、墙壁表面及静止水体浮游或混生于其他藻类中，微盐水中也能生长。

二、平裂藻科 Merismopediaceae Elenkin

3 集胞藻属 *Synechocystis* Sauvageau

植物体为单细胞或由许多细胞聚集而成的小球形群体。细胞球形，刚分裂时为半球形，具 1 层极薄的无色透明胶质，内含物均匀，具微小颗粒，蓝绿色。细胞从 2 个面分裂。

此属多生长在潮湿地区或温泉中，盐泽地也能生长。

（1）惠氏集胞藻 *Synechocystis willei* Gardner（**图 3**）

细胞漂浮于水中，或单独存在于其他藻类间；细胞球形，直径 3～4 μm；原生质体均匀，蓝绿色或灰铜绿色。

鉴别特征：细胞球形，原生质体均匀，蓝绿色或灰铜绿色。

生境：一般附着于滴水岩石及潮湿岩石、墙壁、树皮、石块、树枝、枯枝上和水沟旁，常与其他蓝藻混生在苔藓植物间。

4 隐球藻属 *Aphanocapsa* Näg.

植物体由 2 至多个细胞组成球形、卵形、椭圆形或不定形的胶状群体，直径可达几厘米。群体胶被厚而柔软，无色、黄色、褐色或蓝绿色，细胞球形；个体胶被不明显或仅有痕迹；细胞 2 或 4 个成一组，每组之间具有一定距离。细胞内含物均匀，浅蓝色或亮蓝绿色或灰蓝色。无伪空胞。

（1）美丽隐球藻 *Aphanocapsa pulchra*（Kützing）Rabenh.**（图 4a，4b）**

植物团块黏滑，着生或漂浮，为球形或椭圆形的群体。群体胶被明显，透明，均匀。细胞球形，直径 3.5～6.5 μm，常单生或成对，排列松散，淡蓝绿色，内含物均匀。

鉴别特征：植物体团块黏滑、柔软，淡蓝绿色，单独或成对存在，胶被坚硬无色透明，细胞球形。

生境：水生，有漂浮及附着在其他物体上两种情况。

（2）溪生隐球藻 *Aphanocapsa rivularis*（Carm.）Rabenh.**（图 5a，5b）**

植物团块为球形、半球形或不规则的扩展；公共胶被无色透明，无层理；细胞球形，直径 5～6 μm；单独存在或两两成一组，彼此之间并不十分贴靠，但比较密集；细胞内的原生质体蓝绿色。

鉴别特征：细胞自由生活，水生，单独或两两一组，彼此之间并不十分贴近但比较密集。

生境：生长于潮湿岩石上，在溪流及沼泽中也有生长，有时成为浮游藻。

5 平裂藻属 *Merismopedia* Meyen

植物体为一层细胞厚的平板状群体，细胞有规则排列，细胞常两两成对，两对成一组，四组成一小群，许多小群集合成平板状群体。群体胶被无色、透明而柔软。个体胶被不明显。细胞球形或椭圆形，内含物均匀，少数具伪空胞或微小的颗粒，浅蓝绿色至亮绿色，少数呈玫瑰色至蓝紫色。

（1）细小平裂藻 *Merismopedia minima* G. Beck**（图 6a，6b，6c）**

群体由 4 至多细胞组成；细胞小，相互密贴，球形、半球形，直径 0.8～1.2 μm，高 1.5～1.8 μm；原生质体均匀，蓝绿色。

鉴别特征：群体由 4 至多细胞组成，细胞小，相互贴近。

生境：生长于湖泊及各种静止水体中，为浮游藻类，数量少。在潮湿的和水流经过的岩石上也有生存。

（2）马氏平裂藻 *Merismopedia marssonii* Lemm.**（图 7a，7b）**

群体一般由 16～32（～64）个细胞组成，平板状；细胞在群体中央互相贴紧，且 4 个细胞组成一组；胶被厚 1～2 μm，无色透明；细胞球形、半球形；具薄壁，直径为 2～2.5 μm；原生质体均匀，蓝色或紫红色，有假空胞。

鉴别特征：4 个细胞组成一组，原生质体蓝色或紫红色，有假空胞。

生境：湖泊、池塘中的浮游藻类，数量不多。

三、微囊藻科 Microcystaceae Elenkin

6 微囊藻属 *Microcystis* Kützing

植物体为多细胞群体，自由漂浮或附着于他物上。群体球形、类椭圆形，或不规则相重叠，或为网孔状。群体胶被均质无色，往往呈分散的黏质状。细胞球形或长圆形，排列紧密，无个体胶被。细胞呈浅蓝色、亮蓝绿色、橄榄绿色，常有颗粒或伪空胞。以分裂繁殖，少数产生微孢子。

此属藻类多生于湖泊池塘中，在温暖季节大量生长而形成水华。

（1）铜绿微囊藻 *Microcystis aeruginosa* Kützing（**图 8a，8b**）

幼植物体为球形或长圆形的实心球体，后长成为网络状的中空囊状体，随后由于不断扩展，囊状体破裂而形成网状胶群体。群体胶被透明无色。细胞球形或近球形，直径 3～7 μm。蓝绿色。一般具伪空胞。

鉴别特征：群体成熟后开裂或形成穿孔，使群体呈网状或窗格状，细胞均匀分布于胶被。

生境：浮游性藻类，生长于各种水体中，夏季繁盛时，形成水华，也生于潮湿的滴水流过的岩石上。

（2）假丝微囊藻 *Microcystis pseudofilamentosa* Crow.（**图 9**）

群体狭长，呈假丝状，每隔一段有一收缢，形成分节而又串联的群体，长可达 500 μm 以上，宽为 20～30 μm，常局部扩大和撕裂或呈网状。细胞球形，直径 3～7 μm。浅蓝绿色或亮蓝绿色。具伪空胞。为浮游生活。

鉴别特征：群体细长呈带状或假丝体状；假丝体上有缢缩。

生境：各种静止水体，如小池塘、稻田、洼地、湖泊等。

（3）水华微囊藻 *Microcystis flos-aquae*（Wittr.）Kirchner（**图 10a，10b**）

植物体为球形、卵形、长圆形或略狭长的群体，无穿孔，群体胶被不明显。细胞密集于胶被中央，球形，直径 3～7（～8）μm。蓝绿色。具伪空胞。有微孢子。

普生性浮游种类，生长旺盛时可形成水华。

鉴别特征：细胞互相密贴，胶被不明显，细胞密集于胶被中央。

生境：分布极广。漂浮生活于各种水体中，生长旺盛时形成水华。

（4）苍白微囊藻 *Microcystis pallida*（Farlow）Lemm.（**图 11a，11b**）

群体灰蓝绿色，由无数细胞集合成不规则形状的群体；群体胶被极不清楚；细胞球形或近长圆形，直径为 5～7 μm；原生质体均匀或具微小颗粒体，蓝绿色，无气囊。

鉴别特征：群体胶被极不清楚；细胞球形或近长圆形，直径为 5～7 μm。

生境：各种静止水体，如小池塘、稻田、洼地、湖泊等。

四、念珠藻科 Nostocaceae Kützing

7 鱼腥藻属 *Anabaena* Bory

植物体为单一丝状，或不定形胶质块，或柔软膜状。藻丝等宽或末端尖细，直或不规则地螺旋状弯曲。细胞球形、桶形。异形胞常间生。孢子1个或几个成串，紧靠异形胞或位于异形胞之间。

此属有不少为固氮种类。

（1）固氮鱼腥藻 *Anabaena azotica* Ley.（图12a，12b）

植物体为蓝绿色胶块，长和宽可达10 cm。丝体紧密，不规则地排列在胶质中。藻丝中部宽3.6～4.8 μm，两端的细胞稍小，末端细胞略长，顶端钝圆，呈钝圆锥形或截锥形。细胞腰鼓形或桶形，长宽相等，宽2～4.8 μm，长2.5～4.8 μm，内含物具颗粒，培养过程中发现伪空胞。异形胞球形至长圆形，长4.8～7 μm。未发现孢子。

固氮种类。

鉴别特征：藻丝弯曲，不平行排列，细胞腰鼓形或桶形。

生境：稻田。

（2）多变鱼腥藻 *Anabaena variabilis* Kütz.（图13a，13b，13c）

植物体胶质块状，黑绿色。藻丝无鞘，弯曲，宽4～6 μm，横壁处收缢，末端细胞钝圆锥形。细胞桶形，有时具伪空胞，宽4～6 μm，长2.5～6 μm。异形胞球形或长圆形，宽约6 μm，长达8 μm，孢子球形，宽7～9（～11）μm，长8～14 μm，外壁光滑或具细刺，无色或黄褐色。

固氮种类。

鉴别特征：孢子远离异形胞，植物体胶质块状，黑绿色。

生境：土壤、稻田。

（3）卷曲鱼腥藻 *Anabaena circinalis* Rab.（图14a，14b）

植物体片状，浮游，藻丝螺旋盘绕，少数直，多数不具胶鞘，宽8～14 μm，细胞球形或扁球形，长略小于宽，具伪空胞。异形胞近球形，直径8～10 μm。孢子圆柱形，直或有时弯曲，末端圆，宽14～18 μm，长22～34 μm，常远离异形胞，外壁光滑，无色。

鉴别特征：孢子圆柱形，直或有时弯曲，末端圆，宽14～18 μm，长22～34 μm，常远离异形胞。

生境：静止水体。

（4）崎岖鱼腥藻 *Anabaena inaequalis*（Kütz.）Born. et Flah.（图15a，15b，15c）

藻丝直，平行排列，有或无鞘；细胞短桶形，宽4～6 μm，末端细胞圆形；异形胞球形，远离孢子，直径4～6 μm；孢子圆柱形，宽6～8 μm，长14～23 μm，外壁光滑。

鉴别特征：藻丝直，平行排列，有或无鞘；细胞短桶形，宽 4～6 μm，末端细胞圆形；异形胞球形，远离孢子，直径 4～6 μm。

生境：小水沟，池塘。

8　拟鱼腥藻属 *Anabaenopsis*（Wolosz.）Miller

藻丝漂浮，短，螺旋形弯曲或轮状弯曲，少数直；异形胞顶生，常成对；孢子间生，远离异形胞。

（1）环圈拟鱼腥藻 *Anabaenopsis circularis*（G. S. West）Wolosz. et Miller **（图 16a，16b）**

藻丝漂浮，短，螺旋形弯曲，1～1.5 个螺旋，少数直，宽 4.5～6 μm；细胞球形或长大于宽，内含物具少数大颗粒，无气囊；异形胞球形，宽 3～8 μm，未见孢子。

鉴别特征：藻丝漂浮，短，无气囊。

生境：静水或流水小支流。

9　束丝藻属 *Aphanizomenon* Morr.

藻丝多数为直的，少数略弯曲，常多数集合形成盘状或纺锤状束丝群体，无鞘，顶端尖细。异形胞间生。孢子远离异形胞。

（1）水华束丝藻 *Aphanizomenon flos-aquae*（L.）Ralfs. **（图 17a，17b）**

藻丝集合成束状，少数单生，或直或略弯曲。细胞宽 5～6 μm，圆柱形，具伪空胞。异形胞近圆柱形，宽 5～7 μm，长 7～20 μm。孢子圆柱形，宽 6～8 μm，长可达 80 μm。

鉴别特征：藻丝集合成束状，少数单生，或直或略弯曲，异形胞近圆柱形，具伪空胞。

生境：各种静止水体。

第四章　金藻门形态分种描述

金藻门（Chrysophyta）中自由运动种类为单细胞或群体，群体的种类由细胞放射状排列呈球形或卵形体，有的具透明的胶被，不能运动的种类为变形虫状、胶群体状、球粒形、叶状体形、分枝或不分枝丝状体形、细胞球形、椭圆形、卵形或梨形。运动的种类细胞前端具1条、2条等长或不等长的鞭毛，具2条鞭毛的种类，短的1条为尾鞭型，仅由轴丝形成，没有绒毛，长的1条为茸鞭型，细胞裸露或在表质覆盖许多硅质鳞片（scales），鳞片具刺或无刺，有的种类具2种不同形状鳞片，鳞片和刺的形状是具硅质鳞片种类的主要分类依据，有的原生质外具囊壳。不能运动的种类具细胞壁，壁的组成成分以果胶质为主，具1～2个伸缩泡，位于细胞的前部或后部。细胞无色或具色素体，色素体周生，片状，1～2个，光合作用色素主要由叶绿素a、叶绿素c、胡萝卜素和叶黄素组成，其中胡萝卜素和岩藻黄素在色素中的比例较大，常呈金黄色、黄褐色、黄绿色或灰黄褐色，色素体内具3条类囊体片层近平行排列，有裸露的蛋白核或无，其表面没有同化产物包被，具数个亮而不透明的球体，多位于细胞的后部，光合作用产物为金藻昆布糖（chrysolaminaria）、金藻多糖（leucosin）和脂肪。运动种类具眼点或无，眼点1个，位于细胞的前部或中部，具数个液胞，细胞核1个，位于细胞的中央。

营养繁殖：单细胞种类常为细胞纵分裂形成2个子细胞，群体种类以群体断裂成2个或多个断片，每个断片长成1个新群体，或以细胞从群体中脱离而发育成一个新群体，丝状体以丝体断裂进行繁殖。

无性生殖：不能运动的种类产生单鞭毛或双鞭毛的动孢子，动孢子裸露，具1～2个周生、片状的色素体；很多种类产生由细胞内壁形成的、内生的不动孢子（cyst），即静孢子（aplanospore），呈球形、卵形或椭圆形，具硅质化的壁，由2个半片组成，孢子下沉至湖底部的沉积物中并可保持到直至萌发。在湖泊沉积物和地层的研究中，孢子化石及鳞片能够帮助分析和解释湖泊和地层的历史。

有性生殖：在有些种类中发现有性生殖，有丝分裂为开放式，锥囊藻属Dinobryon的有性生殖为同配和异配，黄群藻属Synura的有性生殖为异配，合子的壁具硅质，合子萌发产生新个体。

金藻类生长在淡水及海水中，大多数生长在透明度大、温度较低、有机质含量少的清水水体中，对水温的变化较敏感，常在冬季、早春和晚秋生长旺盛。有许多种类，因它们生长的特殊要求，可被用作生物指示种类，监测水质，评价水环境。

金藻门估计约有200个属，1000个种，此门分为2个纲——金藻纲（Chrysophyceae）和黄群藻纲（Synurophyceae）。金藻纲（Chrysophyceae）中细胞表质具硅质鳞片的有1个科——近囊胞藻科（Paraphysomonadaceae），黄群藻纲（Synurophyceae）中的种类表质均具硅质鳞片。具硅质鳞片的种类，在鉴定种类，特别是描述新分类群时，应使用透射电子显微镜（TEM）或扫描电子显微镜（SEM）观察硅质鳞片的超微构造。

安徽通江湖泊金藻门主要优势类群有锥囊藻。

一、锥囊藻科 Dinobryonaceae

10 锥囊藻属 *Dinobryon* Ehrenberg

植物体为树状或丛状群体，浮游或着生；细胞具圆锥形、钟形或圆柱形囊壳，前端呈圆形或喇叭状开口，后端锥形，透明或黄褐色，表面平滑或具波纹；细胞纺锤形、卵形或圆锥形，基部以细胞质短柄附着于囊壳的底部，前端具2条不等长的鞭毛，长的1条伸出在囊壳开口处，短的1条在囊壳开口内，伸缩泡1个到多个，眼点1个，色素体周生、片状，1～2个，光合作用产物为金藻昆布糖，常为1个大的球状体，位于细胞的后端。

繁殖为细胞纵分裂，也常形成休眠孢子。有性生殖为同配。

此属是湖泊、池塘中常见的浮游藻类之一，一般生长在清洁、贫营养的水体中。

（1）长锥形锥囊藻 *Dinobryon bavaricum* Imhof（**图 18a，18b**）

植物体由少数细胞组成，群体狭长，平行排列由下向上略扩大。囊壳为长柱状圆锥形，长 50～120 μm，宽 6～10 μm，前端开口处略扩大，中部近平行呈圆柱状，其侧缘略呈波状或无，后端细长，突尖或渐尖，略向一侧弯曲。

鉴别特征：群体由少数细胞密集排列呈分枝较多的树状或丛状，囊壳长柱状圆锥形。

（2）密集锥囊藻 *Dinobryon sertularia* Ehrenberg（**图 19a，19b，19c**）

植物体由囊壳平行排列成密集的丛状群体。囊壳为纺锤形到钟形，宽而短粗，长 30～40 μm，宽 10～14 μm，顶端开口处扩大，中上部略收缢，后端短而渐尖呈锥状和略不对称，其一侧呈弓形。

鉴别特征：囊壳纺锤形到钟形。

二、棕鞭藻科 Ochromonadaceae

11 黄团藻属 *Uroglena* Ehrenberg

植物体为具胶被的球形或椭圆形群体，具群体胶被，细胞沿胶被的边缘呈辐射状排列，群体细胞后端的胶柄连或不连于从群体中心呈双分叉辐射状伸出的胶质丝上，细胞球形、卵形或椭圆形，细胞前端具2条不等长的鞭毛向群体外伸出，长鞭毛长于体长，短鞭毛约为长鞭毛的1/4或1/2长，具1～3个伸缩泡，色素体周生、片状，1或2个，黄褐色，眼点通常为1个，具数个液泡，细胞核1个，位于细胞的中央。

营养繁殖：群体分裂成子群体，细胞纵分裂使群体增大，也可形成静孢子、孢囊，也有休止细胞萌发产生 4 个或 8 个动孢子，动孢子分裂并形成 1 个新群体。

绝大多数生长在湖泊和池塘等淡水水体中，广泛分布。

以静孢子和孢囊的形态构造作为分种主要特征之一。

（1）旋转黄团藻 *Uroglena volvox* Ehrenberg（**图 20**）

群体球形或椭圆形，细胞沿胶被的边缘呈辐射状排列，细胞倒卵形，其后端的胶柄附于从群体中心呈双叉辐射状伸出的胶质丝上，细胞前端具 2 条不等长的鞭毛，长鞭毛约为体长的 2 倍，短鞭毛约为体长的 1/3 倍，其基部具 2 个伸缩泡，眼点 1 个、长形，色素体周生、片状，1 个，黄褐色，具数个液泡，细胞核 1 个，位于细胞中央。群体直径 40～400 μm，细胞长 10～20 μm，宽 8～13 μm。

营养生殖：群体分裂成子群体，细胞纵分裂使群体增大；静孢子球形，其前端具一短领，直径 6～12 μm。

鉴别特征：群体细胞的后端连接在群体中心呈双叉辐射状伸出的胶质丝上。

第五章　黄藻门形态分种描述

黄藻门（Xanthophyta）色素体黄绿色，光合色素的主要成分是叶绿素 a、少量的叶绿素 c_1 和叶绿素 c_2 及多种类胡萝卜素，如 β- 胡萝卜素、无隔藻黄素、硅藻黄素、硅甲藻黄素及黄藻黄素，储藏物为金藻昆布糖。许多种类营养细胞壁由大小相等的 2 节片套合组成，运动的营养细胞和生殖细胞具 2 条不等长的鞭毛。

藻体为单细胞、群体、多核管状或多细胞藻丝体。单细胞和群体中的个体细胞的细胞壁多数由相等的或不相等的“U”形的 2 节片套合组成，管状或丝状体的细胞壁由“H”形的 2 节片套合组成，少数科、属的细胞壁无节片构造，或无细胞壁，具腹沟。游动的细胞或生殖细胞前端具 2 条不等长的鞭毛，长的 1 条向前，具 2 排侧生的绒毛，短的 1 条向后，平滑或无绒毛，鞭毛过渡区无螺旋结构。

细胞的色素体 1 至多个，盘状、片状。少数为带状或杯状，一般呈黄褐色或黄绿色，有或无蛋白核。色素体具 4 层被膜，外膜与细胞核外膜相连续，具带片层，类囊体常 3 条并列。眼点位于色素体被膜内，针胞藻纲细胞表面具刺丝胞或具球形胶质体。

无性生殖产生动孢子、似亲孢子或不动孢子，动孢子具 2 条不等长的鞭毛；丝状种类常由丝体断裂而繁殖。不动孢子壁含有硅质。

已知少数属有性生殖，常为同配式或异配式，仅 1 属为卵式。

黄藻类多半是水生的，喜生活于半永久性或永久性的软水池塘中，少数种类生长在潮湿土壤、树皮、墙壁上，在温度较低的季节里生长旺盛。海水种类很少。

一、黄管藻科 Ophiocytiaceae G. M. Smith

12　黄管藻属　*Ophiocytium* Naegeli

植物体单细胞，或幼植物体簇生于母细胞壁的顶端开口处形成树状群体，浮游或着生。细胞长圆柱形，长为宽的数倍，有时可达 3 mm，着生种类细胞较直，基部具一短柄固着于其他物体上；浮游种类细胞弯曲或有规则的螺旋形卷曲，两端圆形或有时略膨大，一端或两端具刺，或两端都不具刺。细胞壁由不相等的 2 节片套合而成，长的节片分层，短的节片盖状，结构均匀。幼植物单核，成熟后多核。色素体 1 至多数，周生，盘状、片状或带状。

无性生殖产生动孢子或似亲孢子。

（1）头状黄管藻 *Ophiocytium capitatum* Wolle（图 21）

植物体为单细胞或形成不规则的放射状群体，浮游。细胞长圆柱形，两端圆形或渐尖，有时略膨大，各具一长刺，宽 5～10 μm，长 45～150 μm。色素体多数，短带状。

鉴别特征：细胞形成不规则放射状群体，细胞不具短柄，细胞两端具长刺。

生境：分布相当广泛，特别是在弱酸性水体中。

第六章　硅藻门形态分种描述

硅藻门（Bacillariophyta）种类繁多，包括单细胞或群体的种类。该门藻类的显著特征除细胞形态及色素体所含色素和其他各门藻类不同外，主要是具有高度硅质化的细胞壁。

硅藻的细胞壁除含果胶质外，含有大量的复杂硅质结构，成为坚硬的硅藻细胞（frustule），或称为壳体。壳体由上下 2 个半片套合而成，其纵断面呈"⊓"形。套在外面较大的半片称上壳（epitheca，epivalve），套在里面较小的半片称为下壳（hypotheca，hypovale）。上下两壳都各有盖板和缘板两部分。上壳的盖板就称为盖板，下壳的则称为底板；缘板部分称为壳环带，简称壳环，以壳环带套合形成一个硅藻细胞。

当从垂直的方向观察细胞的盖板或底板时，称为壳面观，简称壳面；从水平的方向观察细胞的壳环带时称为带面观，简称带面（图 6-1）。

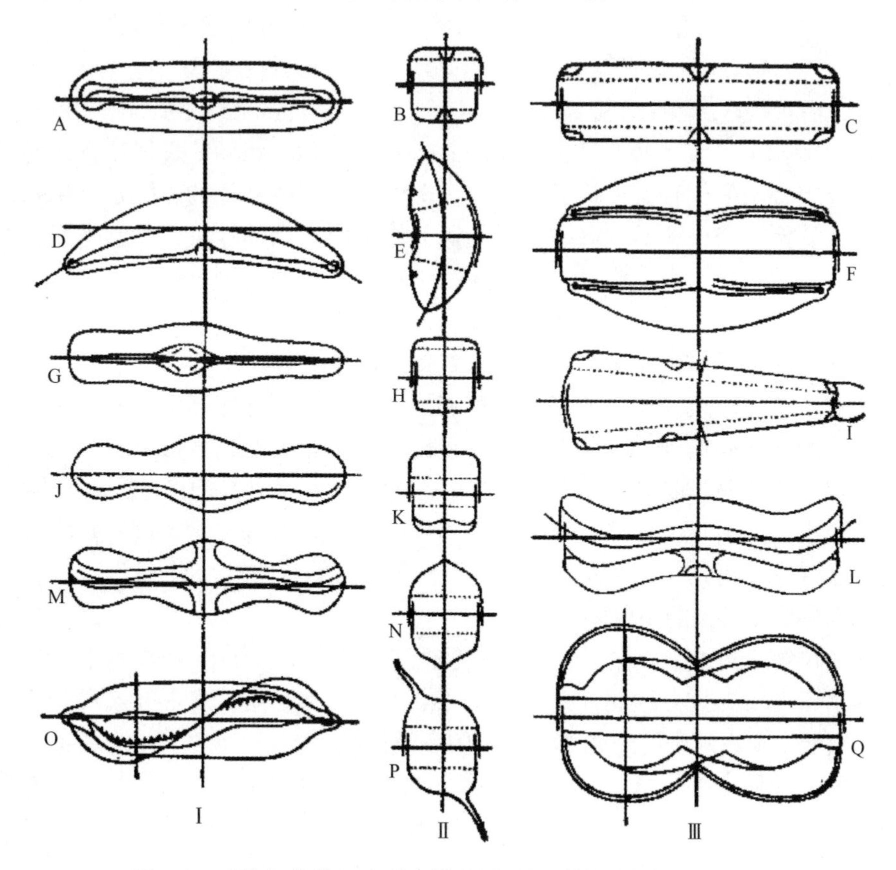

图 6-1　羽纹纲藻类细胞形态模式图（胡鸿钧和魏印心，2006）

Ⅰ. 壳面观；Ⅱ. 纵断面观；Ⅲ. 带面观。A～C. 羽纹藻；D～F. 双眉藻；G～I. 异极藻；J～M. 曲壳藻；N～Q. 茧形藻

细胞的带面多为长方形。中心纲细胞的带面有呈鼓形、圆柱形至长圆柱形的。上下壳的壳环带相互套合的部分称为接合带。有些种类，在接合带的两侧再产生鳞片状、带状或领状部分，称为间生带，带状的间生带与壳面成平行方向，向细胞内部延伸为舌状，把细胞分成几个小区，这种特别的构造称为隔片，或称为隔膜。从壳面生出的突起称为小棘，小棘的形状和大小因种类的不同而异。

硅藻细胞壳面的形态很多，有两个基本类型：中心纲的壳面是辐射对称的，多数种类为圆形，少数为三角形、多角形、椭圆形、卵形等；羽纹纲的壳面是长形两侧对称，有线形、披针形、椭圆形、卵形、菱形、舟形、新月形、弓形、"S"形、提琴形、棒形等。壳面两端的形态变化也很大，有渐尖形、突尖形、喙状、头状、楔形、钝圆形或斜圆形等。

硅藻细胞的壳面具有各种细致的纹饰。最常见的是由细胞壁上的许多小孔紧密或较稀疏排列而成的线纹。中心纲细胞壳面的线纹是由中心向四周呈放射状排列的。羽纹纲细胞壳面的线纹平行或近平行排列。有些种类在壳面内壁的两侧长有狭长横列的小室（loculus），形成呈"U"形的粗花纹，称为肋纹。有些种类在壳的边缘有纵向的突起称为龙骨（keel）。

壳面中部或偏于一侧具 1 条纵向的无纹平滑区，称为中轴区。中轴区中部，横线纹较短，形成面积较大的中心区。中心区中部，由于壳内壁增厚而形成中央节（central nodule）。如壳内壁不增厚，仅具圆形或椭圆形或横矩形的无纹区，称为假中央节。中央节两侧，沿中轴区中部有 1 条纵向的裂缝，称为壳缝（raphe）。壳缝两端的壳内壁各有一个增厚的部分，称为极节（polar nodule，terminal nodule）（图 6-2）。有的种类没有壳缝，仅有较窄的中轴区，称为假壳缝（图 6-3）。有些种类的壳缝是 1 条纵向的或围绕壳缝的管沟，以极狭的裂缝与外界相通，管沟的内壁具数量不等的小孔与细胞内部相连，称为管壳缝（图 6-4）。壳缝是羽纹纲细胞壳上的一种重要构造，与硅藻的运动有关。

硅藻细胞的色素体生活时呈黄绿色或黄褐色。色素体在细胞中的位置因生活状态不同而变化，一般贴近壳面，当壳面相接连成群体时，色素体移到带面，色素体的形状和数目依种类不同而异。中心纲硅藻的色素体常为小盘状，数目较多；羽纹纲硅藻的色素体多为大型片状或星状，1 个或 2 个，多数也有小盘状的。硅藻的色素体中主要含有叶绿素 a 和 c，没有叶绿素 b，以及 β-胡萝卜素、岩藻黄素、硅甲黄素等，因此颜色是黄绿色或黄褐色。有些种类具无淀粉鞘而裸露的蛋白核。同化产物主要是脂肪，在细胞内成为反光较强的小球体。

硅藻是鱼类、贝类及其他水生动物的主要饵料之一。因此，在养殖上，硅藻被认为是天然饵料的主要成分。此外硅藻土在工业上早已被利用。化石硅藻对于石油勘探有关的地层鉴定及古地理的研究都有一定的参考价值。

硅藻种类的鉴定主要是以硅藻壳的形态及壳表面上的纹饰为依据。为了能看清楚硅藻壳上的纹饰，在鉴定种类之前，硅藻标本必须经过处理，将其细胞内含物，主要是有机质除去。淡水硅藻的处理方法之一是用酸处理。具体操作步骤是：（1）用小玻璃吸管吸取硅藻标本少量放入小玻璃试管中；（2）加入与标本等量的浓硫酸；（3）慢

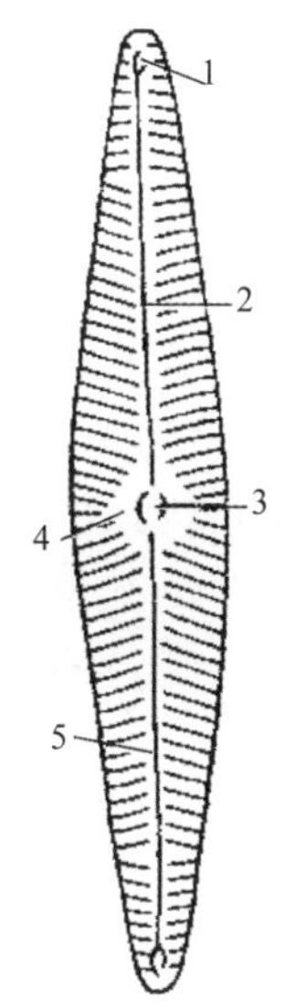

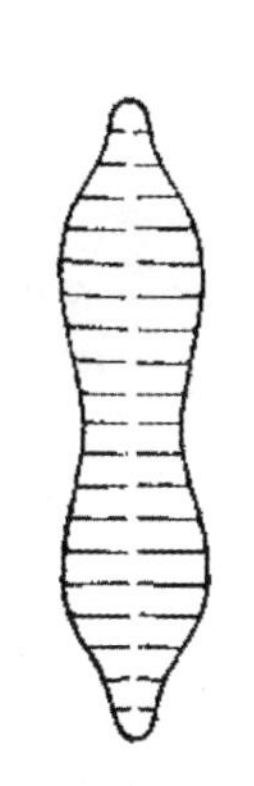

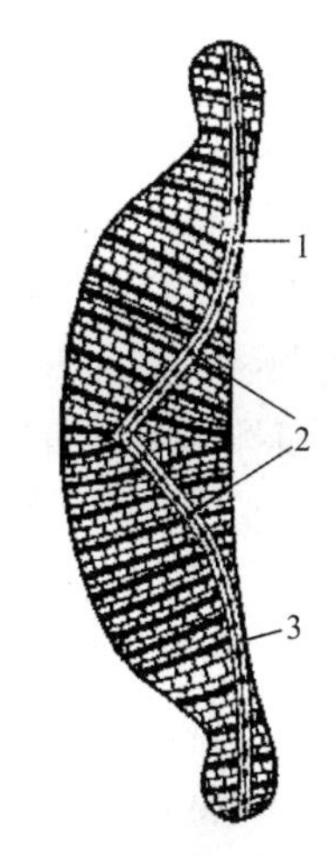

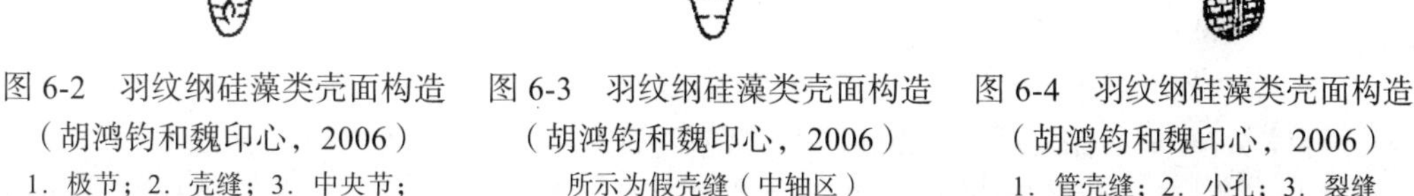

图 6-2　羽纹纲硅藻类壳面构造（胡鸿钧和魏印心，2006）
1. 极节；2. 壳缝；3. 中央节；4. 中心区；5. 中轴区

图 6-3　羽纹纲硅藻类壳面构造（胡鸿钧和魏印心，2006）
所示为假壳缝（中轴区）

图 6-4　羽纹纲硅藻类壳面构造（胡鸿钧和魏印心，2006）
1. 管壳缝；2. 小孔；3. 裂缝

慢滴入与标本等量的浓硝酸，此时即产生褐色气体；（4）在酒精灯上微微加热直至标本变白，液体变成无色透明为止；（5）待标本冷却后，将其沉淀；（6）吸出上层清液，加入几滴重铬酸钾饱和溶液；（7）将标本沉淀后，吸出上层清液，用蒸馏水重复洗4～5次，每次洗时必须使标本沉淀，吸出上层清液；（8）吸出上层清液后，加入几滴95%的乙醇溶液；（9）将标本取出放在盖玻片上，并在酒精灯上烤干；（10）在烤干后的盖玻片上加一滴二甲苯，随即加一滴封片用的加拿大树胶，然后将有胶的这一面盖在载玻片正中间；（11）待胶风干后，即可在光学显微镜下观察。

根据壳的形态和纹饰，硅藻门分成中心纲和羽纹纲2纲。

安徽通江湖泊（巢湖、升金湖、菜子湖）已发现82种，隶属于28个属，其中主要优势种有钝脆杆藻、梅尼小环藻、华丽星杆藻、放射针杆藻、岛直链藻、颗粒直链藻、颗粒直链藻极狭变种、意大利直链藻、钝脆杆藻、桥弯藻和异极藻属。

一、圆筛藻科 Coscinodiscaceae

13　直链藻属　*Melosira* Agardh

细胞圆柱形，常由壳面互相连接成链状。壳面圆形，平或凸起，有或无纹饰。有的带面常有1条线形的环状缢缩，称为环沟。环沟间平滑；其余部分平滑或具纹饰，无环沟的种类，整个带面均具纹饰或不具纹饰。在有2条环沟时，两沟中间的部分称为颈部，细胞与细胞间有沟状的缢入部，称为假环沟。在细胞壳面常有棘或刺。色素体小盘状，多数。复大孢子在此属较为常见。

此属是主要的淡水浮游硅藻之一。生长在透明度较高的池塘、沟渠、浅水湖泊及水流缓慢的溪流中。早春和晚秋生长旺盛。

（1）岛直链藻 *Melosira islandica* O. Müller（图 22）

群体链状。细胞圆柱形，壁厚，直径 8～16 μm，高 10～17 μm。壳面较平坦，具细点纹，点纹在近壳缘处较大，壳盘缘略弯曲，具小短刺。套壳面发达，假环沟小，环沟略平，具深入的环状体；颈部短；套壳线直，点纹细，纵向平行排列，偶尔呈斜向或弯曲不规则。带面点纹直行排列，10 μm 内具 8～16 条，每条具 12～18 点纹；假环沟明显，沟边缘具短锯齿状的小棘；环沟具深的缢缩部；两端具锯齿状棘凸起。

鉴别特征：细胞带面点纹细，呈直行排列，顶端具棘刺。

生境：普生性浮游种类。生长在江河、湖泊、水库、池塘等水体中，尤其在春、秋季大量出现。

（2）颗粒直链藻 *Melosira granulata*（Ehr.）Ralfs

1）原变种 var. ***granulata***（图 23a，23b，23c，23d）

群体长链状。细胞以壳盘缘刺彼此紧密连成。群体细胞圆柱形，壳盘面平，具散生的圆点纹，壳盘缘除两端细胞具不规则长刺外，其他细胞具小短刺。点纹形状不规则，常呈方形或圆形，端细胞为纵向平行排列，点纹多型，为粗点纹、粗细点纹、细点纹。套壳面发达，壳壁厚。环沟和假环沟呈“V”形。具深入的较薄的环状体；颈部明显。带面点纹 10 μm 内 8～15 条，每条具 8～12 点纹；细胞直径 4.5～21 μm，高 5～24 μm。

生境：生长在江河、湖泊、沼泽、池塘等水体中，尤其在富营养化湖泊或池塘中大量出现，浮游，pH 6.3～9，适宜的 pH 为 7.9～8.2。国内外广泛分布。

2）颗粒直链藻极狭变种

Melosira granulata var. ***angustissima*** O. Müller（图 24a，24b，24c）

该变种与原变种的明显差异：链状群体细而长，细胞高度大于直径的几倍到 10 倍。点纹 10 μm 内 10～14 条；细胞直径 3～4.5 μm，高 11.5～17 μm。

生境：生长在江河、湖泊、水库、池塘等水体中，在富营养化湖泊或池塘中大量出现，浮游，pH 6.2～9，喜碱性水体。国内外普遍分布。

3）颗粒直链藻极狭变种螺旋变型

Melosira granulata var. ***angustissima*** f. ***spiralis*** Hustedt（图 25a，25b，25c）

该变型与该变种不同为链状群体弯曲形成螺旋形。

（3）意大利直链藻 *Melosira italica*（Ehr.）Kützing（图 26）

群体链状。细胞彼此紧密或疏松地连成。群体细胞圆柱形，壳盘面平，偶见略凸，具很细的点纹，壳盘缘或多或少圆截，略弯，具明显的略长的刺。套壳面发达，壳壁略厚或薄。假环沟小，环沟浅呈“V”形。具较明显的环状体；颈部短。壳套内外线平行，有的内壁有不同程度的倾斜，使内壳套线外凸，点纹细、圆形或长圆形，呈螺旋形，或波状，或交叉排列。带面线纹在 10 μm 内具 11～20 条，每条具 12～20 点纹。细胞直径 4.5～13 μm，高 3.5～19 μm。

鉴别特征：细胞带面点纹细，呈螺旋状排列，顶端具棘刺。

生境：生长在江河、湖泊、山溪、池塘等水体中，尤其在春、秋季大量出现，广适应性或喜碱性，pH 6.7～8，适宜的 pH 为 8.0，偶然性浮游。国内外广泛分布。

14 小环藻属 *Cyclotella* Kützing ex Brébisson

植物体为单细胞或由胶质或小棘连接成疏松的链状群体，多为浮游。细胞鼓形，壳面圆形，绝少为椭圆形，呈同心圆皱褶的同心波曲，绝少平直。纹饰具边缘区和中央区之分，边缘区具辐射状线纹或肋纹，中央区平滑或具点纹、斑纹，部分种类壳缘具小棘。少数种类带面具间生带。色素体小盘状，多数。

繁殖为细胞分裂；无性生殖；每个母细胞产生 1 个复大孢子。

生境：生长在浅水湖泊、沟渠、沼泽、水库、池塘、水流缓慢的河流及溪流中，大多数为浮游种类。广泛分布于淡水水体中，个别种类是喜盐的，仅少数种类海生。有些种类在地层划分和对比中是不可缺少的生物依据。

（1）广缘小环藻 *Cyclotella bodanica* Eulenstein **（图 27）**

单细胞，圆盘形或鼓形，常包被在厚的胶质鞘中。壳面圆形，呈同心波曲。边缘区宽度为半径的 1/3～1/2，辐射状排列的线纹在 10 μm 内具 12～15 条，其中（1～）2～4（～5）条短线纹，在短线纹的末端具 1 个大的游离状瘤突，瘤突的中心具 1 个点纹，线纹间具粗短纹，在 10 μm 内约 5 条。中央区具辐射状排列的细点纹，在中心部分具多数散生的细点纹与中央区辐射状细点纹之间有 1 轮无纹区。细胞直径 15～75 μm。

鉴别特征：壳面呈同心波曲，中央区中部具 1 轮无纹区。

生境：生长在高纬度或山区的河流、湖泊、池塘中，喜酸性水体，最适 pH 在 7 以下，浮游。主要分布在北半球北部及高山地区的湖泊中。

（2）扭曲小环藻 *Cyclotella comta*（Ehr.）Kützing **（图 28a，28b）**

单细胞，圆盘形。壳面圆形，呈同心波曲。边缘区宽度通常达半径的 1/2，辐射状排列的线纹在 10 μm 内具 13～18 条，线纹间近壳缘处具短线纹，在 10 μm 内具 4～5 条，少数个体边缘区的线纹（通常是 2 条）较短，并在其终端具 1 个游离点。中央区具稀疏的或略呈辐射状排列的点纹，中央区与边缘区之间具 1 轮无纹区。细胞直径 15～37 μm。

在扫描电子显微镜下观察，中央支持突散生或呈辐射状排列，有 30～39 个，在壳面近缘处有 1～4 个唇形突。

鉴别特征：壳面中央区点纹稀疏略呈辐射状排列，中央区中部具 1 轮无纹区。

生境：生长在亚高山湖泊中，在平原的湖泊、沼泽、池塘、河流中也出现，喜碱性水体，在清水、污水中均可生活，浮游。国内外广泛分布。

（3）库津小环藻 *Cyclotella kuetzingiana* Thwaites **（图 29）**

单细胞，鼓形。壳面圆形，略呈切向波曲。边缘区宽度约为半径的 1/2，具辐射状排列的细线纹，一般不等长，在 10 μm 内具 12～15 条。中央区边缘不整齐，平滑或具少数散生的细点纹。细胞直径 6～30 μm。

鉴别特征：壳面略呈切向波曲，中央区平滑或具少数散生的细点纹。

生境：喜生长在亚高山湖泊中，在平原的湖泊、沼泽、池塘、河流中也出现，喜碱性水体，在清水、污水中均可生活，浮游。国内外广泛分布。

（4）梅尼小环藻 *Cyclotella meneghiniana* Kützing（图 30a，30b，30c）

单细胞，鼓形。壳面圆形，略呈切向波曲。边缘区宽度约为半径的 1/2，具辐射状排列的粗而平滑的楔形肋纹，在 10 μm 内具 5～9 条（绝少到 12 条）。中央区平滑或具细小的辐射状点线纹。细胞直径 7～30 μm。

在扫描电子显微镜下观察，中央支持突 1～7 个，具 1 轮支持突，边缘区有 1 个唇形突。

鉴别特征：壳面略呈切向波曲，边缘部分具肋纹。

生境：生长在湖泊、水库、池塘、河流中，在沿岸带水的草丛中附生、偶然性浮游或真性浮游。淡水或半咸水，pH 6.4～9，适宜的 pH 为 8～8.5，在清洁的贫营养到 α- 中污型水体中均能生长。国内外广泛分布。

（5）具星小环藻 *Cyclotella stelligera*（Cleve & Grunow）Van Heurck（图 31a，31a）

单细胞，圆盘形。壳面圆形，略同心波曲。边缘区狭窄，具辐射状排列的粗线纹，在 10 μm 内具 12～16 条。中央区具星状排列的短线纹，中心具 1 个单独的点纹。细胞直径 5.5～24.5 μm。

在扫描电子显微镜下观察，壳面边缘具 1 轮支持突和 1 个唇形突。

鉴别特征：中央区具星状排列的短线纹，中心具 1 个单独的点纹。

生境：生长在湖泊、池塘、河流的沿岸带，丛生或偶然性浮游，最适 pH 为 7.5～8.0，喜碱、广盐，在富营养水体中秋季能大量生长。国内外普遍分布。

（6）星肋小环藻 *Cyclotella asterocostata* Xie, Lin et Cai（图 32）

壳面直径 7～32 μm，线纹在 10 μm 内有 11～16 条，瘤突在 10 μm 内有 8 个。

产地：西藏、安徽通江湖泊。

15 冠盘藻属 *Stephanodiscus* Ehrenberg

植物体为单细胞或连成链状群体。细胞圆盘形，少数为鼓形或圆柱状。壳面圆形，平坦或呈同心波曲。壳面纹饰为成束辐射状排列的网孔，在扫描电子显微镜下称为室孔（areola），其内壳面具筛膜，壳面边缘处每束网孔为 2～5 列，向中部成为单列，在中央排列不规则或形成玫瑰纹区，网孔束之间具辐射无纹区（或称为肋纹），每条辐射无纹区或相隔数条辐射无纹区在壳套处的末端具一刺，在电子显微镜下可见在刺的下方有支持突，有时在壳面上也有支持突，壳面支持突超过 1 个时，排列成规则或不规则 1 轮，唇形突 1 个或数个。带面平滑，具少数间生带。色素体小盘状，数个，较大而呈不规则大型片状的仅 1～2 个。

繁殖为细胞分裂；无性生殖；每个母细胞产生 1 个复大孢子，球形、椭圆形。

生境：主要是淡水湖泊中的浮游种类，生长在浅水湖泊、沟渠、沼泽、水库、池塘、水流缓慢的河流及溪流中。

（1）新星形冠盘 *Stephanodiscus neoastraea* Häkansson et Hickel（**图 33**）

单细胞，很少 2～3 个细胞连成短链状群体。细胞圆盘形，壁厚。壳面圆形，呈同心波曲，具成束辐射状排列的网孔，在 10 μm 内约 9 束，16～22 个网孔，在壳缘处每束网孔为 2 列，很少 3 列，向中部成为单列，除有几条单列网孔直达壳面中心外，中央网孔大多散生，网孔束之间为辐射无纹区，刺亚边缘位，每 2～4 条辐射无纹区末端具一刺。细胞直径 14.5～70 μm。

鉴别特征：每 2～4 条辐射无纹区末端具一刺。

繁殖为细胞分裂；无性生殖；每个母细胞产生 1 个复大孢子，椭圆形。

生境：生长在湖泊、池塘中，浮游，特别是大量生长在富营养型的水体中，是中污型水体的指示种类。国内外普遍分布。

二、盒形藻科 Biddulphicaceae

16 四棘藻属 *Attheya* West

植物体为单细胞或 2～3 个细胞互相连成暂时性的短链状群体。细胞扁圆柱形，细胞壁极薄，平滑或具通常难以分辨的细点纹。带面长方形，具许多半环形间生带，末端楔形，无隔片。壳面扁椭圆形，中部凹入或凸出，由每个角状凸起延长成 1 条粗而长的刺。色素体小盘状，多数。

生境：生长在湖泊、池塘、河流中，多为富营养水体，浮游种类。

（1）扎卡四棘藻 *Attheya zachariasi* Brun（**图 34a，34b**）

单细胞或 2～3 个细胞互相连成暂时性的短链状群体。细胞扁椭圆形，细胞壁极薄。带面具多数环状间生带，末端楔形，无隔片。壳面扁椭圆形，中部凹入，由每个角状凸起延长成 1 条粗而坚硬的长刺。色素体小盘状，4 个。细胞长 35～110 μm，宽 11.5～42 μm，刺长 12.5～100 μm。

鉴别特征：由每个角状凸起延长成 1 条粗而坚硬的长刺。

生境：生长在湖泊、池塘、河流中，多为富营养水体，浮游。国内外普遍分布。

三、脆杆藻科 Fragilariaceae

17 平板藻属 *Tabellaria* Ehrenberg

植物体由细胞连成带状或“Z”形的群体。壳面线形，中部常明显膨大。上下壳面均具假壳缝，假壳缝狭窄，两侧具由细点纹连成的横线纹。带面长方形，通常具许多间生带，间生带之间具纵隔膜。色素体小盘状，多数。

生境：生长在湖泊、河流中，浮游。

（1）窗格平板藻 *Tabellaria fenestrata*（Lyngb.）Kützing（图 35a，35b）

细胞常连成多数直的丝状但不是“Z”形的群体。壳面长线形，中部及两端明显膨大。横线纹细，平行，在 10 μm 内 14～20 条。带面两端各具 2 个纵向的长形隔膜，隔膜达细胞中部。细胞长 20.5～140 μm，宽 3～9 μm。

鉴别特征：壳面长线形，中部及两端明显膨大。

生境：生长在湖泊、池塘、水库、溪流、河流中，多为富营养水体，浮游。国内外普遍分布。

18 等片藻属 *Diatoma* De Candolle

植物体由细胞连成带状、“Z”形或星形的群体。壳面线形到椭圆形、椭圆披针形或披针形，有的种类两端略膨大。假壳缝狭窄，两侧具细横线纹和肋纹，黏液孔（唇形突）很清楚。带面长方形，具一到多数间生带，间生带之间无纵隔膜。色素体椭圆形，多数。

每个母细胞产生 1 个复大孢子。

生境：主要是淡水种类，也有的在微咸水或半咸水中。生长在湖泊、池塘、河流中，多为沿岸带着生种类。

（1）冬生等片藻中型变种 *Diatoma hiemale* var. *mesodon*（Ehr.）Grunow（图 36）

细胞常连成带状群体。壳面较宽和短，呈椭圆形到椭圆披针形，有时菱形，假壳缝线性、狭，肋纹很少，在 10 μm 内 2～4 条，线纹在 10 μm 内 18～24 条。带面长方形，角圆，边缘肋纹间具细线纹，间生带较多。细胞长 12～40 μm，宽 6～15 μm。

鉴别特征：壳面较宽和短，呈椭圆形到椭圆披针形，有时菱形。

生境：生长在湖泊、池塘、河流中。国内外普遍分布。

19 脆杆藻属 *Fragilaria* Lyngbye

植物体由细胞互相连成带状群体，或以每个细胞的一端相连成“Z”状群体。壳面细线形、长披针形、披针形到椭圆形，两侧对称，中部边缘略膨大或缢缩，两侧逐渐狭窄，末端钝圆、小头状、喙状。上下壳的假壳缝狭线性或宽披针形，其两侧具横点状线纹。带面长方形，无间生带和隔膜，某些海生和咸水种类具间生带。色素体小盘状，多数，或片状，1～4 个，具 1 个蛋白核。

扫描电子显微镜下观察，位于壳面一端具 1 个唇形突或无。

每个母细胞产生 1 个复大孢子。

生境：生长在湖泊、池塘、沟渠、缓流的河流。

（1）钝脆杆藻 *Fragilaria capucina* Desmaziéres（图 37a，37b）

细胞常连成带状群体。壳面长线形，近两端逐渐略狭窄，末端略膨大、钝圆形。假壳缝线性，横线纹细，在 10 μm 内 8～17 条，中心区矩形，无线纹。细胞长 25～

220 μm，宽 2～7 μm。

鉴别特征：壳面长线形，中心区矩形无线纹。

生境：生长在湖泊、沟渠、池塘、水流缓慢的河流中，偶然性浮游种类，也存在于半咸水中。国内外广泛分布。

（2）狭辐节脆杆藻 *Fragilaria leptostauron*（Ehr.）Hustedt（图 38）

细胞常互相连成带状或“之”字形群体。壳面两侧中部显著凸出，向两端逐渐变狭，呈“十”字形，末端圆形。假壳缝披针形，无中心区，横线纹很粗，在 10 μm 内 6～10 条。带面长方形，角圆。细胞长 11.5～30 μm，宽 8～16 μm。

鉴别特征：壳面呈“十”字形。

生境：生长在湖泊、稻田、河流、小溪、山泉小瀑布中，潮湿土壤上。国内外普遍分布。

20 针杆藻属 *Synedra* Ehrenberg

植物体为单细胞，或丛生呈扇形，或以每个细胞的一端相连成放射状群体，罕见形成短带状，但不形成长的带状群体。壳面线形或长披针形，从中部向两端逐渐狭窄，末端钝圆或呈小头状。假壳缝狭、线性，其两侧具横线纹或点纹，壳面中部常无纹饰。带面长方形，末端截形，具明显的线纹带。无间生带和隔膜，壳面末端有或无黏液孔（胶质孔）。淡水种类具 2 块带状色素体位于壳体的两侧；每块色素体常具 3 至多数蛋白核。

每个母细胞产生 1～2 个复大孢子。

生境：生长在湖泊、池塘、沟渠、河流中，浮游或着生在基质上。

（1）尖针杆藻 *Synedra acus* Kützing（图 39a，39b，39c）

壳面披针形，中部相当宽，自中部向两端逐渐狭窄，末端圆形或近头状。假壳缝狭窄，中央区长方形，横线纹细、平行排列，在 10 μm 内 10～18 条。带面细线形。细胞长 62～300 μm，宽 3～6 μm。

鉴别特征：壳面中部向两端明显变狭，末端圆形或近头状。

生境：生长在湖泊、池塘、河流、小溪等各种淡水中。国内外广泛分布。

（2）肘状针杆藻 *Synedra ulna*（Nitzsch.）Ehrenberg（图 40a，40b，40c）

壳面线形到线状披针形，末端略呈宽钝圆形，有时呈喙状，末端宽，两端孔区各具 1 个唇形突和 1～2 刺。假壳缝狭窄、线性，中央区横长方形或无，有时在中央区边缘具很短的线纹，横线纹较粗，由点纹组成，两端横线纹偶见放射状排列，在 10 μm 内 8～14 条。带面线形。细胞长 50～389 μm，宽 3～9 μm。

鉴别特征：壳面中部两侧近平行、少数缢入，末端略呈宽钝圆形。

生境：生长在湖泊、池塘、河流、沼泽、水坑中，潮湿土壤上。国内外广泛分布。

（3）平片针杆藻 *Synedra tabulata*（Ag.）Kützing（图 41）

壳面窄披针形或线舟形，向两端逐渐狭窄，末端尖圆形。壳面长 12～119 μm，壳面宽 2～5 μm。假壳缝窄披针形，无中央区。横线纹短，微辐射状排列，在 10 μm 内有 10～18 条。

生境：本种喜盐，因此在海水、半咸水和淡水中都可生活。海相环境常出现在沿岸带，淡水环境在湖、河流急流处岩石上，沼泽、瀑布下石表上、水塘、水坑、稻田等。

四、短缝藻科 Eunotiaceae

21 短缝藻属 *Eunotia* Ehrenberg

（1）岩壁短缝藻肿胀变种 *Eunotia praerupta* var. *inflata* Grun.（图 42）

壳面呈肿胀弓形，背缘明显外凸呈拱状，腹缘微凹或略为平直。末端圆形或圆截形或喙状。壳面线纹呈平行排列，在 10 μm 内有 6～8 条。近末端的线纹略呈放射状排列，在 10 μm 内有 8～9 条。壳面长 36～70 μm，壳面宽 11～20 μm。

鉴别特征：壳面呈肿胀弓形。

生境：在山上滴水岩壁上及溪边浅水坑中附生。分布于西藏、湖南、广东、安徽。

（2）三峰短缝藻 *Eunotia triodon* Ehrenberg（图 43）

壳面背缘具 3 个浅波状凸起，腹缘略凹入，末端钝圆，端节大而明显地位于壳面末端，短壳缝明显从端节弯向腹缘，壳面宽约 10 μm，长约 61 μm，横线纹在 10 μm 内有 10 条。

生境：西藏、安徽通江湖泊。

（3）拟短缝藻细长变种 *Eunotia fallax* var. *gracillima* Krasske（图 44）

壳面宽线形，背缘略呈弧形凸出，腹缘平缓凹入。末端钝尖。端节位于近末端的腹缘上。壳面上线纹呈平行排列，在 10 μm 内有 12 条，近末端的线纹在 10 μm 内有 14 条。壳面长 46 μm，壳面宽 4.5 μm。

本变种与原变种的主要区别在于本变种的末端为钝尖，而原变种的壳面末端为头状。

生境：在湖泊中浮游生活。

五、舟形藻科 Naviculaceae

22 布纹藻属 *Gyrosigma* Hassall

植物体为单细胞，偶尔在胶质管内。壳面“S”形，从中部向两端逐渐尖细，末端渐尖或钝圆；中轴区狭窄，“S”形到波形，中部中央节处略膨大，具中央节和极节，壳缝“S”形弯曲，壳缝两侧具纵和横线纹交叉构成的布纹。带面呈宽披针形，无间生带。色素体片状，2 个，常具几个蛋白核。

生境：生长在淡水、半咸水或海水中，浮游，仅 1 种附着在基质上。

（1）锉刀状布纹藻 *Gyrosigma scalproides*（Rabh.）Cl.（图 45）

壳面宽 9～12 μm，长 53～70.5 μm，在 10 μm 内有横线纹 18～35 条，有纵线纹

28～33 条。

生境：西藏、安徽通江湖泊。

（2）尖布纹藻 *Gyrosigma acuminatum*（Kütz.）Rabenhorst（图 46）

壳面披针形，略呈“S”形弯曲，近两端圆锥形，末端钝圆，中央区长椭圆形，壳缝两侧具纵和横线纹“十”字形交叉构成的布纹；纵线纹和横线纹相等粗细，在 10 μm 内 16～22 条。细胞长 82～200 μm，宽 11～20 μm。

鉴别特征：壳面近两端圆锥形。

生境：湖泊、池塘、泉水、河流中，潮湿土壤上。国内外广泛分布。

（3）斯潘塞布纹藻 *Gyrosigma spencerii*（Quek.）Griff. & Henfr.（图 47a，47b）

壳面披针形，略呈“S”形弯曲，近两端呈逐渐狭窄的圆锥形，末端圆，中轴区和壳缝略波状，中央区小、长椭圆形，壳缝两侧具纵线纹和横线纹“十”字形交叉构成的布纹；纵线纹比横线纹略粗，纵线纹在 10 μm 内 15～24 条。细胞长 67～118 μm，宽 9～17.5 μm。

鉴别特征：壳面近两端呈逐渐狭窄的圆锥形。

生境：生长在湖泊、池塘、水沟、水坑、泉水、河流、沼泽中，淡水或半咸水中。国内外普遍分布。

23 美壁藻属 *Caloneis* Cleve

植物体为单细胞。壳面细线形、狭披针形、线形披针形、椭圆形或提琴形，中部两侧常膨大，具圆形中央节和极节，壳缝两侧横线纹互相平行，中部略呈辐射状，末端有时略斜向极节。壳缝侧缘内具一到多条与横线纹垂直交叉的纵线纹。带面长方形，无间生带和隔膜。色素体片状，2 个，每个具 2 个蛋白核。

生境：生长在淡水、半咸水或海水中，浮游或附生。

（1）偏肿美壁藻 *Caloneis ventricosa*（Ehr.）Meister（图 48）

壳面线形披针形，侧缘具 3 个波状凸起，末端楔形到广圆形，壳缝直，从近极节略弯向一侧伸向中央节。中轴区线形披针形，中央区圆形，横线纹略呈放射状排列，在 10 μm 内 14～27 条，两侧近壳缘各具 1 条与横线纹垂直交叉的纵线纹。细胞长 25～120 μm，宽 6～20 μm。

鉴别特征：侧缘具 3 个波状凸起，中央区两侧无一月形增厚。

生境：生长在湖泊、池塘、水沟、水坑、泉水、河流、沼泽中，淡水或半咸水。国内外普遍分布。

24 长蓖藻属 *Neidium* Pfitzer

植物体为单细胞。壳面线形、狭披针形、椭圆形，两端逐渐狭窄，末端钝圆、近头状或近喙状。壳缝直，近中央区的一端呈相反方向弯曲，在近极节的一端常分叉。中轴区狭线形，中央区小，圆形、横卵形或斜方形。壳面有点纹连成的横线纹，两侧近壳缝的横线纹有规律地间断形成 1 到数条纵长的空白条纹或纵线纹。带面长方形，具间生带，无隔膜。色素体片状，2 个，每个具 1 个蛋白核。

生境：主要生长在淡水中，绝少数生长在半咸水中。

（1）细纹长蓖藻 *Neidium affine*（Ehr.）Pfitzer（图 49）

壳面线形披针形，两侧平行或略凸出，近两端较狭、近喙状，末端钝圆。中轴区狭线性，中部略宽，中央区横椭圆形。壳缝直，近中央区的一端呈相反方向弯曲，在近极节的一端常分叉。壳面具由点纹连成的横线纹，在 10 μm 内 20～29 条，两侧近壳缘各具 1 条纵长的空白条纹与横线纹垂直。细胞长 20～150 μm，宽 4～20 μm。

鉴别特征：侧缘近壳缘各具 1 条纵长的空白条纹。

生境：生长在湖泊、池塘、河流中。国内外普遍分布。

25 双壁藻属 *Diploneis* Ehrenberg ex Cleve

植物体为单细胞。壳面椭圆形、线形到椭圆形、卵圆形，末端钝圆。壳缝直，壳缝两侧具由中央节侧缘延长而形成的角状凸起，角状凸起的外侧具宽的或窄的纵沟，纵沟的外侧是横肋纹或由点纹连成的横线纹。带面长方形，无间生带和隔膜。色素体片状，2 个，每个具 1 个蛋白核。

生境：生长在海水中的种类较多，在淡水和半咸水的浅水区亦常见。

（1）卵圆双壁藻 *Diploneis ovalis*（Hilse）Cleve（图 50a，50b）

壳面椭圆形到线形椭圆形，两侧缘边略凸出。中央节很大，近圆形，角状凸起明显，近平行，两侧纵沟狭窄，在中部略宽并明显弯曲。横肋纹粗，略呈放射状排列，在 10 μm 内 8～14 条，肋纹间具小点纹，在 10 μm 内 14～21 个。细胞长 20～100 μm，宽 9.5～35 μm。

鉴别特征：壳面椭圆形，横肋纹粗，略呈放射状排列。

生境：生长在湖泊、池塘、河流、稻田、水坑、水库、泉水、沼泽中，淡水和半咸水。国内外广泛分布。

26 辐节藻属 *Stauroneis* Ehrenberg

植物体为单细胞，少数连成带状群体。壳面长椭圆形、狭披针形、舟形，末端头状、钝圆形或喙状。中轴区狭，壳缝直，极节很细，中央区增厚并扩展到壳面两侧，增厚的中央区（中心区）没有花纹，称为辐节（stauros）。壳缝两侧具横线纹或点纹，略呈放射状平行排列，辐节和中轴区将壳面花纹分成四部分。带面具间生带，但无真的隔片。色素体片状，2 个，每个具 2～4 个蛋白核。由 2 个母细胞原生质体分裂，分别形成 2 个配子，互相成对结合形成 2 个复大孢子。

生境：生长在淡水、半咸水或海水中。

（1）尖辐节藻 *Stauroneis acuta* W. Smith（图 51a，51b）

细胞常连成带状群体。壳面菱形披针形，中部略凸出，两端具明显的假隔片，末端钝圆。壳缝直，中轴区宽、线形，中心区横带状，辐节宽，由点纹组成的横线纹略呈放射状排列，在 10 μm 内 11～16 条，点纹在 10 μm 内 10～16 个。带面具明显的间生带。细胞长 70～170 μm，宽 11～40 μm。

鉴别特征：壳面菱形披针形，侧缘无波纹。

生境：生长在湖泊、池塘、河流、水坑、水库、泉水、沼泽中。国内外普遍分布。

（2）双头辐节藻 *Stauroneis anceps* Ehrenberg

1）原变种 var. ***anceps***（图 52a，52b）

壳面椭圆披针形至线形披针形，两端喙状延长，末端呈头状。壳缝直，相当狭窄，中央区横带状，由点纹组成的横线纹略呈放射状排列，在 10 μm 内 12～30 条。细胞长 21～96 μm，宽 5～24 μm。

鉴别特征：壳面椭圆披针形至线形披针形，两端喙状延长，末端呈头状。

生境：生长在湖泊、池塘、河流、水坑、泉水、沼泽中。国内外广泛分布。

2）双头辐节藻线形变型 ***Stauroneis anceps*** f. ***linearis***（Ehr.）Hustedt（图 53a，53b）

与原变种的显著差异是壳面线形，两侧边缘平行，两端突然狭窄，末端略呈头状。

生境：生长在湖泊、池塘、河流、水坑、泉水、沼泽中。国内外普遍分布。

27　舟形藻属　*Navicula* Bory

植物体为单细胞，浮游。壳面线形、椭圆形、披针形、菱形，两侧对称，末端钝圆、近头状或喙状。中轴区狭窄、线形或披针形，壳缝线形，具中央节和极节，中央节圆形，有的种类极节扁圆形。壳缝两侧具由点纹组成的横线纹，或布纹、肋纹、窝孔纹，一般壳面中间部分的线纹比两端的线纹略稀疏，在种类的描述中，在 10 μm 内的线纹数指的是壳面中间部分的线纹数。带面长方形，平滑，无间生带，无真的隔片。色素体片状或带状，多为 2 个，罕为 1 个、4 个、8 个。

由 2 个母细胞原生质体分裂，分别形成 2 个配子，互相成对结合形成 2 个复大孢子。

生长在淡水、半咸水或海水中。

（1）杆状舟形藻 *Navicula bacillum* Ehrenberg（图 54）

壳面线形，有时两侧缘中间略凸出，侧缘中间的两侧略凹入，末端钝圆。中轴区狭窄、线形，中央区圆形到椭圆形，壳缝直，位于 2 个肋状凸起之间，中轴区的厚度与包裹壳缝的硅质肋状增厚明显不同。壳缝两侧的横线纹略呈放射状斜向中央区，中部的线纹在 10 μm 内 10～14 条。细胞长 11～89 μm，宽 5～20 μm。

鉴别特征：壳缝被硅质肋状的增厚包裹。

生境：在淡水中普生。国内外广泛分布。

（2）尖头舟形藻 *Navicula cuspidata*（Kütz.）Kützing **（图 55a，55b）**

壳面菱形披针形或披针形，向两端逐渐狭窄，末端呈喙状。中轴区狭窄，中央区略放宽。壳缝两侧的横线纹平行排列与纵向平行排列的纵线纹互相呈“十”字形交叉成布纹，横线纹由点纹组成，在 10 μm 内 11～19 条，纵线纹在 10 μm 内 22～28 条。细胞长 49.5～170 μm，宽 14.5～37 μm。

鉴别特征：壳面横线纹与纵线纹互相垂直排列呈“十”字形，交叉成布纹。

生境：在淡水中普生。国内外广泛分布。

（3）短小舟形藻 *Navicula exigua* Gregory ex Grunow（**图 56a，56b，56c**）

壳面椭圆形，两端略伸长略呈头状，末端圆。中轴区狭窄，中央区横向放宽。壳缝两侧的横线纹略呈放射状斜向中央区，在中央区的两侧呈长短交替排列，在 10 μm 内 10～19 条。细胞长 15～35 μm，宽 5～15 μm。

鉴别特征：两端略伸长略呈头状，末端圆，中央区横向放宽。

生境：在淡水中普生。国内外广泛分布。

（4）放射舟形藻 *Navicula radiosa* Kützing（**图 57**）

壳面线形披针形，两端逐渐狭窄，末端狭、钝圆。中轴区狭窄，中央区小、菱形。中轴区和中央区比壳面其他区域的硅质较厚些，壳缝两侧绝大部分的横线纹略呈放射状斜向中央区，两端略斜向极节，在 10 μm 内 8～12 条。细胞长 36.5～120 μm，宽 5～19 μm。

鉴别特征：壳面线形披针形，两端逐渐狭窄，末端狭、钝圆。

生境：在淡水中普生。国内外广泛分布。

（5）瞳孔舟形藻头端变种 *Navicula pupula* var. ***capitata*** Skvorzhov & Meyer（**图 58**）

壳面线形，壳面两侧中部略凸出，近两端略缢缩，末端明显宽头状。中轴区狭窄，中央区很宽，达到近壳缝，横矩形，极节横向加宽。壳缝直，其两侧的横线纹明显放射状斜向中间部分，近两端的横线纹略呈放射状斜向中央区或平行，在末端的 1 条横线纹明显比其他的横线纹厚，中央区横线纹长度不一，横线纹在中部 10 μm 内 14～24 条。细胞长 17.5～45 μm，宽 6～10 μm。

鉴别特征：壳面线形，两侧中部略凸出，末端明显宽头状。

生境：在淡水中普生。国内外广泛分布。

（6）极细舟形藻 *Navicula subtilissima* Cleve（**图 59**）

壳面线形，两端明显狭窄呈头状。中轴区狭窄，比壳面其他区域具较厚的硅质，中央区小，圆形中轴区和中央区的硅质厚度比壳面其他区域的硅质厚度明显的厚。壳缝两侧的横线纹很细，很难用光学显微镜观察到，用电子显微镜观察，横线纹由不明显点纹组成，略呈放射状斜向中央区，中间部分放射状明显，两端斜向极节，在中部 10 μm 内 32～42 条。细胞长 16～24.5 μm，宽 3.5～5 μm。

鉴别特征：壳面线形，两端明显狭窄呈头状。

生境：在淡水中普生。国内外普遍分布。

（7）格里门舟形藻 *Navicula grimmei* Krasske（**图 60**）

壳面宽 5～6.5 μm，长 18～24 μm，横线纹在 10 μm 内有 15～24 条。

生境：西藏、安徽通江湖泊。

（8）布鲁克曼舟形藻波缘变种 *Navicula brockmanni* var. ***undulata*** Zhu et Chen（**图 61**）

壳面线形，两侧平行或略外凸，末端宽头状，壳缝直线形，轴区窄线形，中心区横椭圆形，壳面两侧壳缘呈波状，壳面宽约 5 μm，长约 22 μm，横线纹在 10 μm 内有 20～28 条。

鉴别特征：壳面两侧壳缘呈波状，壳面宽约 5 μm，长约 22 μm，横线纹在 10 μm 内有 20～28 条。

28 羽纹藻属 *Pinnularia* Ehrenberg

植物体为单细胞或连成带状群体，上下左右均对称。壳面线形、椭圆形、披针形、线状披针形、椭圆披针形，两侧平行，少数种类两侧中部膨大或呈对称的波状，两端头状、喙状，末端钝圆。中轴区线形、宽线形或宽披针形，有些种类超过壳面宽度的 1/3。中央区圆形、椭圆形、菱形、横矩形等，具中央节和极节。壳缝发达，直或弯曲，或构造复杂形成复杂壳缝，其两侧具粗或细的横肋纹，每条肋纹具 1 条管沟，每条管沟内具 1～2 个纵隔膜，将管沟隔成 2～3 个小室，有的种类由于肋纹的纵隔膜形成纵线纹，一般壳面中间部分的横肋纹比两端的横肋纹略稀疏，在种类的描述中，10 μm 内的横肋纹数是指壳面中间部分的横肋纹数。带面长方形，无间生带和隔片。色素体片状、大，2 个，各具 1 个蛋白核。

生境：生长在淡水、半咸水或海水中，在硅藻中是种类最多的属之一。

（1）中狭羽纹藻 *Pinnularia mesolepta*（Ehr.）W. Smith **（图 62）**

壳面线形，两侧缘各具 3 个波纹，中间的 1 个波纹比另 2 个略小，近两端明显收缩，末端喙状到头状。中轴区宽度小于壳面宽度的 1/4。中央区大、菱形或横宽带状。壳缝线形，其两侧的横线纹在中部明显呈放射状斜向中央区，两端斜向极节，横肋纹在 10 μm 内 10～14 条。细胞长 30～65 μm，宽 6～12 μm。

鉴别特征：壳面两侧边缘各具 3 个明显的波纹。

生境：在淡水中普生。国内外广泛分布。

（2）近头端羽纹藻疏线变种 *Pinnularia subcapitata* var. ***paucistriata***（Grun.）Cleve **（图 63）**

壳面线形，两侧边缘平行或略凸出，两端宽喙状，末端圆形。中轴区明显。中央区大、宽横带状，仅壳面的 3/4 具横肋纹。壳缝线形，其两侧的横线纹在中部略呈放射状斜向中央区，两端斜向极节，横肋纹在 10 μm 内 8～14 条。细胞长 23～36 μm，宽 5～9 μm。

鉴别特征：壳面两侧边缘略凸出，中央区大、宽横带状。

生境：生长在湖泊、河流、水坑、池塘、溪流、沼泽中，喜低矿物质含量的水体。国内外普遍分布。

（3）布裂毕松羽纹藻（布雷羽纹藻）*Pinnularia brebissonii*（Kütz.）Rabenhorst **（图 64）**

壳面线形到椭圆形，向两端逐渐狭窄，末端圆形。中轴区狭窄，向中央区逐渐加宽，中央区呈横矩形达壳缘。壳缝线形，其两侧的横肋纹呈放射状斜向中央区，两端斜向极节，横肋纹在 10 μm 内 10～15 条。细胞长 28～105 μm，宽 7～12 μm。

生境：生长在稻田、水坑、池塘、湖泊、河流、溪流、泉水、沼泽中，喜低矿物质含量和冷水性的水体。国内外广泛分布。

（4）弯羽纹藻线形变种 *Pinnularia gibba* var. *linearis* Hustedt（图 65）

壳面线形，两侧缘中部略凸出，末端广圆形。中轴区宽，其宽度在不同个体有变化，宽度大于壳面宽度的 1/3。中央区宽椭圆形。壳缝线形，其两侧的横线纹粗，在中部呈放射状斜向中央区，近两端斜向极节，横肋纹在 10 μm 内 10～14 条。细胞长 58～105 μm，宽 8.5～12 μm。

鉴别特征：壳面线形，两侧缘中部略凸出，末端广圆形。

生境：在淡水中普生。国内外普遍分布。

（5）二棒羽纹藻 *Pinnularia acrosphaeria* f. *minar* Cl.（图 66a，66b）

壳面棒形，中部及两端膨大，末端楔圆形。壳缝复杂，轴区宽，约占壳面宽的 1/4 或 1/3。中心区横向放宽。壳面宽 14～16 μm，长 100～111 μm。横肋纹在壳面中部呈放射状排列，两端斜向极节，在 10 μm 内有 9～10 条，由肋纹的纵隔膜形成的纵线纹明显。

六、桥弯藻科 Cymbellaceae

29 双眉藻属 *Amphora* Ehrenberg ex Kützing

植物体多数为单细胞，浮游或着生。壳面两侧不对称，明显有背腹之分，新月形、镰刀形，末端钝圆形或两端延长呈头状。中轴区明显偏于腹面一侧，具中央节和极节。壳缝略弯曲，其两侧具横线纹。带面椭圆形，末端截形，间生带由点连成长线状，无隔膜（隔片）。色素体侧生、片状，1 个、2 个或 4 个。

由 2 个母细胞的原生质体结合形成 2 个复大孢子，1 个细胞也可能产生 1 个复大孢子。

生境：绝大多数生长在海水中，淡水、半咸水种类不多，海水种类多产于热带亚热带地区。

（1）卵圆双眉藻 *Amphora ovalis*（Kütz.）Kützing（图 67a，67b）

壳面新月形，背缘凸出，腹缘凹入，末端钝圆形。中轴区狭窄，中央区仅在腹侧明显。壳缝略呈波状，由点纹组成的横线纹在腹侧中部间断，末端斜向极节，在背侧呈放射状排列，在 10 μm 内 9～16 条。带面广椭圆形，末端截形，两侧边缘弧形。壳面长 20～140 μm，宽 6～9.5 μm

鉴别特征：带面两侧边缘弧形。

生境：生长在湖泊、河流、水库、稻田、水坑、池塘、溪流、沼泽中，潮湿崖壁上。国内外广泛分布。

30 桥弯藻属 *Cymbella* Agardh

植物体为单细胞，或为分枝或不分枝的群体，浮游或着生，着生种类细胞位于短胶质柄的顶端或在分枝或不分枝的胶质管中；壳面两侧不对称，明显有背腹之分，背侧凸出，腹侧平直或中部略凸出或略凹入，新月形、线形、半椭圆形、半披针形、舟形、菱形披针形，末端钝圆或渐尖；中轴区两侧略不对称，具中央节和极节；壳缝略弯曲，少数近直，其两侧具横线纹，一般壳面中间部分的横线纹比近两端的横线纹略稀疏，在种类的描述中，10 μm 内的横线纹数是指壳面中间部分的横线纹数；带面长方形，两侧平行，无间生带和隔膜；色素体侧生、片状，1 个。

由 2 个母细胞的原生质体结合形成 2 个复大孢子。

多数生长在淡水中，少数在半咸水中。

（1）高山桥弯藻 *Cymbella alpina* Grunow（图 68a，68b）

壳面线形椭圆形，有明显的背腹之分，背缘凸出，腹缘略凸出，两端短喙状，末端钝圆到截形；中轴区狭窄，中央区略扩大；壳缝偏于腹侧，横线纹粗、略呈放射状斜向中央区或在中部近平行，在背侧中部 10 μm 内 6～14 条，腹侧中部 10 μm 内 6～12 条。细胞长 24～57.5 μm，宽 7～11 μm。

鉴别特征：壳面线形椭圆形，中央区略扩大。

生境：生长在稻田、水坑、池塘、水库、湖泊、河流、溪流、沼泽中，潮湿岩壁上。国内外广泛分布。

（2）箱形桥弯藻 *Cymbella cistula*（Hempr.）Kirchner

1）原变种 var. ***cistula***（图 69）

壳面新月形，有明显背腹之分，背缘凸出，腹缘凹入，其中部略凸出，末端钝圆到截圆；中轴区狭窄，中央区略扩大，略呈圆形；壳缝偏于腹侧、弓形，末端呈勾形斜向背缘，腹侧中央区具 3～6 个单独的点纹，横线纹呈放射状斜向中央区，在中部近平行，背侧中部 10 μm 内 5～12 条，腹侧中部 10 μm 内 6～11 条，横线纹明显由点纹组成，10 μm 内 18～20 个。细胞长 31～180 μm，宽 10～36 μm。

鉴别特征：壳面腹侧中央区具 3～6 个单独的点纹，腹缘除中部略凸出外均凹入。

生境：生长在稻田、水坑、池塘、湖泊、水库、河流、溪流、泉水、沼泽中，潮湿岩壁上。国内外广泛分布。

2）箱形桥弯藻具点变种 ***Cymbella cistula* var. *macilaca***（Kütz.）Van Heurck（图 70）

壳面宽 7.5～15 μm，长 21.5～65.5 μm，横线纹在 10 μm 内背侧有 5～15 条，腹侧有 6～14 条。

产地：西藏、安徽通江湖泊。

（3）尖头桥弯藻 *Cymbella cuspidate* Kützing（图 71）

壳面宽线形披针形到近椭圆形，有背腹之分，背缘凸出，腹缘中部平直，两端略伸长呈圆锥形到尖头状；中轴区狭窄，中央区扩大呈圆形；壳缝直、略偏于腹侧，横线纹由点纹组成，呈放射状斜向中央区，背侧中部 10 μm 内 6～9 条，腹侧中部 10 μm 内 7～12 条。细胞长 22～100 μm，宽 10～28 μm。

鉴别特征：壳面宽线形披针形到近椭圆形。

生境：生长在稻田、水坑、池塘、湖泊、水库、河流、溪流、沼泽，中性到偏酸性的水体中。国内外广泛分布。

（4）新月形桥弯藻 *Cymbella cymbiformis* Agardh（图 72a，72b）

壳面新月形，有背腹之分，背缘凸出，腹缘除中部略凸出外略凹入或平直，逐渐向两端呈圆锥形，末端钝圆；中轴区狭窄，中央区绝大多数略向腹侧扩大；壳缝略偏于腹侧，弓形，末端呈勾形斜向背缘，腹侧中央区具 1 个单独的点纹，横线纹明显呈放射状斜向中央区，背侧中部 10 μm 内 6～9 条，腹侧中部 10 μm 内 10～14 条，横线纹由点纹组成，10 μm 内 18～20 个。细胞长 30～100 μm，宽 9～16 μm。

鉴别特征：壳面有背腹之分，两端呈圆锥形，末端钝圆。

生境：生长在稻田、水坑、池塘、湖泊、水库、河流、溪流、泉水、沼泽中，潮湿岩壁上。国内外广泛分布。

（5）披针形桥弯藻 *Cymbella lanceolata*（Ag.）Agardh（图 73）

壳面新月形，有背腹之分，背缘凸出，腹缘除中部凸出外略凹入，末端钝圆；中轴区狭窄，中央区略扩大，近长椭圆形或略不规则；壳缝宽、略弯曲，略偏于腹侧，近末端转向背侧呈小圆钩形，横线纹在中部近平行或略斜向中央区，近两端呈放射状斜向中央区，背侧中部 10 μm 内 7～11 条，腹侧中部 10 μm 内 8～12 条。细胞长 44～234 μm，宽 11～40 μm。

鉴别特征：壳面新月形，有背腹之分，背缘凸出，末端钝圆。

生境：生长在稻田、水坑、池塘、湖泊、水库、河流、溪流、沼泽中。国内外广泛分布。

（6）极小桥弯藻 *Cymbella perpusilla* Cleve（图 74）

壳面线形披针形，明显不对称，背缘凸出，腹缘略凸出，逐渐向两端略狭窄，末端钝圆；中轴区狭窄，中央区不扩大；壳缝略偏于腹侧，直，横线纹略平行或略呈放射状斜向中央区，背侧中部 10 μm 内 8～9 条，腹侧中部 10 μm 内 9～11 条。细胞长 16～30 μm，宽 3～6 μm。

鉴别特征：壳面线形披针形，明显不对称，中央区不扩大。

生境：生长在稻田、水坑、池塘、湖泊、水库、河流、溪流、沼泽中。国内外广泛分布。

（7）膨胀桥弯藻 *Cymbella tumida*（Bréb. ex Kütz.）Van Heurck（图 75）

壳面新月形，有明显背腹之分，背缘凸出，腹缘近平直，在中部略凸出，两端延长呈喙状，末端宽截形；中轴区狭窄，中央区大、圆形；壳缝略偏于腹侧，弯曲呈弓形，近末端分叉，1 条短的突然弯向腹侧，1 条长的呈镰刀形弯向腹侧，中央节与腹侧横线纹之间具 1 个单独的点纹，横线纹由点纹组成，略呈放射状斜向中央区，背侧中部 10 μm 内 8～13 条，腹侧中部 10 μm 内 8～14 条，点纹在 10 μm 内 16～22 个。细胞长 37～105 μm，宽 15～23 μm。

鉴别特征：壳面有明显的背腹之分，两端呈喙状，末端宽截形。

生境：生长在稻田、水坑、池塘、湖泊、水库、河流、溪流、沼泽中。国内外广泛分布。

（8）偏肿桥弯藻 *Cymbella ventricosa* Kützing（图 76a，76b，76c）

壳面新月形到半椭圆形，有明显的背腹之分，背缘凸出，腹缘平直或中部略凸出，两端略延长，末端略尖或近钝圆形；中轴区狭窄，中央区不扩大或略扩大；壳缝偏于腹侧、直，横线纹略呈放射状斜向中央区，背侧在 10 μm 内 8～17 条，腹侧在 10 μm 内 8～24 条，两端斜向极节。细胞长 10～40 μm，宽 3～12 μm。

鉴别特征：壳面腹侧中部线纹末端具 3～6 个单独的点纹。

生境：生长在稻田、水坑、池塘、湖泊、水库、河流、溪流、沼泽中，潮湿岩壁上。国内外广泛分布。

（9）略钝桥弯藻 *Cymbella obtusiuscula* Kützing（图 77）

壳面宽 7～11 μm，长 18～36.5 μm，横线纹在 10 μm 内背侧中部有 7～16 条，两端有 13～20 条，腹侧中部有 10～18 条，两端有 15～20 条。

产地：西藏、安徽通江湖泊。

七、异极藻科 Gomphonemaceae

31 异极藻属 *Gomphonema* Ehrenberg

植物体为单细胞，或为不分枝或分枝的树状群体，细胞位于胶质柄的顶端，以胶质柄着生于基质上，有时细胞从胶质柄上脱落成为偶然性的单细胞浮游种类；壳面上下两端不对称，上端宽于下端，两侧对称，呈棒形、披针形、楔形；中轴区狭窄、直，中央区略扩大，有些种类在中央区一侧具 1 个、2 个或多个单独的点纹，具中央节和极节；壳缝两侧具由点纹组成的横线纹；带面多呈楔形，末端截形，无间生带，少数种类在上端具横隔膜；色素体侧生、片状，1 个。

由 2 个母细胞的原生质体分别形成 2 个配子，互相成对结合形成 2 个复大孢子。

此属主要是淡水种类，少数生长在半咸水或海洋中。

（1）尖异极藻花冠变种 *Gomphonema acuminatum* var. *coronatum*（Ehr.）W. Smith（图 78）

壳面楔形棒状，上端宽头状，中部略凸出，上部和中部之间略凹入，下部明显逐渐狭窄；中轴区狭窄，中央区中等大小，中央区一侧具 1 个单独的点纹，壳缝两侧横线纹呈放射状排列。细胞壳面上端具翼状凸出，前部和中部之间收缢深，横线纹在中间部分 10 μm 内 8～12 条。细胞长 41～100 μm，宽 6～10 μm。

鉴别特征：细胞壳面上端具翼状凸出，前部和中部之间收缢深，横线纹在中间部分 10 μm 内 8～12 条。细胞长 41～100 μm，宽 6～10 μm。

生境：生长在稻田、水坑、池塘、湖泊、沼泽中。国内外广泛分布。

（2）尖顶异极藻 *Gomphonema augur* Ehrenberg（图 79a，79b）

壳面棒状，最宽处位于上端近顶端处，前端平圆形，顶端中间凸出呈尖楔形或喙状，向下逐渐狭窄，下部末端尖圆；中轴区狭窄、线形，中央区一侧具 1 个单独的点纹，壳缝两侧中部横线纹近平行，两端逐渐呈放射状排列，在中间部分 10 μm 内 9～18 条。细胞长 17.5～54 μm，宽 5.5～15 μm。

鉴别特征：壳面棒状，顶端尖楔形。

生境：生长在稻田、水坑、池塘、湖泊、水库、河流、溪流、沼泽中。国内外广泛分布。

（3）缢缩异极藻 *Gomphonema constrictum* Ehrenberg

1）原变种 var. ***constrictum***（图 80a，80b）

壳面棒状，上部宽，前端平广圆形或头状，上部和中部之间具 1 个明显的缢缩，从中部到下端逐渐狭窄；中轴区狭窄，中央区横向放宽，其两侧的横线纹长短交替排列，在其一侧具 1 个单独的点纹，壳缝两侧由点纹组成的横线纹呈放射状排列，在中间部分 10 μm 内 10～14 条。细胞长 25～65 μm，宽 4.5～14 μm。

鉴别特征：壳面棒状，上端宽平广圆形。

生境：生长在稻田、水坑、池塘、湖泊、水库、河流、溪流、沼泽中。国内外广泛分布。

2）缢缩异极藻头状变种 ***Gomphonema constrictum*** var. ***capitatum***（Ehr.）Grunow（图 81）

此变种与原变种的不同为细胞壳面上部和中部之间几乎缢缩，上部前端广圆形横线纹在中间部分 10 μm 内 10～15 条。细胞长 22～65 μm，宽 6～12 μm。

生境：生长在稻田、水坑、池塘、湖泊、水库、溪流、河流、沼泽中。国内外广泛分布。

（4）纤细异极藻 *Gomphonema gracile* Ehrenberg **（图 82a，82b）**

壳面披针形，前端尖圆形，从中部向两端逐渐狭窄；中轴区狭窄、线形，中央区小、圆形并略横向放宽，在其一侧具 1 个单独的点纹，壳缝两侧的横线纹呈放射状排列，在中间部分 10 μm 内 9～17 条。细胞长 25～70 μm，宽 4～11 μm。

鉴别特征：壳面披针形，前端尖圆形。

生境：生长在稻田、水坑、池塘、湖泊、水库、河流、溪流、泉水、沼泽中，喜贫营养水环境，适应较宽的 pH 及电导率，附着在潮湿的岩壁上。国内外广泛分布。

（5）缠结异极藻 *Gomphonema intricatum* Kützing **（图 83）**

壳面线形棒状，前端宽钝圆头状，中部膨大，下端明显逐渐狭窄；中轴区中等宽度，中央区宽，在其一侧具 1 个单独的点纹，壳缝两侧的横线纹呈放射状排列，在中间部分 10 μm 内 8～11 条。细胞长 25～70 μm，宽 5～9 μm。

生境：生长在稻田、水坑、池塘、湖泊、水库、河流、溪流、泉水、沼泽中，喜弱碱性水体，附着在潮湿的岩壁上。国内外广泛分布。

（6）尖细异极藻塔状变种 *Gomphonema acuminatum* var. ***turris***（Ehr.）Wolle **（图 84）**

壳面宽 6～11 μm，长 28.5～59 μm，横线纹在 10 μm 内中部有 8～10 条，两端有 12～16 条。

生境：西藏、安徽通江湖泊。

（7）小形异极藻 *Gomphonema parvulum*（Kütz.）Kützing **（图 85）**

壳面宽 3～4 μm，长 43～58 μm，在 10 μm 内龙骨点有 17～20 个，横线纹极细，在光学显微镜下很难分辨。

生境：西藏、安徽通江湖泊。

（8）细弱异极藻 ***Gomphonema subtile*** Ehr.（**图 86a，86b**）

壳面宽 6.5～7.7 μm，长 38.5～69.5 μm，横线纹在 10 μm 内中部有 8～10 条，两端有 2～14 条。

生境：西藏、安徽通江湖泊。

八、曲壳藻科 Achnanthaceae

32　卵形藻属　*Cocconeis* Ehrenberg

植物体为单细胞，以下壳着生在丝状藻类或其他基质上；壳面椭圆形、宽椭圆形，上下两个壳面的外形相同，花纹各异或相似，上下 2 个壳面有 1 个壳面具假壳缝，另 1 个壳面具直的壳缝，具中央节和极节，壳缝和假壳缝两侧具横线纹或点纹；带面横向弧形弯曲，具不完全的横隔膜；色素体片状，1 个，蛋白核 1～2 个。

每 2 个母细胞的原生质体结合形成 1 个复大孢子，单性生殖为每个配子发育成 1 个复大孢子。

大多数是海产种类，淡水种类附着于基质上生长，常大量发生。

（1）扁圆卵形藻 ***Cocconeis placentula*** Ehrenberg

1）原变种 var. ***placentula***（图 87a，87b）

壳面椭圆形，具假壳缝一面的横线纹由相同大小的小孔纹组成，具壳缝的一面和不具壳缝的另一面中轴区均狭窄，具壳缝的一面中央区小，多少呈卵形，壳缝线形，其两侧的横线纹均在近壳的边缘中断，形成 1 个环绕在近壳缘四周的环状平滑区，由明显点纹组成的横线纹略呈放射状斜向中央区，在 10 μm 内 15～20 条，不具壳缝的一面假壳缝狭，明显点纹组成的横线纹在 10 μm 内 18～22 条。细胞长 11～70 μm，宽 7～40 μm。

鉴别特征：壳面椭圆形、宽椭圆形，不具胶质柄。

生境：生长在稻田、水坑、池塘、湖泊、水库、河流、溪流、泉水、沼泽中，多为中性到碱性水体中，常着生在沉水生植物及其他基质上。国内外广泛分布。

2）扁圆卵形藻多孔变种 ***Cocconeis placentula*** var. ***euglypta***（Ehr.）Cleve（图 88a，88b）

此变种与原变种的不同为细胞具假壳缝的一面横线纹粗、间断，横线纹间形成数条纵向波状空白条纹，在 10 μm 内 16～28 条。细胞长 13～38 μm，宽 7～20.5 μm。

生境：生长在稻田、水坑、池塘、湖泊、水库、溪流、河流、沼泽中，多为中性到碱性水体，着生在潮湿的岩壁上。国内外广泛分布。

33　曲壳藻属　*Achnanthes* Bory

植物体为单细胞或以壳面互相连接形成带状或树状群体，以胶柄着生于基质上；壳面线形披针形、线形椭圆形、椭圆形、菱形披针形，上壳面凸出或略凸出，具假壳缝，下壳面凹入或略凹入，具典型的壳缝，中央节明显，极节不明显，壳缝和假壳缝两侧的横线纹或点纹相似，或一壳面横线纹平行，另一壳面呈放射状；带面纵长弯曲，呈膝曲状或弧形；色素体片状，1～2个，或小盘状，多数。

2个母细胞互相贴近，每个细胞的原生质体分裂成2个配子，成对的配子结合，形成2个复大孢子。

此属主要产于海洋中，淡水的种类多着生于丝状藻类、沉水生高等植物或其他基质上，或亚气生。

（1）披针形曲壳藻 *Achnanthes lanceolata*（Bréb.）Grunow（图89）

细胞常连接成带状群体；壳面长椭圆形到披针形，末端宽、钝圆；具假壳缝的壳面，假壳缝明显、线形到线形披针形，在中部的一侧具1个马蹄形的无纹区，横线纹略呈放射状斜向中央区，具壳缝的壳面，壳缝线形，中央区横向放宽呈横矩形，横线纹略呈放射状斜向中央区，在10 μm内10～14条。细胞长8～40 μm，宽3～10 μm。

鉴别特征：具假壳缝壳面中部的一侧具马蹄形的无纹区。

生境：对水环境适宜性很广的种类，生长在稻田、水坑、池塘、湖泊、水库、河流、溪流、沼泽中，多着生在沉水生植物、丝状藻类及其他基质上。国内外广泛分布。

九、窗纹藻科 Epithemiaceae

34 窗纹藻属 *Epithemia* Brébesson

植物体为单细胞，浮游或者附着在基质上；壳面略弯曲，弓形、新月形，左右两侧不对称，有背侧和腹侧之分。背侧凸出，腹侧凹入或近平直，末端钝圆或近头状，腹侧中部具1条"V"形的管壳缝，管壳缝内壁具多个圆形小孔通入细胞内，具中央节和极节，但在光学显微镜下不易见到，壳面内壁具横向平行的隔膜，构成壳面的横肋纹，两条横肋纹之间具2列或2列以上与肋纹平行的横点纹或窝孔状的窝孔纹，有些种类在壳面和带面结合处具一纵长的隔膜；带面长方形；色素体侧生、片状，1个。

每2个母细胞的原生质体分裂形成2个配子，2对配子结合形成2个复大孢子。

生长在淡水和半咸水中，多数种类以腹面附着在水生高等植物或其他基质上。

（1）膨大窗纹藻颗粒变种 *Epithemia turgida* var. *granulata*（Ehr.）Brun（图90a，90b，90c）

壳面弓形，背缘凸出，腹缘平直或略凹入，两端略延长，背缘向腹缘逐渐狭窄，末端钝圆；腹侧中部具1条"V"形的管壳缝；细胞壳面背缘与腹缘除两端外绝大部分近平行，横肋纹在10 μm内2～5条，两横肋纹间具窝孔纹1～2条，在10 μm内9～13条。细胞长55～123 μm，宽9～17 μm。

鉴别特征：细胞壳面末端钝圆形，不向背侧弯曲。细胞壳面背缘与腹缘除两端外绝大部分近平行，横肋纹在10 μm内2～5条，两横肋纹间具窝孔纹1～2条，在10 μm内9～13条。细胞长55～123 μm，宽9～17 μm。

生境：生长在水坑、池塘、湖泊、溪流、河流、沼泽中，喜碱性水体。国内外普遍分布。

35 棒杆藻属 *Rhopalodia* O. Müller

植物体为单细胞；壳面弓形、新月形、肾形，背缘凸起、弧形，两端渐尖；背缘具1条龙骨，龙骨上具1条不明显的管壳缝，具不明显的中央节和极节，壳面具较粗的横肋纹，两横肋纹间具几条由点纹组成的细横线纹；带面长方形、狭椭圆形或棒状，两侧中部略横向放宽或平直，中部略缢缩，两端广圆形；色素体侧生、片状，1个。

2个母细胞分别形成2个配子结合形成2个复大孢子。

生境：此属种类较少，多数为淡水浮游种类。

（1）弯棒杆藻 *Rhopalodia gibba*（Ehr.）O. Müller（图91）

壳面弓形，背缘弧形，腹侧平直，两端逐渐狭窄并弯向腹侧；背缘具1条龙骨，龙骨上具1条不明显的管壳缝，横肋纹在10 μm内4～8条，2条横肋纹间具2～3条横线纹，在10 μm内12～14条；带面线形，两侧中部略横向放宽，中部缢缩，两端广圆形。细胞长35～300 μm，宽18～30 μm。

鉴别特征：壳面弓形，背缘弧形，腹侧平直，两端逐渐狭窄并弯向腹侧。

生境：生长在稻田、水坑、池塘、湖泊、水库、河流、溪流、沼泽中，通常附着于基质上。国内外广泛分布。

十、菱形藻科 Nitzschiaceae

36 菱板藻属 *Hantzschia* Grunow

植物体为单细胞；细胞纵长，直或“S”形，壳面弓形、线形或椭圆形，一侧或两侧边缘缢缩或不缢缩，两端尖形、渐尖或近喙状；壳面一侧的边缘具龙骨突起，龙骨突起上具管壳缝，管壳缝内壁具许多通入细胞内的小孔，称为龙骨点，龙骨点明显，上下两壳的龙骨突起彼此平行相对，具小的中央节和极节，壳面具横线纹或点纹组成的横线纹；带面矩形，两端截形；色素体带状，2个。

2个母细胞原生质体分裂分别形成2个配子，成对配子结合形成2个复大孢子。

生长在淡水或海水中。

（1）双尖菱板藻 *Hantzschia amphioxys*（Ehr.）Grunow（图92）

壳面弓形，背缘略凸出，腹缘凹入，两端明显逐渐狭窄，末端略呈喙状到头状；龙骨点在腹侧，在10 μm内5～10个，横线纹在10 μm内13～24条。细胞长20～105 μm，宽5～10 μm。

鉴别特征：细胞壳面弓形，腹侧中部不呈膝状弯曲。

生境：生长在稻田、水坑、池塘、湖泊、水库、河流、溪流、沼泽中。国内外广泛分布。

37 菱形藻属 *Nitzschia* Hassall

植物体多为单细胞，或形成带状或星状的群体，或生活在分枝或不分枝的胶质管中，浮游或附着；细胞纵长，直或“S”形，壳面线形、披针形，罕为椭圆形，两侧边缘缢缩或不缢缩，两端渐尖或钝，末端楔形、喙状、头状、尖圆形；壳面的一侧具龙骨突起，龙骨突起上具管壳缝，管壳缝内壁具许多通入细胞内的小孔，称为龙骨点，龙骨点明显，上下两个壳的龙骨突起彼此交叉相对，具小的中央节和极节，壳面具横线纹；细胞壳面和带面不成直角，因此横断面呈菱形；色素体侧生、带状，2个，少数4～6个。

2个母细胞原生质体分裂分别形成2个配子，成对配子结合形成2个复大孢子。

生长在淡水、咸水或海水中。

（1）碎片菱形藻很小变种 *Nitzschia frustulum* var. *perpusilla*（Rabh.）Grunow **（图93）**

壳面线形披针形，两端逐渐狭窄，末端圆形，龙骨点在10 μm内8～15个，横线纹在10 μm内19～24条。细胞长9～22.5 μm，宽2.5～47 μm。

鉴别特征：壳面横线纹不由点纹组成。

生境：生长在水坑、池塘、湖泊、溪流、河流、沼泽中，也存在于半咸水中。

（2）线形菱形藻 *Nitzschia linearis* W. Smith **（图94）**

壳面线形，两侧平行，具龙骨突起的一侧边缘中部缢入，两端逐渐狭窄，末端凸出呈头状；龙骨点在10 μm内8～14个，横线纹在10 μm内28～32条。细胞长46～180 μm，宽5～6 μm。

鉴别特征：壳面一侧中部略缢缩。

生境：生长在稻田、水坑、池塘、湖泊、水库、河流、溪流、沼泽中。国内外广泛分布。

（3）谷皮菱形藻 *Nitzschia palea*（Kütz.）W. Smith **（图95）**

壳面线形、线形披针形，两侧边缘近平行，两端逐渐狭窄，末端楔形；龙骨点在10 μm内10～15个，横线纹细，在10 μm内30～40条。细胞长20～65 μm，宽2.5～5.5 μm。

鉴别特征：壳面横线纹在10 μm内30～40条。

生境：生长在稻田、水坑、池塘、湖泊、水库、河流、溪流、温泉、沼泽中。国内外广泛分布。

（4）针状菱形藻 *Nitzschia acicularis*（Kütz.）W. Smith **（图96）**

壳面宽3～4 μm，长43～58 μm，在10 μm内龙骨点有17～20个，横线纹极细，在光学显微镜下很难分辨。

生境：西藏、安徽通江湖泊。

（5）断纹菱形藻 *Nitzschia interrupta*（Reichelt）Hustedt **（图97）**

壳面宽3.7～5.5 μm，长19.7～33 μm，在10 μm内龙骨点有6～7个，横线纹有18～24条。

生境：西藏、安徽通江湖泊。

十一、双菱藻科 Surirellaceae

38 波缘藻属 *Cymatopleura* W. Smith

植物体为单细胞，浮游；壳面椭圆形、纺锤形、披针形或线形，呈横向上下波状起伏，上下2个壳面的整个壳缘由龙骨及翼状构造围绕，龙骨突起上具管壳缝，管壳缝通过翼沟与壳体内部相联系，翼沟间以膜相联系，构成中间间隙，壳面具粗的横肋纹，有时肋纹很短，使壳缘呈串珠状，肋纹间具横贯壳面细的横线纹，横线纹明显或不明显；壳体无间生带，无隔膜，带面矩形、楔形，两侧具明显的波状皱褶；色素体片状，1个。

2个母细胞原生质体结合形成1个复大孢子。

此属种类很少，生长在淡水、半咸水中。

（1）草鞋形波缘藻 *Cymatopleura solea*（Bréb.）W. Smith（图98）

壳面宽线形、宽披针形，两侧中部缢缩，两端楔形，末端钝圆；龙骨点在10 μm内7～9个，肋纹短，在10 μm内6～9条，横线纹在10 μm内15～20条。细胞长30～300 μm，宽10～40 μm。

鉴别特征：细胞壳面宽线形，中部明显缢缩。

生境：生长在稻田、水坑、池塘、湖泊、水库、河流、溪流、沼泽中，潮湿的岩壁上。国内外广泛分布。

39 双菱藻属 *Surirella* Turpin

植物体为单细胞，浮游；壳面线形、椭圆形、卵圆形、披针形，平直或螺旋状扭曲，中部缢缩或不缢缩，两端同形或异形，上下2个壳面的龙骨及翼状构造围绕整个壳缘，龙骨上具管壳缝，在翼沟内的管壳缝通过翼沟与细胞内部相联系，管壳缝内壁具龙骨点，翼沟通称肋纹，横肋纹或长或短，肋纹间具明显或不明显的横线纹，横贯壳面，壳面中部具明显或不明显的线形或披针形的空隙；带面矩形或楔形；色素体侧生、片状，1个。

2个母细胞原生质体结合形成1个复大孢子。

此属种类较多，生长在淡水、半咸水中，海水中的种类少，多产于热带、亚热带地区。

（1）端毛双菱藻 *Surirella capronii* Brébsson（图99）

细胞两端异形、不等宽；壳面卵形，上端的末端钝圆形，下端的末端近圆形，上下两端的中间具1个基部膨大的棘状突起，上端的大于下端，下端有时消失，棘状突起顶端具一短刺；龙骨发达、宽，翼状突起明显，横肋纹略呈放射状斜向中部，在10 μm内1.5～2条；带面广楔形。细胞长120～350 μm，宽58～125 μm。

鉴别特征：壳面上下两端或上端的中间具 1 个基部膨大的棘状突起。

生境：生长在稻田、水坑、池塘、湖泊、河流、溪流、沼泽中。国内外广泛分布。

（2）线形双菱藻 *Surirella linearis* W. Smith（**图 100**）

细胞两端同形、等宽；壳面长椭圆形，两侧中部平行或略凸出，两端逐渐狭窄、略呈楔形，末端钝圆形；翼状突起明显，翼狭窄，横肋纹在中部近平行排列，近两端略呈放射状斜向中部，在 10 μm 内 2～5 条；带面广楔形。细胞长 20～125 μm，宽 8～25 μm。

鉴别特征：壳面的翼状突起明显。

生境：生长在稻田、水坑、池塘、湖泊、水库、河流、溪流、沼泽中。国内外广泛分布。

（3）粗壮双菱藻 *Surirella robusta* Ehrenberg（**图 101a，101b**）

细胞两端异形；壳面卵形到椭圆形，上端的末端钝圆，下端的末端尖圆；龙骨发达，翼状突起清楚，翼发达，横肋纹呈放射状斜向中部，在 10 μm 内 0.6～1.5 条；带面呈楔形。细胞长 150～400 μm，宽 50～150 μm。

鉴别特征：壳面上下两端或上端的中间无棘状突起，壳面的翼状突起明显。

生境：生长在稻田、水坑、池塘、湖泊、水库、河流、溪流、沼泽中。国内外广泛分布。

40 星杆藻属 *Asterionella* Hassall

壳体长形常形成（组成）星状群体，壳体在壳面或壳环面观都有大小不等的末端。没有出现隔片和间生带。壳面观一端比另一端大，头状。其他一端可能是头状或有所变异。壳面长轴是对称的。假壳缝窄，不明显。横线纹清楚。

本属以其壳体的群体形态，缺少隔片和间生带，无论壳面或是壳环在横轴向都是不对称的特点与其他属相区别。

本属属浮游生活。

（1）华丽星杆藻 *Asterionella formosa* Hassall（**图 102**）

壳体组成（形成）星状群体，壳体彼此附着的两端比群体其他部分宽大。壳面线形，壳面末端逐渐变得较窄，末端头状，一端为粗状头状，另一端呈较小头状或不明显的头状；壳面长 40～130 μm，壳面宽 1～3 μm。假壳缝很窄，常不明显。横线纹清楚，在 10 μm 内有 24～28 条。

生境：淡水浮游种，常发现在水库、水田、潮湿的岩壁及富营养型湖泊中，曾见于北京、湖南、新疆。

第七章　隐藻门形态分种描述

隐藻门（Cryptophyta）绝大多数为单细胞。多数种类具鞭毛，极少数种类无鞭毛。无纤维素的细胞壁。细胞表面具周质体，有的类群周质体为一定形态的板片，如蓝隐藻为长方形，隐藻则为六角形，而球半隐藻的周质体则不形成板片。具鞭毛种类长椭圆形或卵形，前端较宽，钝圆或斜向平截，显著纵扁，背侧略凸，腹侧平直或略凹入；腹侧前端偏于一侧具向后延伸的纵沟。有的种类具 1 条口沟自前端向后延伸；纵沟或口沟两侧常具多个超微结构很特殊的刺丝胞，有的种类无刺丝胞。鞭毛 2 条，不等长，自腹侧前端伸出，或生于侧面。长鞭毛具 2 排长约 1.5 μm 的侧生鞭绒。具 1 个或 2 个大型叶状色素体，其被膜由 2 层膜组成，外层与内质网膜或细胞核内质网连接。类囊体常 2 条成对排列。类囊体膜上无藻胆体，藻胆体位于类囊体腔内。无带片层。在色素体和色素体内质网膜之间有一特殊结构——核形体。它被认为是内共生物退化的细胞核。光合色素体中除含有叶绿素 a、叶绿素 c 外，还含有位于类囊体腔内的藻胆素；色素体多为黄绿色或黄褐色，也有为蓝绿色、绿色或红色的；有些种类无色素体。具蛋白核或无。储藏物为淀粉和油滴。细胞单核，伸缩泡位于细胞前端。

繁殖除极少数种类有有性生殖外，绝大多数种为细胞纵分裂。

安徽通江湖泊隐藻门主要优势类群有尖尾蓝隐藻和卵形隐藻。

一、隐鞭藻科 Cryptomonadaceae Ehrenbergirg

41　蓝隐藻属　*Chroomonas* Hangsg.

细胞长卵形、椭圆形、近球形、近圆珠形、圆锥形或纺锤形。前端斜截形或平直，后端钝圆或渐尖；背腹扁平；纵沟或口沟常很不明显。无刺丝胞或极小，有的种类在纵沟或口沟处刺丝胞明显可见。鞭毛 2 条，不等长。伸缩泡位于细胞前端。具眼点或无。色素体多为 1 个（也有 2 个的），盘状，边缘常具浅缺刻，周生，蓝色到蓝绿色。淀粉粒大，常呈行排列。蛋白核 1 个，中央位或位于细胞的下半部。淀粉鞘由 2～4 块组成。1 个细胞核，位于细胞下半部。

（1）尖尾蓝隐藻 *Chroomonas acuta* Uterm.（图 103a，103b，103c）

细胞纺锤形，前端宽斜，向后渐狭，后端尖细，常向腹侧弯曲。纵沟很短。无刺丝胞。色素体 1 个，橄榄色或暗绿色，具一明显的蛋白核，位于细胞中部背侧。鞭毛与细胞长度约相等。细胞长 7～10 μm，宽 4.5～5.5 μm。

鉴别特征：细胞纺锤形；无刺丝胞。

生境：各种净水小水体。广泛分布。

42 隐藻属 *Cryptomonas* Ehrenberg

细胞椭圆形、豆形、卵形、圆锥形、纺锤形、“S”形。背腹扁平，背部明显隆起，腹部平直或略凹入。多数种类横断面呈椭圆形，少数种类呈圆形或显著扁平。细胞前端钝圆或斜截形，后端为或宽或窄的钝圆形。腹侧具明显的口沟。鞭毛2条，自口沟伸出，鞭毛通常短于细胞长度。具刺丝胞或无。液泡1个，位于细胞前端。色素体2个（有时仅1个），位于背侧或腹侧或位于细胞的两侧面，黄绿色或黄褐色或有时为红色，多数具1个蛋白核，也有具2～4个的，或无蛋白核；单个细胞核，在细胞后端。

繁殖方法为细胞纵分裂，分裂时细胞停止运动，分泌胶质，核先分裂，原生质体自口沟处分成两半。

（1）卵形隐藻 *Cryptomonas ovata* Ehrenberg（图104a，104b）

细胞椭圆形或长卵形，通常略弯曲。前端明显的斜截形，顶端呈角形状或宽圆，大多数为斜的凸状：后端为宽圆形。细胞多数略扁平；纵沟、口沟明显。口沟达到细胞的中部，有时近细胞腹侧，直或甚明显地弯向腹侧。细胞前端近口沟处常有2个卵形反光体，通常位于口沟背侧，或者1个在背侧另1个在腹侧。具2个色素体，有时边缘具缺刻，橄榄绿色，有时为黄褐色，罕见黄绿色。鞭毛2条，几乎等长，多数略短于细胞长度。细胞大小变化很大，通常长20～80 μm，厚5～18 μm。

鉴别特征：细胞后端为规则的宽圆形；纵沟明显。

生境：池塘、湖泊、鱼池。

（2）啮蚀隐藻 *Cryptomonas erosa* Ehrenberg（图105a，105b，105c）

细胞倒卵形到近椭圆形，前端背角凸出略呈圆锥形，顶部钝圆。纵沟有时很不明显，但常较深。后端大多数渐狭，末端狭钝圆形。背部大多数明显凸起，腹部通常平直，极少略凹入。细胞有时弯曲；罕见扁平。口沟只达细胞中部，很少达到后部；储藏物质为淀粉粒，常为多数，盘形、双凹形、卵形或多角形。细胞宽8～16 μm，长15～32 μm。

鉴别特征：细胞后端大多数渐细；纵沟常不明显。

生境：此种分布极广，湖泊、塘堰、鱼池中极为常见。

第八章　甲藻门形态分种描述

甲藻门（Dinophyta）绝大多数种类为单细胞，极少数为丝状。细胞球形到针状，背腹扁平或左右侧扁；细胞裸露或具细胞壁，壁薄或厚而硬。纵裂甲藻类，细胞壁由左右 2 片组成，无纵沟或横沟。横裂甲藻类壳壁由许多小板片组成；板片有时具角、刺或乳头状突起，板片表面常具圆孔纹或窝孔纹。大多数种类具 1 条横沟和纵沟。横沟又称为腰带，位于细胞中部，横沟上半部称为上壳或上锥部，下半部称为下壳或下锥部。纵沟又称为腹区，位于下锥部腹面。具 2 条鞭毛，顶生或从横沟和纵沟相交处的鞭毛孔伸出。1 条为横鞭，带状，环绕在横沟中；1 条为纵鞭，线状，通过纵沟向后伸出。两条鞭毛均具有比鞭绒更细的侧生的细毛，横鞭仅具 1 排细毛，而纵鞭具 2 排。极少数种类无鞭毛。色素体包被具 3 层膜，外层膜不与内质网连接，类囊体常 3 条并列为 1 组排列，无带片层。最重要的光合作用色素为叶绿素 a 和叶绿素 c_2，无叶绿素 b。个别内共生隐藻的裸甲藻含有藻蓝素。辅助色素有 β- 胡萝卜素、几种叶黄素，其中最重要的是多甲藻素（peridinin）。色素体多个，圆盘状、棒状（海产种类有的为长带状或片状），常分散在细胞表层，棒状色素体常呈辐射状排列，金黄色、黄绿色或褐色；极少数种类无色。有的种类具蛋白核。储藏物质为淀粉和油。少数种类具刺丝胞。有些种类具眼点。具 1 个大而明显的细胞核，圆形、椭圆形或细长形，致密的染色体在整个生活史中均存在，在整个有丝分裂过程中核膜不消失，不形成纺锤体。染色体不含或含极少量碱性蛋白。这种细胞核被称为甲藻细胞核（dinokaryon），或间核（mesokaryon）。甲藻特殊的形态结构表明它是一个自然类群。

细胞分裂是甲藻类最普遍的繁殖方式。有的种类可以产生动孢子、似亲孢子或不动孢子。有性生殖只在少数种类中被发现，为同配式。在自然界特别是在海洋沉积物和地层中常发现孢囊（cysts）。化石孢囊发现在前寒武纪或至少在志留纪到全新世大约 6 亿多年前，在三叠纪不仅很常见而且种类很多。化石孢囊对于地层的划分有一定的参考价值。

甲藻门是一类重要的浮游藻类，大多数是海产种类，少数寄生在鱼类、桡足类及其他无脊椎动物体内。甲藻和硅藻是水生动物的主要饵料。然而如果甲藻过量繁殖常使水色变红，形成赤潮（red tide）。形成赤潮的主要种类有多甲藻、裸甲藻、原甲藻、亚历山大藻、光甲藻、链环藻、旋沟藻、夜光藻等属。由于赤潮中甲藻细胞密度很大，藻体死亡后，滋生大量的腐生细菌，细菌的分解作用使水体溶解氧急骤降低，并产生有毒物质，加之有的甲藻能分泌毒素，所以赤潮发生后造成当地鱼、虾、贝等水生动物的大量死亡，对渔业危害很大。赤潮常在江河出口处、海洋近海域发生，面积很大，我国一些淡水水体、湖泊、水库，在近年的温暖季节也时有发生。

一、多甲藻科 Peridiniaceae

43 多甲藻属 *Peridinium* Ehr.

淡水种类细胞常为球形、椭圆形到卵形，罕见多角形，略扁平，顶面观常呈肾形，背部明显凸出，腹部平直或凹入。纵沟、横沟显著，大多数种类的横沟位于中间略下部分，多数为环状，也有左旋或右旋的，纵沟有的略伸向上壳，有的仅限制在下锥部，有的达到下锥部的末端，常向下逐渐加宽。沟边缘有时具刺状或乳头状突起。通常上锥部较长而狭，下锥部短而宽。有时顶极为尖形，具孔或无，有的种类底极显著凹陷。板片光滑或具花纹；板间带或狭或宽，宽的板间带常具横纹。细胞具明显的甲藻液泡，色素体常为多数，颗粒状，周生，黄绿色、黄褐色或褐红色。具眼点或无。有的种类具蛋白核。储藏物质为淀粉和油。细胞核大，圆形、卵形或肾形，位于细胞中部。

繁殖方法主要是斜向纵分裂，或产生厚壁休眠孢子。少数种类有有性生殖。

此属多数为海产种类，淡水种类很少。

（1）威氏多甲藻 *Peridinium willei* Huilfeld-Kaas（**图 106a，106b，106c，106d**）

细胞球形背腹略扁平。无顶孔。上锥部和下锥部大小通常相等，上锥部半球形，有时略大于下锥部。横沟明显左旋，纵沟向上明显伸入上锥部，向下渐宽，但不达到下锥部末端。板片程式为 4′，3a，7″，5‴，2⁗，两块底板大小相等或不等；板片厚，具窝孔纹；板带常很宽，具横纹。色素体盘状，多个，褐色。细胞长和宽在 38～52 μm。

鉴别特征：两块底板大小相等；纵沟末端不具刺，细胞球形，不具顶孔。

生境：池塘、湖泊和沼泽常见的广布种。

二、角甲藻科 Ceratiaceae（Schütt）Lindemann

44 角甲藻属 *Ceratium* Schrank

单细胞或有时连接成群体。细胞具 1 个顶角和 2～3 个底角。顶角末端具顶孔，底角末端开口或封闭。横沟位于细胞中央，环状或略呈螺旋状，左旋或右旋。细胞腹面中央为斜方形透明板，纵沟位于腹区左侧，透明区右侧为一锥形沟，用以容纳另一个体前角形成群体。板片程式为 4′，5″，5‴，2⁗，无前后间插板；顶板联合组成顶角，底板组成 1 个底角。壳面具网状窝孔纹。色素体多数，小颗粒状，金黄色、黄绿色或褐色。具眼点或无。

常见的繁殖方法是细胞分裂。有的种类产生休眠孢子。

（1）角甲藻 *Ceratium hirundinella*（Müll.）Schr.（**图 107a，107b，107c**）

细胞背腹显著扁平。顶角狭长，平直而尖，具顶孔。底角 2～3 个，放射状，末端多数尖锐，平直，或呈各种形式的弯曲。有些类型其角或多或少地向腹侧弯曲。横沟几乎呈环状，极少呈左旋或右旋的，纵沟不伸入上壳，较宽，几乎达到下壳末端。壳面具粗大的窝孔纹，孔纹间具短的或长的棘。色素体多数，圆柱状周生黄色至暗褐色。细胞长 90～450 μm。

鉴别特征：顶角狭长，平直而尖，具顶孔。

生境：各种静止水体。

第九章　裸藻门形态分种描述

裸藻门（Euglenophyta）绝大多数为单细胞，只有极少数是由多个细胞聚集成的不定群体。裸藻类的细胞无细胞壁，但质膜下的原生质体外层特化成表质，也称为周质体（periplast）。表质由平而紧密结合的线纹（striae）组成，这些线纹多数以旋转状围绕着藻体。裸藻类的线纹在电子显微镜下显示出非常特殊的结构，每个线（壁）纹都有一个隆起的脊称为表质脊（pellicle ridge）和深凹的沟槽称表质沟（pellicle groove），每 2 条相邻线（壁）纹的脊和沟槽以关节状相互勾连吻合。线纹下是黏液胞，通过小管黏液胞向沟槽分泌黏液或胶质。有些种类在受到刺激时可分泌大量的黏液，形成一较厚的胶质层。在表质下还有微管，它是细胞的骨架。表质线纹的走向是左旋、右旋或纵向，是裸藻分类的一个依据。

裸藻细胞的前部，有 1 个特殊的、瓶状的“沟 - 泡”结构，它是鞭毛伸出体外的通道。“沟 - 泡”的前端较细，呈管状，称为沟道（canal），沟道的上端有一开口与体外相通，“沟 - 泡”的下部扩大呈球形或梨形称为裸藻泡（euglenoid vacuole），也称作储蓄泡（reservoir）。紧靠裸藻泡常有一个具渗透调节器作用的伸缩泡（contractile vacuole），它可以把细胞吸收的过剩水分及代谢废物通过“沟 - 泡”排出体外，然而少数海生和寄生的种类无伸缩泡。

裸藻类绝大多数种类在营养期具有明显的鞭毛，仅极少数种类在生活周期的大部分时间内鞭毛脱落，营附着生活。裸藻类的鞭毛属茸鞭形（tinsel type），其一侧附有 1 列呈螺旋状排列的细茸毛。裸藻门的鞭毛的基本数是 2 条，绝大多数都是不等长的，一条常伸向前方作游动用，称为游动鞭毛（trailing flagellum）。只有在极少数为等长的多鞭毛种类，如 Euglenamorpha 的鞭毛的动力学性质是相同的（homodynamic）。在大多数裸藻类中，特别是绿色裸藻类，仅游动鞭毛伸出体外。另一条已退化成残根保留在“沟 - 泡”内，并与游动鞭毛的基部相连接而呈明显的叉状结构。因此，裸藻类中的单鞭毛类型实际上是双鞭毛类型退化的结果。

眼点和副鞭体（paraflflagellar body）是绿色裸藻类中特有的结构——光感受器，具有对光发生反应的能力。裸藻类鞭毛的超微结构为“9＋2”组型。裸藻类的细胞核较为特殊，属于真核类型，然而具有非常明显的间核性质，不少性状与甲藻类的细胞核相似，即它的染色体恒定地处于致密状态，不消失。

裸藻门中的绿色裸藻类（green euglenoids）具有色素体，它们的色素体被 2 层叶绿体膜和外面 1 层色素体内质网状膜所围，为 3 层膜结构。色素体片层是由 3 条类囊体（thylakoids）成一组而构成的。裸藻类色素体的片层结构和所含的色素成分与绿藻类的几乎完全相同。蛋白核是裸藻类色素体中另一个重要的构成部分，是被光合作用的同化产物（副淀粉，paramylon）所包围而形成的鞘状结构，有极少数种类的蛋白核是裸露的，缺乏副淀粉鞘。还有的绿色裸藻类没有蛋白核结构。

在裸藻类中除光合色素外，还有些种类，主要是裸藻属（Euglena）中的一些种类的细胞内还存在红色的非光合色素，被称为裸藻红素或裸藻红酮（euglenarhodine or euglenarhodone），它的主要成分是四酮基 -β- 胡萝卜素（tetraketo-β-carotin）。

在裸藻门植物中，色素体的有无、色素体的形状、色素体中蛋白核的有无及其形态都是分类的重要依据。裸藻类的同化产物即贮藏物质最主要的是副淀粉（或裸藻淀粉，paramylon），它是由 β-1,3 葡聚糖组成。副淀粉的特点是它不对碘发生蓝黑色反应。副淀粉在细胞内聚合成各种形状的颗粒，称为副淀粉粒。副淀粉粒大小不等，有杆形、环形、圆盘形、球形、椭圆形或假环形等各种形状，副淀粉粒的形状是裸藻门中鉴定种类的一个重要特征。

储藏物质除副淀粉外，还有脂类，它是以油滴状存在于细胞内，一般情况下其量极少，只有在老年细胞中，特别是老年衰弱种群中的老年细胞内，常积聚有较多的呈褐色或橙色的油滴。

在裸藻门植物中，有部分绿色裸藻类，在其胞外具有一个壳状的特殊结构称为囊壳（lorica，shell）。它是由细胞内的黏质体分泌的胶质呈索状交织并经矿化形成的，其前端具圆形的鞭毛孔，表面平滑或具点纹、刺、瘤突等纹饰。它的形成在初期主要是胶质，薄而无色，随着铁、锰化合物的沉积，矿化程度不断加强而逐渐增厚并呈黄、橙、褐等色。

囊壳的形状及其纹饰是这部分绿色裸藻的重要分类特征。

裸藻类的营养方式主要有以下 3 种情况：第一，光合缺陷型营养（photoauxo troph），该类型属于绿色裸藻类，虽能够进行光合作用，但它们都不是完全的光合自养型生物，必须补充某些有机物质如维生素等，才能正常生长；第二，渗透性营养（osmotrophic nutrition），或腐生营养（saprophytic nutrition），该类型为有些无色裸藻，它们的细胞通过渗透作用，吸收环境中的有机营养以维持机体的生命活动；第三，摄食（或吞噬）营养（phagotrophic nutrition）或动物性营养（holozoic nutrition），该类型为有些无色裸藻，它们的细胞通过吞噬食物如细菌、单细胞藻类或其他有机颗粒，来获得必要的营养物质。有些能进行摄食营养的无色裸藻，同时还进行渗透性营养。因此裸藻类它们中的大多数都喜生长于有机质比较丰富的环境中，有的甚至特别耐有机污染。裸藻类中的有些种类由于能迅速有效地利用乙酸、丁酸及相关的醇类物质，因此称其为乙酸鞭毛类（acetate flagellate）。

裸藻类的繁殖很简单，由细胞纵分裂进行无性繁殖。在环境不良的情况下，有些种类可以形成孢囊（cyst）。孢囊多数呈球状，其表面常具较厚的胶质被，在胶质被内仍可进行细胞分裂。许多孢囊聚合在一起形成与衣藻类相似的胶群体（palmella），胶群体一般是膜状的，但也有呈团块状的。

安徽通江湖泊裸藻门主要优势类群是裸藻属。

一、袋鞭藻科 Peranemaceae

45 袋鞭藻属 *Peranema* Dujardin

细胞形态易变；表质具螺旋形的线纹。副淀粉为圆形的颗粒，多数。食道具杆状器。具不等长的双鞭毛，游泳鞭毛粗壮而长，明显易见，拖拽鞭毛较短，紧贴体表，不易见到（因此，一般只见到游泳鞭毛）。核明显易见。动物性取食。

（1）楔形袋鞭藻 *Peranema cuneatum* Playfair（**图 108** ①）

细胞变形，游动时呈楔形或披针形，前端渐窄，呈尖形，后端平截或圆形，常在尾端的一侧，具杆状或刺状的延伸物，有时呈瘤状突起。表质无线纹。副淀粉呈球形小颗粒，多数。游泳鞭毛约为体长的 1.3 倍；核中位。细胞长 25～70 μm，宽 8～15 μm。

鉴别特征：细胞变形游动时呈楔形或披针形，表质无线纹。

生境：池塘。

二、裸藻科 Euglenaceae

46 裸藻属 *Euglena* Ehrenberg

绝大多数为绿色单鞭毛种类。细胞形状以纺锤形为主，少数圆柱形或圆形，横切面圆形或椭圆形，后端多少延伸呈尾状；多数种类表质柔软，形状易变，少数形状稳定，表质具螺旋形排列的线纹或颗粒。色素体 1 至多个，呈盘状、片状、带状或星状，有或无蛋白核。少数种类无色或具有裸藻红素（使细胞呈红色）。有各种形状和大小不等的副淀粉颗粒。眼点明显。

（1）带形裸藻 *Euglena ehrenbergii* Klebs（**图 109a，109b**）

细胞极易变形，近带形，略扭曲，前后两端圆形，有时呈截形；表质具自左向右的螺旋形线纹，细密而明显。色素体小型多数，透镜状或盘状，无蛋白核。副淀粉多数，小颗粒状，常呈卵形或杆形；有时具数个较大的颗粒，呈杆形或长方形（长 15 μm 左右）；或具 1～2 个直的或略带弯曲的、更大的长杆形副淀粉，长 26～52（～75）μm。鞭毛短，易脱落，为体长的 1/16～1/2 或更长，常做蠕虫状爬行。眼点明显，呈盘形或表玻形。核中央位。细胞长 107～375 μm，宽 11～50 μm。

鉴别特征：表质具自左向右的螺旋形线纹，细密而明显。眼点明显，盘形或表玻形。

生境：生于有机质丰富的各种小水体中。

① 为使文后图版排版整齐，该图请见图版二十。

（2）三棱裸藻 ***Euglena tripteris***（Dujardin）Klebs **（图 110a，110b，110c）**

细胞长，略能变形，直向或沿纵轴扭转，前端钝圆，或呈角锥形，或具喙状突起，后端渐细，呈无色尖尾状，横切面三角形；表质线纹明显，为纵向或自左向右的螺旋形排列。色素体小，多数，呈盘形或卵形，无蛋白核；副淀粉粒多数，2 个大的呈长杆形，位于核的前后两端，有时它们的一端互相紧靠或接近而将核挤向一侧，核小的副淀粉呈卵形或杆形的颗粒。鞭毛较短，为体长的 1/8～1/2，或更长。眼点明显，桃红色，表玻形或盘形。核中位。细胞长 62～190 μm，宽 11～23 μm。

鉴别特征：细胞长，三棱形，横切面为三角形。

生境：生于各种静水水体中。

（3）梭形裸藻 *Euglena acus* Ehrenberg **（图 111a，111b，111c）**

细胞略能变形，狭长纺锤形或圆柱形，有时可呈扭曲状。前端狭窄，圆形或截形，后端渐细，呈长尖尾状；表质具自左向右的螺旋形线纹，有时几乎与纵轴平行成纵线纹。色素体盘形或卵形，多数，无蛋白核。副淀粉 2 到多个，较大，呈长杆形，有时具分散的卵形小颗粒。核中位。鞭毛短，为体长的 1/4～1/3。眼点明显，淡红色，呈盘形或表玻形。细胞长 60～160（～311）μm，宽 7～15（～28）μm。

鉴别特征：细胞大于 65 μm，鞭毛较短，为体长的 1/4～1/3。

（4）尖尾裸藻 *Euglena oxyuris* Schmarda **（图 112a，112b）**

细胞近圆柱形，稍侧扁，略变形，有时呈螺旋形扭曲，具窄的螺旋形纵沟，前端圆形或平截形，有时略呈头状，后端收缩成尖尾刺。表质具自左向右的螺旋形线纹。色素体小盘形，多数，无蛋白核。副淀粉 2 个大的（有时多个）呈环形，分别位于核的前后两端，其余的为杆形、卵形或环形小颗粒。核中位。鞭毛为体长的 1/4～1/2。眼点明显。细胞长 100～450 μm，宽 16～61 μm。

鉴别特征：细胞长 100～450 μm，鞭毛较长，为体长的 1/4～1/2。

47 柄裸藻属 *Colacium* Ehrenberg

细胞呈卵圆形，纺锤形或椭圆形，外有 1 层胶质的包被，前端具一胶柄，向下附生在其他浮游动物物体上，单细胞或连成不定群体或树状群体。色素体圆盘状，多数，有或无蛋白核。具明显的食道和眼点。生殖时可形成单鞭毛游动细胞。

（1）囊形柄裸藻 *Colacium vesiculosum* Ehrenberg **（图 113）**

细胞卵圆形或纺锤形，胶柄较短而粗，单细胞或几个连成不定群体。色素体圆盘形，几个或多数，无蛋白核；副淀粉呈椭圆形的颗粒。细胞长 16～32 μm，宽 8～19 μm。

鉴别特征：细胞卵形，后端圆宽。

生境：池塘、湖泊。

（2）树状柄裸藻 *Colacium arbuscula* Stein. **（图 114a，114b，114c）**

细胞椭圆形或纺锤形，胶柄较长，呈多次双分叉，连成树状群体。色素体呈卵圆状的圆盘形，多数，无蛋白核，副淀粉多数，呈椭圆形的颗粒。细胞长 12～40 μm，宽 8～11 μm。

鉴别特征：细胞椭圆形或纺锤形，胶柄多次分叉成树状群体。

生境：湖泊、池塘、水沟、河流。

48 扁裸藻属 *Phacus* Dujardin

细胞表质硬，形状固定，扁平，正面观一般呈圆形、卵形或椭圆形，有的呈螺旋形扭转，顶端具纵沟，后端大多数呈尾状；表质具纵向或螺旋形排列的线纹、点纹或颗粒。绝大多数种类的色素体呈圆盘形，多数，无蛋白核；副淀粉较大，有环形、假环形、圆盘形、球形、线轴性或哑铃形等各种形状，常为 1 至数个，有时还有一些球形、卵形或杆形的小颗粒。单鞭毛。具眼点。

扁裸藻亚属 subgenus *Phacus*

细胞具明显背腹之分，背侧隆起，具背脊，腹侧凹入或平直，顶沟明显且长。表质具纵向线纹。副淀粉粒常具 1～2 个较大型的颗粒，呈盘形、球形、环形或假环形，常中位。

（1）尖尾扁裸藻 *Phacus acuminatus* Stok.（图 115a，115b）

细胞宽卵形或近圆形，两端宽圆，前端略窄，后端具尖锐的短尾刺，直向或弯曲；表质具纵线纹。副淀粉粒 1～2 个，盘形、环形或线轴形。鞭毛约与体长相等。细胞长 24～37 μm，宽 18～32 μm，厚 9～17 μm；尾刺长 2～5 μm。

鉴别特征：短尾刺直向或弯曲，副淀粉粒常呈圆盘形、环形，罕见呈线轴形。

生境：各种静止小水体。

（2）爪形扁裸藻 *Phacus onyx* Pochm.（图 116）

细胞卵圆形、圆形或梯形，前端窄，圆形，后端平弧形，尾刺粗，向一侧弯曲，边缘的一侧或两侧具波形缺刻；表质具纵线纹。副淀粉粒 1 个，较大，球形或假环形，有时有一些球形的小颗粒。细胞长 30～42 μm，宽 22～35 μm，厚 9 μm；尾刺长 6 μm 左右。

鉴别特征：细胞边缘的一侧（或两侧）仅具一波形缺刻，少数无缺刻。

生境：水沟、池塘、水洼等水体。

（3）曲尾扁裸藻 *Phacus lismorensis* Playf.（图 117）

细胞长椭圆形，不对称，前端圆形，具两唇片形的隆起，后端渐细，呈一细长又弯曲的尖尾刺，常常弯成直角状，少数直向；表质具纵线纹。副淀粉粒 1 ～ 2 个，常 2 个重叠成假环形，或呈线轴形，细胞长（不包括尾刺）50～60 μm，宽 40～70 μm；尾刺长 45～88 μm。

鉴别特征：细胞长椭圆形，长尾刺常急弯呈直角形。

生境：池塘等小水体。

（4）华美扁裸藻 *Phacus elegans* Pochmann（图 118a，118b）

细胞长倒卵形，前端圆，具不对称的唇形突起，后端渐狭并延续为较粗的尖尾刺。

表质具纵线纹。副淀粉粒有 1 个大的呈杆形，此外还有很多小圆盘形的颗粒。细胞长 112～120 μm，宽约 42 μm，尾刺长 40 μm。

鉴别特征：细胞具不对称的唇形突起，尾刺为体长的 1/3，长 40 μm。

生境：生于湖泊、小水池中。

本种的模式描述其副淀粉粒为小圆盘形，而在中国哈尔滨采得的标本具 1 个大的呈杆形的副淀粉粒，这是二者的不同之处。

（5）三棱扁裸藻矩圆变种 *Phacus triqueter*（Ehr.）Duj. var. *oblongus* Shi（图 119a，119b）

细胞明显地呈矩圆形，两端宽圆，后端具尖尾刺，向一侧弯曲，腹面略凹，背面具龙骨状纵脊，高而尖，延伸至尾部，顶面观三棱形。表质具纵线纹。副淀粉粒 1～2 个，较大，圆盘形。鞭毛约与体长相等。细胞长 63～67 μm，宽 37～40 μm，厚约 17 μm；尾刺长 11～14 μm。

鉴别特征：细胞明显地呈矩圆形，大副淀粉粒圆盘形。

生境：生于湖泊、水池、水洼、水库中。

（6）长尾扁裸藻 *Phacus longicauda*（Ehr.）Dujardin（图 120a，120b）

细胞宽圆形或梨形，前端宽圆，后端渐细，呈一细长的尖尾刺，直向或略弯曲；表质具纵线纹；副淀粉粒 1 至数个，较大，环形或圆盘形，有时有一些圆形或椭圆形的小颗粒。鞭毛约与体长相等。细胞长 85～170 μm，宽 40～70 μm；尾刺长 48～88 μm。

鉴别特征：细胞宽圆或梨形，长尾刺直向或略弯。

生境：各种水体。

（7）梨形扁裸藻 *Phacus pyrum*（Ehr.）Stein（图 121）

细胞梨形，前端宽圆，顶端的中央微凹，后端渐细，呈一尖尾刺，直向或略弯曲，顶面观呈圆形；表质具 7～9 条肋纹，自左向右的螺旋形排列。副淀粉 2 个，呈中间隆起的圆盘形，位于两侧，紧靠表质。鞭毛为体长的 1/2～2/3。细胞长 30～55 μm，宽 13～21 μm；尾刺长 12～14 μm。

生境：生于河流、水池、水洼等水体中。

（8）蝌蚪形扁裸藻 *Phacus ranula* Pochmann（图 122a，122b，122c）

细胞宽椭圆形或椭圆状卵形，沿纵轴略扭曲，两端宽圆，后端渐狭并收缢成直向或略弯的长尖尾刺。表质具纵线纹。副淀粉粒常有 1 个较大的呈圆盘形或环形，同时伴有一些呈卵形或椭圆形的小颗粒。细胞长 70～88 μm，宽 35～46 μm，尾刺长 20～26 μm。

鉴别特征：细胞宽椭圆形或椭圆状卵形，尾刺为体长的 1/3。

生境：生于湖泊、肥沃的小水体中。

粒形亚属　subgenus *Granulum* Shi

细胞具明显的背腹之分，背侧隆起，但无明显的背脊，腹侧凹入或平直，具顶沟但较短。表质具螺旋形走向的线纹。副淀粉粒常具 1～2 个较大型颗粒，常呈盘状，球形或环形，位置不定。除少数种类外，多数种类的细胞较小。

（9）斯科亚扁裸藻 *Phacus skujae* Skvortzow（**图 123a，123b，123c，123d**）

细胞椭圆状纺锤形或纺锤形，略扭转，后端渐尖且收缢成短尾刺或乳头状尾突，背侧隆起，腹侧略凹或明显凹入呈纵沟状，横切面呈肾形，侧面观狭椭圆形或棒形。表质具自右上至左下的螺旋线纹。副淀粉粒形状多样，一般较大的副淀粉粒 1～2 个，呈环形、圆盘形或杆形，有时伴有一些呈卵形的小颗粒。细胞长 21～24 μm，宽 13～19 μm，厚 5～7 μm。

鉴别特征：细胞椭圆状纺锤形，表质具自右上至左下的螺旋线纹，细胞后端具短尾刺或尾突。

生境：生于水沟、水池、水洼中。

（10）小型扁裸藻 *Phacus parvulus* Klebs（**图 124**）

细胞倒卵形，前端宽圆，中央略凹，顶沟短浅，后端渐窄呈尖圆形，无尾刺，侧面观呈狭椭圆形。表质具自右上至左下的螺旋线纹，有时线纹不明显。副淀粉粒 1 个，较大的颗粒为环形，另有一些椭圆形的小颗粒。细胞长 20～21 μm，宽 10～11 μm，厚 6～7 μm。

鉴别特征：细胞倒卵形，细胞后端渐窄呈尖圆形，大副淀粉粒呈环形。

生境：生于湖泊、水田、水沟中。

49 陀螺藻属 *Strombomonas* Deflandre

细胞具囊壳，囊壳较薄，前端逐渐收缩成一长领，领与囊体之间无明显界限，多数种类的后端渐细，呈一长尾刺。囊壳的表面光滑或具皱纹，很少具像囊裸藻那样的纹饰。细胞特征与裸藻属相同。

（1）粗糙陀螺藻卵形变种 *Strombomonas aspera* var. ***ovata*** Shi et Q. X. Wang（**图 125**）

囊壳呈卵圆形，前端渐狭成领，领口较宽，领口具微齿，后端圆形，表面粗糙，具较规则瘤状颗粒。囊壳长约 19 μm，宽约 12 μm。

鉴别特征：囊壳呈卵圆形，表面粗糙，具较规则瘤状颗粒。

生境：公路边小积水塘，有水草；水温 20℃，pH 6.0，海拔 2800 m，1974 年 6 月 29 日，陈嘉佑，TB74001（模式标本）。在安徽省通江湖泊中有分布。

（2）剑尾陀螺藻装饰变种 *Strombomonas ensifera* var. ***ornata***（Lemmermann）Deflandre（**图 126a，126b**）

囊壳纺锤形，中部横向膨大，前端渐狭，具圆柱状的领，领口平截，后端急尖，形成一粗壮的尾刺。囊壳表面无皱纹，具较规则的瘤状颗粒。囊壳长 60～66 μm，宽 30～38 μm。

鉴别特征：囊壳纺锤形，有粗壮的尾刺，表面具较规则的瘤状颗粒。

生境：湖泊、小池塘。

第十章　绿藻门形态分种描述

绿藻门（Chlorophyta）的主要特征为色素体的光合作用色素成分与高等植物相似，含有叶绿素 a 和 b，以及叶黄素和胡萝卜素，绝大多数呈草绿色；常具有蛋白核，储藏物质为淀粉。细胞壁主要成分为纤维素。运动细胞常具顶生 2 条（少数为 4 条）等长的鞭毛。

藻体类型繁多，主要有运动型、胶群体型、绿球藻型、丝状体型和多核体型 5 种类型。各种类型特征如下：

1）运动型。单细胞或细胞连成一定形状的群体，细胞具鞭毛，能运动。

2）胶群体型。多细胞群体，群体细胞数目不定，细胞能进行植物性分裂，具胶被，常 2～4 个细胞为一组，排列在群体胶被内。

3）绿球藻型。不能运动的单细胞或群体，群体细胞数目一定。根据群体构造又可分为原始定形群体及真性定形群体。细胞不能进行植物性分裂，产生动孢子或似亲孢子进行无性生殖。

4）丝状体型。①简单丝状体，藻丝不分枝，细胞向 1 个面分裂，形成单列细胞，有的丝体基部具固着细胞；②分枝丝状体，丝状体的部分细胞侧向分裂形成少数细胞或多数细胞的分枝，分枝可互相分离或在侧面密贴呈假薄壁状组织；③异丝性的丝状体，分枝丝状体分化成直立部分和匍匐部分；④膜状体，细胞向 2 或 3 个面分裂，扩展成薄膜状，中空的管状或实心的圆柱形藻体。

5）多核体型。植物体为多核的无横壁的管状体或球状体，仅繁殖时形成横壁。

绿藻门种类细胞主要由细胞壁、原生质体、色素体、蛋白核、细胞核、鞭毛、鞭毛器、伸缩泡和眼点组成。

1）细胞壁。绿藻细胞除少数种类原生质体裸露无壁外，绝大多数具有细胞壁。细胞壁由 2 层组成，内层的主要成分是纤维素，外层为果胶质。细胞壁表面一般是平滑的，有的具颗粒、孔纹、瘤、刺、毛等构造。

2）原生质体。原生质体中央一般有 1 个大液泡，有些种类有小液泡。有些种类具有明显的胞间连丝。

3）色素体、蛋白核。除极少数种类无光合色素外，细胞内具有 1 个、数个或多数色素体，色素体位于细胞中央的为轴生，靠近细胞壁的为周生。其形态构造随种类不同而不同，有时同种的不同发育阶段也有变化，主要有杯状、片状、盘状、星状、环带状、长带状、螺旋带状和网状。有些种类的老细胞，色素体常分散，充满整个细胞。大多数种类的色素体内含有 1 至数个蛋白核，储藏物质为淀粉，一般呈颗粒状，分散在细胞质中。

4）细胞核。大多数种类的细胞具 1 个核，少数为多核。细胞核具核膜，有 1 个或几个核仁。核的构造和有丝分裂过程与高等植物相似。

5）鞭毛、鞭毛器、伸缩泡。运动细胞通常顶生 2 条等长鞭毛，个别种类具 2 条不等长鞭毛，少数为 4 条，极少数为 1 条、6 条或 8 条；鞘藻目的生殖细胞具 1 轮顶生的鞭毛。鞭毛着生处的基部，一般具 2 个（罕见为 1 个或 4 个）伸缩泡。

6）眼点。运动细胞常具 1 个橘红色的眼点，球形、椭圆形、卵形或线形，多位于细胞前部侧面。

安徽通江湖泊绿藻门主要优势类群有的鼓藻属、纤维藻属、盘星藻属、栅藻属、十字藻属、四角属藻、纤细月牙藻和螺旋弓形藻。

一、多毛藻科 Polyblepharidaceae（Blackman et Tansley）Oltmanns

50 塔胞藻属 *Pyramimonas* Schmarda

单细胞，多数梨形、倒卵形，少数半球形；细胞裸露，仅具细胞膜；前端略凹入或明显地凹入，细胞前端凹入处具 4 条等长的鞭毛。色素体杯状，具 1 个蛋白核。

（1）娇柔塔胞藻 *Pyramimonas delicatula* Griff.（图 127）

细胞倒卵形至倒梨形；细胞裸露，前端中央凹入；细胞前端凹入处具 4 条约等于体长的鞭毛，基部具 2 个伸缩泡。色素体杯状，前端深凹入，呈 4 个分叶，基部明显增厚，基部具 1 个圆形蛋白核。无眼点。细胞核位于细胞近中央偏前端。细胞宽 11～17.5 μm，长 20～26 μm。

鉴别特征：细胞不纵扁，倒卵形至倒梨形。

生境：湖泊、池塘、水沟。

二、衣藻科 Chlamydomonadaceae G. M. Smith

51 绿梭藻属 *Chlorogonium* Ehrenberg

单细胞，长纺锤形，前端具狭长的喙状突起，后端尖窄。横断面为圆形。细胞前端具 2 条等长的、约等于体长一半的鞭毛，基部具 2 个伸缩泡。色素体片状或块状，具 1 个、2 个、数个蛋白核或无。眼点近线形，常位于细胞的前部。细胞核位于细胞的中央。

无性生殖为细胞横分裂形成动孢子。有性生殖为同配或异配，通常产生 32～64 个配子。仅 1 个种为卵式生殖。

常生长于有机质含量较多的小水体中，个体较少。

（1）长绿梭藻 *Chlorogonium elongatum* Dangeard（图 128a，128b）

细胞狭长纺锤形，长为宽的 9～15 倍，细胞前端狭长喙状，后端钝尖，透明。顶端具 2 条等长的、约等于体长一半的鞭毛，基部具 2 个伸缩泡。色素体片状，位于细胞的一侧，近前端和近后端各具 1 个蛋白核。眼点小，位于细胞近前端。细胞核位于 2 个蛋白核之间、细胞的中央。细胞宽 2～7 μm，长 20～45 μm。

鉴别特征：细胞狭长纺锤形，近前端和近后端各具 1 个蛋白核。

生境：常生长在有机质丰富的浅小水体中。

三、团藻科 Volvocaceae Cohn Pandorinaceae Euchler

52 实球藻属 *Pandorina* Bory

群体具胶被，球形、椭圆形，由 4 个、8 个、16 个、32 个细胞组成。群体细胞彼此紧贴，位于群体中心，细胞间常无空隙，或仅在群体的中心有小的空间。细胞球形、倒卵形、楔形，前端中央具 2 条等长的鞭毛，基部具 2 个伸缩泡。色素体多数为杯状，少数为块状或长线状，具 1 个或数个蛋白核和 1 个眼点。

无性生殖为群体内所有的细胞都能进行分裂，形成似亲群体。有性生殖为同配和异配生殖。

常见于有机质含量较多的浅水湖泊和鱼池中。

（1）实球藻 *Pandorina morum*（Müll.）Bory（图 129a，129b）

群体球形或椭圆形，由 4 个、8 个、16 个、32 个细胞组成。群体胶被边缘狭；群体细胞互相紧贴在群体中心，常无空隙，仅在群体中心有小的空间。细胞倒卵形或楔形，前端钝圆，后端渐狭。前端中央具 2 条等长的、约为体长 1 倍的鞭毛，基部具 2 个伸缩泡。色素体杯状，在基部具 1 个蛋白核。眼点位于细胞的近前端一侧。群体直径为 20～60 μm；细胞直径为 7～17 μm。

鉴别特征：群体细胞互相紧贴在群体中心，细胞倒卵形或楔形。

生境：广泛分布于各种小水体。

53 空球藻属 *Eudorina* Ehrenberg

群体球形或卵形，由 16 个、32 个、64 个细胞组成，群体细胞彼此分离，排列在群体胶被的周边，群体胶被表面平滑或具胶质小刺，个体胶被彼此融合。细胞球形，壁薄，前端向群体外侧，中央具 2 条等长的鞭毛，基部具 2 个伸缩泡。

无性生殖为群体细胞分裂产生似亲群体。有性生殖为异配生殖，2 条鞭毛的雄配子纺锤形，2 条鞭毛的雌配子球形，雄配子游入雌配子群内，结合形成合子。

常见于有机质较丰富的小水体内。

（1）空球藻 *Eudorina elegans* Ehr.（图 130a，130b）

群体具胶被，球形或卵形，由 16 个、32 个、64 个细胞组成。群体细胞彼此分离，排列在群体胶被周边，群体胶被表面平滑。细胞球形，壁薄，前端向群体外侧，中央具 2 条等长的鞭毛，基部具 2 个伸缩泡。色素体大、杯状，有时充满整个细胞，具数个蛋白核。眼点位于细胞近前端一侧。群体直径 50～200 μm；细胞直径 10～24 μm。

鉴别特征：群体细胞彼此分离，排列在群体胶被周边，群体胶被表面平滑。

广泛分布于世界各个国家和地区。

54 团藻属 *Volvox*（Linné）Ehrenberg

群体具胶被，球形、卵形或椭圆形，由 512 个至数万个细胞组成。群体细胞彼此分离，排列在无色的群体胶被周边，个体胶被彼此融合或不融合。成熟的群体细胞，分化成营养细胞和生殖细胞，群体细胞间具或不具细胞质连丝。成熟的群体，常包含若干个幼小的子群体。

群体细胞球形、卵形、扁球形、多角形或星形，前端中央具 2 条等长的鞭毛，基部具 2 个伸缩泡，或 2～5 个不规则分布于细胞近前端。色素体杯状、片状或块状，具 1 个蛋白核。眼点位于细胞的近前端一侧。细胞核位于细胞的中央。

常产于有机质含量较多的浅水水体中，春季常大量繁殖。

（1）球团藻 *Volvox globator*（Linné.）Ehrenberg（图 131a，131b）

群体为球形或椭圆形，由 1500～20 000 个细胞组成。群体细胞彼此分离，排列在群体胶被周边，群体细胞间彼此由粗的细胞质连丝连接，群体内各细胞的胶被界线明显，成熟时呈多角形或星形。细胞卵形或梨形，前端中央具 2 条等长的鞭毛，基部具 2～6 个伸缩泡。色素体片状，周生，具 1 个蛋白核和眼点。群体直径 380～817 μm；细胞直径 3～5 μm。

鉴别特征：群体细胞彼此分离，排列在群体胶被周边，群体细胞间彼此由粗的细胞质连丝连接。色素体片状。

生境：池塘、小水洼。

四、四孢藻科 Tetrasporaceae

55 四孢藻属 *Tetraspora* Link

植物体为大型或微型的群体，着生或漂浮，胶样，球形、柱形，块状或囊状，分叶或不分叶。群体胶被无色、不分层。细胞球形，常 2 或 4 个为一组，排列在群体胶被四周，有时少数分散在内部。色素体周生，杯状，有时分散，具 1 个蛋白核。每个细胞具 2 或 4 条伪纤毛，伪纤毛全部埋于胶被中，或其先端伸出胶被之外。

营养繁殖为细胞分裂，分裂面与群体表面垂直。营无性生殖时，营养细胞直接转变为动孢子或厚壁孢子。有性生殖为同形配子接合。

此属产于静止的或流动的浅水水体中。多在早春低温季节出现。

（1）湖沼四孢藻 ***Tetraspora limnetica*** **West & West（图 132）**

群体小型，球形、长形或不规则形状，浮游。群体细胞球形，常 2 个或 4 个为一组，分散排列在群体胶被内，每个细胞前端具 2 条短的伪纤毛，其长度为细胞长度的 2～3 倍，先端略突出于群体胶被表面。群体宽度 100～150 μm，细胞直径 4～5 μm。

鉴别特征：伪纤毛短，长度为细胞长的 2～3 倍。

生境：真性浮游种类，多见于湖泊、池塘中。普遍分布。

五、绿球藻科 Chlorococcaceae

56 微芒藻属 *Micractinium* Fresenius

植物体由 4 个、8 个、16 个、32 个细胞组成，排成四方形、角锥形或球形，细胞有规律地互相聚集，无胶被，有时形成复合群体；细胞多为球形或略扁平，细胞外侧的细胞壁具 1～10 条长粗刺，色素体周生，杯状，1 个，具 1 个蛋白核或无。

无性生殖产生似亲孢子，每个母细胞产生 4 个或 8 个似亲孢子。

分布在湖泊、水库、池塘等各种静水水体中，真性浮游种类。

（1）微芒藻 ***Micractinium pusillum*** **Fresenius（图 133a，133b）**

群体由 4 个、8 个、16 个、32 个细胞组成，多数每 4 个为一组，排成四方形或角锥形，细胞球形，细胞外侧具 2～5 条长粗刺，罕为 1 条，色素体杯状，1 个，具 1 个蛋白核。细胞直径 3～7 μm，刺长 20～35 μm，刺的基部宽约 1 μm。

鉴别特征：群体四方形或角锥形，细胞外侧具 2～5 条长粗刺。

生境：常见于肥沃的小型水体和浅水湖泊中。广泛分布。

六、小桩藻科 Characiaceae

57 弓形藻属 *Schroederia* Lemmermann em. Korschikoff

植物体单细胞，浮游，钟形到纺锤形，直或弯曲。细胞两端的细胞壁延伸成长刺，刺的末端或者均为尖形，或者一端为尖形，另一端膨大呈圆盘状、圆球状和双叉状。色素体 1 个，周生，片状，几乎充满整个细胞，常具 1 个蛋白核，有时为 2～3 个。

以形成动孢子营无性生殖。

产于湖泊、池塘中。

（1）拟菱形弓形藻 ***Schroederia nitzschioides*** **（G. S. West）Korschikoff（图 134a，134b）**

细胞纺锤形，两端具长刺，两刺的先端常向相反方向弯曲。无蛋白核。细胞宽 3.6～4 μm，长（包括刺）可达 126 μm，刺长约 20 μm。

鉴别特征：两刺的先端常向相反方向弯曲。

浮游种类。

（2）硬弓形藻 *Schroederia robusta* Korschikoff（**图 135**）

单细胞，弓形或新月形，两端渐尖并向一侧弯曲延伸成刺；色素体片状，1 个，具 1～4 个蛋白核。细胞长（包括刺）50～140 μm，宽 6～9 μm，刺长 20～30 μm。

鉴别特征：细胞弯曲呈弓形或新月形。

生境：湖泊、池塘中常见浮游种类。

（3）弓形藻 *Schroederia setigera*（Schroed.）Lemmermann（**图 136**）

细胞长纺锤形，或直或略弯曲，刺的末端尖细。常具 1 个蛋白核。细胞宽 3～6 μm，长（包括刺）56～85 μm，刺长 13～27 μm。

鉴别特征：细胞直或略弯曲。

生境：湖泊中常见的浮游种类。

（4）螺旋弓形藻 *Schroederia spiralis*（Printz）Korschikoff（**图 137**）

单细胞，弧曲形，两端渐细并延伸为无色细长的刺，细胞包括刺弯曲为螺旋状；色素体片状，1 个，常充满整个细胞，具 1 个蛋白核。细胞长（包括刺）30～90 μm，宽 3～7 μm，刺长 8～16 μm。

鉴别特征：细胞弧曲形或呈螺旋弯曲。

生境：生长在湖泊、池塘中的普生浮游种类。

七、小球藻科 Chlorellaceae

58 小球藻属 *Chlorella* Beijerinck

单细胞，小型，单生或聚集成群，群体内细胞大小很不一致。细胞球形或椭圆形。细胞壁或薄或厚。色素体 1 个、周生、杯状或片状，具 1 个蛋白核或无。

生殖时每个细胞分裂形成 2 个、4 个、8 个或 16 个似亲孢子，孢子经母细胞壁破裂释放。

此属藻类产于淡水或咸水中。淡水种类常生长在较肥沃的小水体中。有时在潮湿土壤、岩石、树干上也能发现。在天然情况下个体一般较少，但在人工培养下能大量繁殖。细胞含蛋白质丰富，进行大规模培养，可以生产蛋白质，高产期在春秋两季。

（1）小球藻 *Chlorella vulgaris* Beijerinck（**图 138a，138b，138c**）

单细胞或有时数个细胞聚集在一起，细胞球形，细胞壁薄，色素体杯状，1 个，占细胞的一半或稍多，具 1 个蛋白核，有时不明显。细胞直径 5～10 μm。无性生殖产生 2 个、4 个、8 个似亲孢子。

鉴别特征：细胞直径 5～10 μm，具 1 个蛋白核，有时不明显。无性生殖产生 2 个、4 个、8 个似亲孢子。

（2）蛋白核小球藻 *Chlorella pyrenoidosa* Chick（**图 139**）

单细胞，球形，细胞壁薄，色素体杯状，几乎充满整个细胞，具 1 个很明显的蛋白核。细胞直径 3～5 μm，生殖个体有时直径可达 23 μm。

鉴别特征：细胞直径 3～5 μm，具 1 个很明显的蛋白核。无性生殖产生似亲孢子。

59 顶棘藻属 *Chodatella* Lemmermann

植物体单细胞，浮游。细胞椭圆形、卵形、柱状长圆形或扁球形。细胞壁较薄，细胞两端或两端和中部具对称排列的长刺。色素体片状或盘状，1～4 个，各具 1 个蛋白核或无。

以似亲孢子营无性生殖。

常见于小型淡水水体中，半咸水中也有。

（1）四刺顶棘藻 *Chodatella quadriseta* Lemmermann（**图 140a，140b**）

细胞卵圆形、柱状长圆形。色素体片状，常为 2 个，无蛋白核。细胞宽 4～6 μm，长 6～10 μm。细胞两端的两侧各具 2 条斜向伸出的长刺，刺长达 15～20 μm。

鉴别特征：细胞两端的两侧各具 2 条斜向伸出的长刺。

生境：常见于有机物丰富的池塘中。

（2）盐生顶棘藻 *Chodatella subsalsa* Lemmermann（**图 141**）

单细胞，椭圆形，两端钝圆，细胞两端各具 2～4 条长刺；色素体片状，1 个，具 1 个蛋白核。细胞长 5～13 μm，宽 2.5～8.5 μm，刺长 8～25 μm。

鉴别特征：细胞两端各具 2～4 条长刺。

生境：生长在淡水及半咸水小水体中。广泛分布的种类。

60 被刺藻属 *Franceia* Lemmermann

植物体为单细胞，有时为 2～4 个细胞的暂时性群体，浮游。细胞椭圆形、卵形，两端宽圆，整个细胞壁表面具不规则排列的毛状长刺，基部呈瘤状或否。色素体周生，片状，1～4 个，各具 1 个蛋白核。

以似亲孢子营无性生殖。

生境：此属均为湖泊、池塘浮游种类。

（1）被刺藻 *Franceia ovalis*（France）Lemmermann（**图 142**）

细胞卵形或椭圆形，两端钝圆，宽 7～10 μm，长 13～17 μm；刺长 15～23 μm。色素体多为 2 个，罕为 1 个或 3 个。

鉴别特征：两端钝圆，表面具不规则排列的毛状长刺。

生境：湖泊、池塘浮游种类。

61 四角藻属 *Tetraëdron* Kützing

植物体为单细胞、浮游；细胞扁平或角锥形，具 3 个、4 个或 5 个角；角分叉或不分叉；角延长成突起或无；角或突起顶端的细胞壁常突出为刺。色素体单个，或多数，盘状或多角形片状，各具 1 个蛋白核或无。

以似亲孢子营无性生殖，一个母细胞可分生 2 个、4 个、8 个、16 个或 32 个似亲孢子。

此属种类常见于各种静水水体中，以小水洼、池塘及湖泊浅水港湾中较多。

（1）二叉四角藻 *Tetraëdron bifurcatum*（Wille）Lagerheim（图 143）

细胞为不规则的四角形，角钝圆。角顶端具 2 根短刺状突起。细胞边缘凹入。细胞最大宽度为 55～60 μm。

鉴别特征：角顶端具 2 根短刺状突起。

生境：分布于湖泊、池塘中。

（2）具尾四角藻 *Tetraëdron caudatum*（Corda）Hansgirg（图 144a，144b）

单细胞，扁平，正面观是五边形，缘边均凹入，其中一边中央具深缺刻，角钝圆，其顶端具 1 条较细的刺，自角顶水平伸出。细胞宽 6～22 μm，刺长 1～4 μm。

鉴别特征：角钝圆，顶端具 1 条较细的刺。

生境：分布于湖泊、池塘、沼泽中。

（3）不正四角藻 *Tetraëdron enorme*（Ralfs）Hansgirg（图 145）

细胞多角形或四角形，角为短突起。突起不在一个平面上，2 次分叉；第二次分叉的末端具短棘。细胞宽 30～45 μm。

鉴别特征：角为短突起，2 次分叉。

生境：生长在湖泊、池塘、鱼池中。

（4）三角四角藻 *Tetraëdron trigonum*（Näg.）Hansgirg

1）原变种 var. ***trigonum***（图 146）

细胞扁平，正面观三角形，宽 20～30 μm。角顶端具 1 条粗刺，刺长 8～10 μm。侧缘凸出或平直。

鉴别特征：角顶端具 1 条粗刺。

生境：生长在池塘、湖泊中。

2）三角四角藻小形变种 ***Tetraëdron trigonum*** var. ***gracile***（Reinsch）De Toni（图 147）

此变种与原变种的不同为角比原变种细长，有时弯曲，角顶端具 1 刺。细胞包括刺宽 25～40 μm。

鉴别特征：角比原变种细长。

生境：生长于湖泊、池塘中。

（5）三叶四角藻 *Tetraëdron trilobulatum*（Reinsch）Hansgirg（图 148a，148b）

细胞扁平、三角形，侧缘略凹入。角宽，末端钝圆，不分叉，无刺。细胞壁平滑。细胞宽 25 μm。

鉴别特征：角宽，末端钝圆，无刺。

生境：生长于湖泊、池塘中。

（6）膨胀四角藻 *Tetraëdron tumidulum*（Reinsch）Hansgirg（图 149a，149b，149c）

细胞三角锥形，具 4 角，侧缘平直，凹入或凸出。角钝圆，末端有时略扩展呈节状。细胞宽 30～53 μm。

鉴别特征：角钝圆，末端有时略扩展呈节状。

生境：分布于湖泊、池塘中。

62 纤维藻属 *Ankistrodesmus* Corda

植物体为单细胞，或聚集成群，浮游；针形至纺锤形，自中央向两端渐细，末端尖锐，罕为钝圆形；直线形或弯曲呈弓形，镰形或螺旋形。细胞壁薄。色素体片状，单个，占细胞的绝大部分，有时裂为数片，有或无蛋白核。

以似亲孢子营无性生殖。

常生长于较肥沃的小水体中。分布很广，在各种类型的水体中都能发现，为偶然性的浮游藻类。

（1）狭形纤维藻 *Ankistrodesmus angustus* Bernard（图 150）

单细胞，罕为稀疏地聚积成群，螺旋状盘曲，多为 1～2 次旋转，先端极尖锐，宽 1.5～2.5 μm，长 40～60 μm。色素体单个，片状，在细胞中央凹入有缺口，两端几乎充满细胞内壁，无蛋白核。

鉴别特征：细胞螺旋状盘曲。

生境：较常见，为偶然性浮游种类。

（2）卷曲纤维藻 *Ankistrodesmus convolutus* Corda（图 151a，151b）

单细胞或 2～4 个细胞成群。细胞粗短，形态不一，常弯曲呈月形、弓形或“S”形，自中部向两端尖细，不延长成针形，末端尖锐，或略钝圆，宽 3.5～5 μm，长 11～35 μm。色素体 1 个，片状，具 1 个蛋白核。

鉴别特征：细胞粗短，形态不一，常弯曲呈月形、弓形或“S”形。

生境：多产于浅水小水体中，为偶然性浮游种类。

（3）镰形纤维藻奇异变种 *Ankistrodesmus falcatus* var. *mirabilis*（West & West）G. S. West（图 152a，152b）

常为单细胞，极细长，长度较原变种更长，呈各种各样的弯曲，常为“S”形或月形，末端极尖锐，色素体片状，1 个，在中部常为大型空泡所断裂，无蛋白核。细胞两端空泡中常具 1 个运动小粒。细胞长 48～150 μm，宽 2～3.5 μm。

鉴别特征：细胞极细长，常为“S”形或月形，末端极尖锐。

生境：生长在浅水湖湾、池塘及鱼池中。

63 月牙藻属 *Selenastrum* Reinsch

植物体为群体，常由 4 个、8 个或 16 个细胞为一群，数个群彼此联合成多达 100 个细胞的群体，无群体胶被，罕为单细胞，浮游。细胞新月形或镰形，两端尖锐。同一母细胞产生的个体彼此以凸出的一侧相靠排列。1 块片状色素体，除细胞凹侧小部分外，充满整个细胞，具 1 个蛋白核或无。

产生似亲孢子营无性生殖。

分布于各种淡水水体中。

（1）纤细月牙藻 *Selenastrum gracile* Reinsch（图 153）

细胞新月形或镰形，两端同向弯曲，中部相当长的一部分几乎等宽，较狭长，两端渐尖，常由 8～64 个细胞聚积成群。色素体具 1 个蛋白核。细胞宽 3～5 μm，长 15～30 μm，两顶端直线相距 8～28 μm。

鉴别特征：细胞自中部相当长的一部分几乎等宽。

生境：池塘、湖泊、沼泽浮游种类。

（2）小形月牙藻 *Selenastrum minutum*（Näg.）Collinus（图 154）

细胞新月形，两端钝圆，常为单细胞，有时少数细胞不规则排列成群。细胞宽 2～3 μm，两顶端直线相距 7～9 μm。

鉴别特征：细胞两端不狭长，钝圆。

生境：分布在湖泊、池塘中。

64 蹄形藻属 *Kirchneriella* Schmidle

植物体为群体，常由 4 个或 8 个细胞为一组，多数包被在胶质的群体胶被中，浮游。细胞蹄形、新月形、镰形或柱形，两端尖细或钝圆。1 个片状色素体，除细胞凹侧中部外充满整个细胞，具 1 个蛋白核。

以似亲孢子营无性生殖，1 个母细胞常形成 4 个，有时 8 个似亲孢子。在同一群体内常包含第二代产生的个体。

生长在湖泊、水库、池塘、沼泽、稻田等水体中。

（1）肥壮蹄形藻 *Kirchneriella obesa*（W. West）Schmidle（图 155）

群体球形，4 个或 8 个细胞为一组不规则地排列在群体胶被内，直径为 30～80 μm。细胞在一个平面上弯曲呈蹄形，两端略细，顶端钝圆，除两端外，中部两侧近平行，宽 3～8 μm，长 6～10 μm。

鉴别特征：细胞在一个平面上弯曲呈蹄形，两端略细，顶端钝圆。

生境：常见于湖泊、池塘中，数量常较少。

65 四棘藻属 *Treubaria* Bernard

植物体单细胞，浮游。细胞三角锥形或扁平三角形或四角形，角宽圆，角间胞壁略凹入。各角的细胞壁凸出或为粗刺。色素体 1 个，杯状，具 1 个蛋白核，老年细胞的色素体为块状，充满整个细胞，每个角处具 1 个蛋白核；有时具 4 块色素体，每块具 1 个蛋白核。

生殖时细胞内含物分割形成 4 个似亲孢子，孢子从母细胞壁裂口逸出。

生境：分布于浅水湖泊沿岸带及池塘中。

（1）四棘藻 *Treubaria triappendiculata* Bernard（图 156）

细胞扁平三角形、四角形或三角锥形。刺自宽的基部向顶端渐尖。细胞不连刺宽

6～12 μm；刺长 16～30 μm，基部宽 2.5～5 μm。

鉴别特征：刺自宽的基部向顶端渐尖。

生境：分布于肥沃湖泊及池塘中。

八、卵囊藻科 Oocystaceae

66 并联藻属 *Quadrigula* Printz

植物体为群体，常由 2 个、4 个、8 个细胞组成。细胞常 4 个为一组，其长轴与群体长轴平行排列。细胞直或略弯曲，广椭圆形到近圆柱形，两端略尖细。细胞长度为宽度的 5～20 倍。色素体周生，长片状，位于细胞的一侧，或充满整个细胞，具 1 个或 2 个蛋白核或无。

以产生似亲孢子营无性生殖。

（1）柯氏并联藻 *Quadrigula chodatii*（Tann.-Fullm.）G. M. Smith（图 157a，157b）

群体为宽纺锤形，浮游。细胞长纺锤形到近月形或弧曲形，两端尖细，有时略尖。色素体周生，片状，在细胞中部凹入，具 2 个蛋白核。细胞宽 3.5～7 μm，长 18～80 μm。

鉴别特征：群体为宽纺锤形，细胞的长轴与群体长轴互相平行排列。

生境：浅水湖泊、池塘中的浮游种类。

67 卵囊藻属 *Oocystis* Nägeli

植物体单细胞或群体，浮游。群体常由 2 个、4 个、8 个或 16 个细胞组成，包被于部分胶化膨大的母细胞壁中。细胞椭圆形、长圆形、柱状长圆形。细胞壁平滑，常在细胞两端中央增厚成为短而粗的圆锥形突起。多数种类具 1～5 个，周生，片状或多角形盘状色素体，各具 1 个蛋白核或无。

产生 2 个、4 个、8 个或 16 个似亲孢子营无性生殖。

生长于各种淡水水体中，在含有机物质较多的小水体中和浅水湖泊中常见。在长江中、下游地区，一般以夏末秋初数量较多。

（1）波吉卵囊藻 *Oocystis borgei* Snow（图 158）

群体椭圆形，2 个、4 个、8 个细胞。细胞椭圆形或略呈卵形，两端广圆，无圆锥状增厚。色素体片状，幼小细胞常为 1 个，成熟细胞则为 2～4 个，各具 1 个蛋白核。细胞宽 9～13 μm，长 10～19 μm。

鉴别特征：细胞椭圆形或略呈卵形，两端广圆。

生境：常与丝状藻类混生，有机物质丰富的小水体和浅水湖泊中较常见。

（2）湖生卵囊藻 *Oocystis lacustris* Chodat（图 159）

常为 2 个、4 个、8 个细胞的群体，单细胞的极少。细胞椭圆形或宽纺锤形，两端微尖并具短圆锥状增厚部。色素体1～3个，片状，边缘不规则，常各具1个蛋白核。细胞宽8～22 μm，长14～32 μm。

鉴别特征：细胞两端微尖，色素体片状。

生境：湖泊中常见的种类，但数量不多。

（3）椭圆卵囊藻 *Oocystis elliptica* W. West（图160a，160b）

群体具4个、8个细胞，罕为单细胞。细胞长椭圆形，两端钝圆，无短圆锥形增厚。色素体盘状，11～20个，不具蛋白核。细胞宽11～18 μm，长20～31 μm。

鉴别特征：细胞长椭圆形，两端钝圆。色素体盘状。

生境：常见于有机物质丰富的水体中，尤其是沼泽、浅水池塘、静水沟渠中更常见。

68 肾形藻属 *Nephrocytium* Nägeli

植物体常为2个、4个、8个或16个细胞组成的群体，群体细胞在母细胞壁膨大胶化的胶被中，常呈螺旋状排列，浮游。细胞肾形、长椭圆形、卵形、新月形或柱状长圆形，弯曲或略弯曲。色素体在幼小细胞中为片状，随细胞成长而分散充满整个细胞，具1个蛋白核。常具多数淀粉颗粒。

产生似亲孢子营无性生殖，孢子形成后保留在母细胞壁内一段时间。

生境：多生长在浅水湖泊和小型水体中。

（1）肾形藻 *Nephrocytium agardhianum* Nägeli（图161）

群体具2个、4个或8个细胞；细胞肾形，一侧略凹入，另一侧略凸出，两端钝圆，色素体片状，1个，随细胞的成长而分散充满整个细胞，具1个蛋白核。细胞长6～28 μm，宽2～12 μm。

无性生殖产生似亲孢子。

鉴别特征：细胞肾形，一侧略凹入，另一侧略凸出。

生境：常生长于肥沃的湖泊沿岸带和池塘中。普遍分布。

九、网球藻科 Dictyosphaeraceae

69 网球藻属 *Dictyosphaerium* Nägeli

植物体为原始定形群体，由2个、4个、8个细胞组成，常为4个，有时2个为一组，彼此分离，以母细胞壁分裂所形成的二分叉或四分叉胶质膜相连接，包被在一个透明的群体胶被内，浮游；细胞球形、卵形、椭圆形或肾形，色素体周生、杯状，1个，具1个蛋白核。常具多数淀粉颗粒。

无性生殖产生似亲孢子，1个定形群体的各个细胞常同时产生孢子，再连接于各自的母细胞壁裂片顶端，成为复合的原始定形群体。

生境：生长在各种静水水体中的浮游藻类。

（1）美丽网球藻 *Dictyosphaerium pulchellum* Wood（图 162a，162b，162c）

原始定形群体球形或广椭圆形，多为 8 个、16 个或 32 个细胞包被在共同的透明胶被内；细胞球形，色素体杯状，1 个，具 1 个蛋白核。细胞直径 3～10 μm。

生境：生长在湖泊、池塘、沼泽中。

十、盘星藻科 Pediastraceae

70 盘星藻属 *Pediastrum* Meyen

植物体盘状、星状，浮游，由 2 个、4 个、8 个、16 个、32 个、64 个、128 个细胞排列成为 1 层细胞厚的真性定形群体，群体完整无孔或具穿孔，缘边细胞常具 1 个、2 个或 4 个突起，有时突起上具长的胶质毛丛，群体内部细胞多角形，无突起。细胞壁平滑无花纹，或具颗粒或细网纹。幼小细胞的色素体周生，圆盘状，具 1 个蛋白核，随细胞成长而扩散，具多个蛋白核。成熟细胞具 1 个、2 个、4 个或 8 个细胞核。

（1）盘星藻 *Pediastrum biradiatum* Meyen（图 163a，163b，163c）

真性定形群体，由 4 个、8 个、16 个、32 个或 64 个细胞组成，群体具穿孔；群体缘边细胞外壁具 2 个裂片状的突起，其末端具缺刻，细胞壁平滑，凹入。细胞长 15～30 μm，宽 10～22 μm。

鉴别特征：群体具穿孔，缘边细胞外壁具 2 个裂片状的突起，其末端具缺刻。

生境：湖泊、池塘中常见的浮游种类。国内外广泛分布。

（2）短棘盘星藻 *Pediastrum boryanum*（Turp.）Meneghini（图 164a，164b，164c）

真性定形群体，由 4 个、8 个、16 个、32 个或 64 个细胞组成，群体无穿孔；群体细胞五边形或六边形，缘边细胞外壁具 2 个钝的角状突起，以细胞侧壁和基部与邻近细胞连接。细胞长 15～21 μm，宽 10～14 μm。

鉴别特征：群体无穿孔，缘边细胞外壁具 2 个钝的角状突起。

生境：湖泊、池塘中常见的真性浮游种类。国内外广泛分布。

（3）二角盘星藻 *Pediastrum duplex* Meyen

1）原变种 var. ***duplex***（图 165a，165b，165c）

真性定形群体，具 8 个、16 个、32 个、64 个、128 个细胞（常为 16 个、32 个细胞），细胞间具小的透镜状的穿孔。内层细胞或多或少四方形，细胞侧壁中部彼此不相连接；外层细胞具 2 个短突起，顶端截平。细胞壁平滑。细胞宽 11～21 μm。

鉴别特征：群体缘边细胞外壁具 2 个圆锥形的钝顶短突起。

生境：湖泊、池塘、沼泽中常见的种类。

2）二角盘星藻纤细变种 ***Pediastrum duplex*** var. ***gracillimum*** West & West（图 166a，166b）

此变种与原变种的不同为群体细胞间具大的穿孔，细胞狭长，群体缘边细胞具 2 个长突起，其宽度相等，群体内层细胞与缘边细胞相似。细胞长 12～32 μm，宽 10～22 μm。

鉴别特征：群体细胞间具大的穿孔，内层细胞与缘边细胞相似。

生境：湖泊、池塘中常见的真性浮游种类。国内外广泛分布。

3）二角盘星藻皱纹变种 ***Pediastrum duplex*** var. ***regulosum*** Raciborski（图 167）

此变种与原变种的不同为定形群体长椭圆形、卵形；细胞壁具不规则的颗粒和精致的皱纹。群体可达 150 μm，细胞长 9～14 μm，宽 12～14 μm。

鉴别特征：细胞壁具不规则的颗粒和精致的皱纹。

（4）单角盘星藻 *Pediastrum simplex* Meyen

1）原变种 var. ***simplex***（图 168a～168d）

真性定形群体完整无穿孔，由 32 个、48 个、64 个细胞组成。内层细胞五至六边形。缘边细胞外侧具一角状突起，突起周边凹入。细胞宽 12～18 μm。

鉴别特征：群体完整无穿孔，缘边细胞外侧具一角状突起。

生境：湖泊中常见的真性浮游种类。

2）单角盘星藻具孔变种 ***Pediastrum simplex*** var. ***duodenarium***（Bail.）Rabenhorst（图 169a～169h）

此变种与原变种的不同为真性定形群体细胞间具穿孔；群体缘边细胞内的细胞三角形。细胞长 27～28 μm，宽 11～15 μm。

鉴别特征：群体细胞间具穿孔，缘边细胞内的细胞三角形。

生境：湖泊、池塘中常见的真性浮游种类。

（5）四角盘星藻 *Pediastrum tetras*（Ehr.）Ralfs

1）原变种 var. ***tetras***（图 170a，170b）

真性定形群体，由 4 个、8 个、16 个或 32 个细胞组成，群体细胞间无穿孔；缘边细胞外壁具一线形到楔形的深缺刻而分成 2 个裂片，裂片外侧浅或深凹入。群体内层细胞五边形或六边形，具一深的线形缺刻，细胞壁平滑。细胞长 8～16 μm，宽 8～16 μm。

鉴别特征：群体缘边细胞外壁具一线形到楔形的深缺刻而分成 2 个裂片。

生境：湖泊、池塘中真性浮游种类。

2）四角盘星藻四齿变种 ***Pediastrum tetras*** var. ***tetraodon***（Corda）Rabenhorst（图 171a，171b）

此变种与原变种的不同为群体缘边细胞外壁具深缺刻，缺刻分成 2 个裂片的外侧延伸成 2 个尖的钩状突起。细胞长 16～18 μm，宽 12～15 μm。

鉴别特征：群体缘边细胞外壁具深缺刻。

生境：湖泊、池塘中常见的真性浮游种类。

十一、栅藻科 Scenedesmaceae

71 栅藻属 *Scenedesmus* Meyen

通常由 4 个、8 个细胞或有时由 2 个、16 个或 32 个细胞组成的真性定形群体，极少为单细胞。群体中的各个细胞以其长轴互相平行排列在一个平面上，互相平齐或互相交错，也有排列成上下 2 列，罕见仅以其末端相接，呈屈曲状。细胞纺锤形、卵形、长圆形、椭圆形等；细胞壁平滑，或具颗粒、刺、齿状凸起、细齿、隆起线等特殊构造。每个细胞具 1 个周生色素体和 1 个蛋白核。

仅以似亲孢子进行无性繁殖。

此属为淡水中极为常见的浮游藻类。湖泊、池塘、沟渠、水坑等各种水体中几乎都有。静止水体更适合此属各种的生长繁殖。

（1）尖细栅藻 *Scenedesmus acuminatus*（Lag.）Chodat（**图 172a，172b**）

定形群体弯曲，由 4 个、8 个细胞组成；群体细胞不排列在一直线上。细胞弓形、纺锤形或新月形；每个细胞的上下两端逐渐尖细。细胞壁平滑。4 细胞的群体宽 6.6～14 μm；细胞宽为 3～7 μm，长为 20～40 μm。

鉴别特征：群体细胞不排列在一直线上，呈弯曲面；每个细胞的上下两端逐渐尖细。

生境：在各种小水体中很常见，秋季繁殖极盛。国内外广泛分布。

（2）被甲栅藻博格变种双尾变型 *Scenedesmus armatus* var. ***boglariensis*** f. ***bicaudatus*** Hortobágyi（**图 173**）

定形群体由 2 个、4 个、8 个细胞组成。群体细胞并列而成一直线，或交互排列。细胞卵形、长椭圆形。群体两侧的细胞上下两端各具一长刺，有时一端的刺退化消失，所存的一刺常与群体另一侧细胞残留的刺，居于相反的位置。群体细胞游离面的中央线上，各有 1 条自一端延伸至另一端的隆起线，有时此隆起线的中段，往往模糊不清。4 细胞的群体宽 16～25 μm；细胞宽 6～8 μm，长 7～16 μm；刺长可达 7～15 μm。

此变型与被甲栅藻博格变种的不同为群体外侧细胞仅在相反方向的顶端各具一刺，而群体外侧的细胞另一顶端与群体另一外侧细胞相反的位置的一顶端均无刺。4 细胞的群体宽 12～22.5 μm，细胞长 8～17 μm，宽 3～6 μm。

鉴别特征：群体两侧的细胞上下两端各具一长刺，各有 1 条自一端延伸至另一端的隆起线，有时此隆起线的中段，往往模糊不清。

生境：生长在各种小水体中，国内外普遍分布。

（3）弯曲栅藻 *Scenedesmus arcuatus* Lemmermann（**图 174a，174b**）

定形群体弯曲，由 4 个、8 个、16 个细胞组成，以 8 个细胞组成的群体最为常见。群体细胞通常排成上下 2 列，有时略有重叠；上下 2 列细胞系交互排列。细胞卵形或长圆形。细胞壁平滑。8 个细胞的群体宽为 14～25 μm，高达 18～40 μm；细胞宽为 4～9. 4 μm，长为 9～17 μm。

鉴别特征：群体细胞通常排成上下 2 列，有时略有重叠；细胞卵形或长圆形。

生境：生长在各种小水体中。

（4）双对栅藻 *Scenedesmus bijuga*（Turp.）Lagerheim（**图 175**）

定形群体扁平，由 2 个、4 个、8 个细胞组成，各细胞排列成一直线（偶尔亦有交错排列的）。细胞卵形、长椭圆形，两端宽圆。细胞壁平滑。4 细胞的群体宽 16～25 μm；细胞宽 28～45 μm，长 7～18 μm。

鉴别特征：各细胞排列成一直线（偶尔亦有交错排列的）。细胞卵形、长椭圆形，两端宽圆。

生境：分布极广，各种静止水体中均有生长。

（5）齿牙栅藻 *Scenedesmus denticulatus* Lagerheim（图 176）

定形群体扁平，通常由 4 个细胞组成，群体中的细胞并列成一直线，或互相交错排列。细胞卵形、椭圆形；每个细胞的上下两端或一端，具 1～2 个齿状凸起。4 细胞的群体宽 20～28 μm；细胞宽为 7～8 μm，长为 9.6～16 μm。

鉴别特征：群体中的细胞并列成一直线，每个细胞的上下两端或一端，具 1～2 个齿状凸起。

生境：生长在各种静止小水体中。国内外广泛分布。

（6）二形栅藻 *Scenedesmus dimorphus*（Turp.）Kützing（图 177a，177b）

定形群体扁平，由 2 个、4 个、8 个细胞组成，一般常见的为 4 细胞的群体。群体细胞并列于一直线上；中间部分的细胞纺锤形，上下两端渐尖，直立；两侧细胞极少垂直，呈镰形或新月形，上下两端亦渐尖。细胞壁平滑。4 细胞的群体宽 11～20 μm；细胞宽为 3～5 μm，长为 16～23 μm。

鉴别特征：群体细胞并列于一直线上；中间部分的细胞纺锤形，上下两端渐尖，直立；两侧细胞极少垂直，呈镰形或新月形，上下两端亦渐尖。

生境：在各静止水体中常见，多与其他种栅藻混生。国内外广泛分布。

（7）爪哇栅藻 *Scenedesmus javaensis* Chodat（图 178a，178b）

定形群体为曲尺状，由 2 个、4 个、8 个细胞组成。群体细胞为梭形或新月形，外侧部分细胞为镰刀形；中间部分的细胞，仅以其逐渐尖细的顶端与邻近细胞中部的侧壁连接，形成锯齿状曲折。细胞壁平滑。4 细胞的群体宽 30～40 μm；细胞宽为 2.7～5 μm，长为 12.5～22 μm。

鉴别特征：群体细胞为梭形或新月形，外侧部分细胞为镰刀形；中间部分的细胞，仅以其逐渐尖细的顶端与邻近细胞中部的侧壁连接，形成锯齿状曲折。

生境：分布甚广，各种水体中均可发现，以夏季最为繁盛。国内外普遍分布。

（8）裂孔栅藻 *Scenedesmus perforatus* Lemmermann（图 179a，179b）

定形群体扁平，通常由 4 个细胞组成。细胞为近长方形。群体中间部分的细胞的侧壁凹入，仅以上下两端很少部分与相邻细胞连接，形成大的双凸镜状的间隙，而外侧两细胞向外的细胞壁则凸出，其两极外角处各具一弯曲的长刺。4 细胞的群体宽约为 19 μm；细胞宽为 3.5～8.7 μm，长为 12～24 μm。

鉴别特征：群体中间部分的细胞的侧壁凹入，仅以上下两端很少部分与相邻细胞连接，形成大的双凸镜状的间隙，而外侧两细胞向外的细胞壁则凸出，其两极外角处各具一弯曲的长刺。

生境：生长在各种小水体中，国内外广泛分布。

（9）扁盘栅藻 *Scenedesmus platydiscus*（G. M. Smith）Chodat（图 180a～180d）

定形群体扁平，通常由 8 个细胞（有时亦有 2 个或 4 个细胞）组成，排列成上下 2 列；上下 2 列细胞交互组合。细胞为长椭圆形。细胞壁平滑。8 个细胞的群体宽 17～30 μm；细胞宽 3.5～7.5 μm，长 8～17 μm。

鉴别特征：通常由8个细胞（有时亦有2个或4个细胞组成的）排列成上下2列；上下2列细胞交互组合。细胞为长椭圆形。

生境：生长在浅水湖泊、池塘、小水坑中，常与其他种栅藻混生。

（10）四尾栅藻 *Scenedesmus quadricauda*（Turp.）Brébisson（图181a，181b，181c）

定形群体扁平，由2个、4个、8个、16个细胞组成，常见的为4～8个细胞的群体，群体细胞排列成一直线。细胞为长圆形、圆柱形、卵形，上下两端广圆。群体两侧细胞的上下两端，各具一长或直或略弯曲的刺；均无棘刺。4细胞的群体宽10～24 μm；细胞宽3.5～6 μm，长8～16 μm，刺长10～13 μm。

鉴别特征：群体细胞排列成一直线。细胞为长圆形、圆柱形、卵形，上下两端广圆。群体两侧细胞的上下两端，各具一长或直或略弯曲的刺；均无棘刺。

生境：分布极广，夏秋能大量繁殖。

（11）凸头状栅藻 *Scenedesmus producto-capitatus* Schmula（图182）

真性定形群体，由2个、4个细胞组成，群体细胞并列呈线形或上下相互交错排列，以细胞全长约1/3的中部侧壁相连；细胞卵形、椭圆形、纺锤形，直或略弯曲，每个细胞两端各具1个头状增厚，胞壁平滑。细胞长11～18 μm，宽5～6.5 μm。

鉴别特征：群体细胞并列呈线形或上下相互交错排列，以细胞全长约1/3的中部侧壁相连；每个细胞两端各具1个头状增厚。

生长在各种浅水湖泊、池塘、水坑中。国内外普遍分布。

72 四星藻属 *Tetrastrum* Chodat

真性定形群体由4个细胞组成，四方形或略呈四方形，罕见形成复合真性定形群体。细胞三角形或近三角形。细胞壁外侧凸出或略凹入，具1～7条或长或短的刺毛。每个细胞具1～4块，周生、圆盘状的色素体，具蛋白核，有时无。

母细胞原生质体“十”字形分裂形成4个似亲孢子，孢子在母细胞内排成四方形，经母细胞破裂释放。

生境：生长在湖泊、池塘中，浮游。

（1）华丽四星藻 *Tetrastrum elegans* Playfair（图183a，183b）

真性定形群体，由4个细胞组成，群体细胞通常呈四方形排列，群体中央具1个小间隙；群体细胞宽三角锥形或卵圆形，外侧游离面略凸出、广阔，其中间具1条向外伸出的直粗刺，色素体片状，1个，具1个蛋白核。细胞长4～5 μm，宽4～5 μm，刺长7～8 μm。

鉴别特征：群体中央具1个小间隙；群体细胞宽三角锥形或卵圆形，外侧游离面略凸出、广阔，其中间具1条向外伸出的直粗刺。

生境：生长在小水体中，浮游，广泛分布。

（2）异刺四星藻 *Tetrastrum heterocanthum*（Nordst.）Chodat（图184a，184b，184c）

真性定形群体，由4个细胞组成，呈方形排列在一个平面上，群体中央具方形小孔；群体细胞宽三角锥形，细胞外侧游离面略凹入，在其两角处各具1条长的和1条短的向外伸出的直刺，群体的 4 个细胞的 4 条长刺和 4 条短刺相间排列，色素体片状，1 个，具 1 个蛋白核。细胞长 3～4 μm，宽 7～8 μm，长刺长 12～16 μm，短刺长 3～8 μm。

鉴别特征：群体细胞宽三角锥形，细胞外侧游离面略凹入，在其两角处各具 1 条长的和 1 条短的向外伸出的直刺。

生境：生长在小水体中，浮游。普遍分布。

73 十字藻属 *Crucigenia* Morren

真性定形群体，漂浮，由 4 个细胞排成方形或长方形，群体中央常具或大或小的方形的空隙。群体常具不明显的胶被，子群体常被胶被粘连在一个平面上，形成板状的复合真性定形群体。细胞三角形、梯形、半圆形或椭圆形。每个细胞具 1 个周生、片状的色素体，具 1 个蛋白核。

无性生殖产生似亲孢子。

生长在湖泊、池塘中，浮游。

（1）顶锥十字藻 *Crucigenia apiculata*（Lemm.）Schmidle（图 185a，185b，185c）

真性定形群体，由 4 个细胞组成，排成椭圆形或卵形，其中心具方形的空隙，细胞卵形，外壁游离面的两端各具 1 个锥形凸起。细胞长 5～10 μm，宽 3～7 μm。

鉴别特征：细胞排成椭圆形或卵形，其中心具方形的空隙。

生境：生长在湖泊、池塘、沟渠中。普遍分布。

（2）四角十字藻 *Crucigenia quadrata* Morren（图 186a，186b，186c）

定形群体圆形板状，自由漂浮。细胞三角形，细胞壁外侧游离面显著地凸出。细胞以其余平直的两侧壁连接。群体中心的细胞间隙很小。细胞壁有时具结状凸起。色素体多数，周生，圆盘状，有或无蛋白核。细胞宽 1.7～6 μm。

鉴别特征：细胞壁外侧游离面显著地凸出。细胞以其余平直的两侧壁连接。

（3）四足十字藻 *Crucigenia tetrapedia*（Kirchn.）West & West（图 187a，187b）

定形群体四方形，由 4 个三角形细胞组成。细胞壁外侧游离面平直。角尖圆。常形成 16 个细胞的复合定形群体。色素体周生、片状、具 1 个蛋白核。细胞宽 5～12 μm。

鉴别特征：细胞壁外侧游离面平直。角尖圆。

生境：生长在湖泊、池塘、沟渠中。广泛分布。

74 四链藻属 *Tetradesmus* G. M. Smith

植物体为 4 个细胞的真性定形群体。群体细胞以侧壁或仅以侧壁的中部于群体中心连接，每 2 个细胞的纵轴互相垂直、平行，顶面观为四角形。细胞纺锤形、圆柱形；细胞外侧游离面平直或凹入。色素体周生、片状、具 1 个蛋白核。

以产生似亲孢子营无性生殖。

（1）四链藻 *Tetradesmus wisconsinense* G. M. Smith（图 188）

群体的 4 个细胞以纵轴互相垂直平行排列呈四角形，其侧壁全长与群体中心彼此连接。细胞纺锤形，顶面观呈四角形，细胞外侧游离面凹入，两端较狭窄。细胞宽4～6 μm，长12～15 μm。

鉴别特征：细胞侧壁全长与群体中心彼此连接。

生境：生长在湖泊、池塘中。广泛分布。

75 集星藻属 *Actinastrum* Lagerheim

真性定形群体，由4个、8个、16个细胞组成，无群体胶被，群体细胞以一端在群体中心彼此连接，以细胞长轴从群体中心向外放射状排列，浮游；细胞长纺锤形、长圆柱形，两端逐渐尖细或略狭窄，或一端平截另一端逐渐尖细或略狭窄，色素体周生、长片状，1个，具1个蛋白核。

无性生殖产生似亲孢子，每个母细胞的原生质体形成4个、8个、16个似亲孢子，孢子在母细胞内排成2束，释放后形成2个互相接触的呈辐射状排列的子群体。

（1）河生集星藻 *Actinastrum fluviatile*（Schroed.）Fott **（图189a，189b，189c）**

真性定形群体，由4个、8个、16个细胞组成，群体中的各个细胞的一端在群体中心彼此连接，以细胞长轴从群体共同的中心向外呈放射状辐射出排列；细胞长纺锤形，向两端逐渐狭窄，游离端尖；色素体周生、长片状，1个，具1个蛋白核。细胞长12～22 μm，宽3～6 μm。

鉴别特征：细胞长轴从群体共同的中心向外呈放射状辐射出排列。

生境：生长在湖泊、池塘中，浮游。国内外普遍分布。

76 空星藻属 *Coelastrum* Nägeli

定形群体是由4个、8个、16个、32个、64个或128个细胞组成的球形到多角形的空球体。细胞以或长或短的细胞壁凸起互相连接。细胞壁平滑或具刺状或管状花纹。幼小细胞的色素体杯状，具1个蛋白核，成熟后扩散，常充满整个细胞。群体细胞紧密连接，常不易分散，但在盐度高、溶氧较少的不良水质中，群体细胞离解成游离的单个细胞。

以形成似亲孢子营无性生殖。有时细胞原生质体不经分裂发育成1个静孢子。同似亲孢子一样，在它们从母细胞释放前，在母细胞壁内形成1个似亲群体。

生长在各种静止水体中。

（1）空星藻 *Coelastrum sphaericum* Nägeli **（图190a～190d）**

真性定形群体，卵形到圆锥形，由8个、16个、32个、64个细胞组成，相邻细胞间以其基部侧壁互相连接，群体中心的空隙等于或略小于细胞的宽度；细胞圆锥形，以狭窄的圆锥端向外，无明显的细胞壁凸起。细胞包括鞘宽10～18 μm，不包括鞘宽8～13 μm。

鉴别特征：相邻细胞间以其基部侧壁互相连接。

生境：湖泊、水库、池塘中的浮游藻类。国内外广泛分布。

（2）网状空星藻 *Coelastrum reticulatum*（Dang.）Senn（图 191a，191b）

定形群体球形，由 8 个、16 个、32 个、64 个细胞组成，浮游。常见复合定形群体。细胞球形，具 1 层薄的胶鞘，并具 6～9 条细长的胶质凸起。细胞间以胶质凸起连接。细胞（连鞘）直径 5～24 μm。

鉴别特征：细胞间以胶质凸起连接。

生境：湖泊、水库、池塘中的浮游藻类。国内外广泛分布。

（3）小空星藻 *Coelastrum microporum* Nägeli（图 192a，192b）

定形群体球形到卵形，由 8 个、16 个、32 个、64 个球形（有时为卵形）细胞组成，细胞具 1 层薄的胶鞘，细胞间以短而稀疏的胶质凸起互相连接，细胞间隙小于细胞直径。细胞连鞘宽 10～18 μm，不连鞘宽 8～13 μm。

鉴别特征：细胞间以短而稀疏的胶质凸起互相连接，细胞间隙小于细胞直径。

生境：长江流域湖泊、池塘中常见的真性浮游种类。

十二、双星藻科 Zygnemataceae

77 转板藻属 *Mougeotia* Agardh

藻丝不分枝，有时产生假根；营养细胞圆柱形，其长度比宽度通常大 4 倍以上；细胞横壁平直；色素体轴生、板状，1 个，极少数 2 个，具多个蛋白核，排列成 1 行或散生；细胞核位于色素体中间的一侧。

生殖，由接合孢子进行，仅有时产生静孢子；或由静孢子进行，可能有时产生接合孢子，也可以产生厚壁孢子、单性孢子，其构造和色泽与接合孢子相同。接合孢子多数为梯形接合产生，罕为侧面接合，少数种类兼有两者产生，在形成接合孢子的过程中产生接合孢子囊，同时，两配子囊的内含物在接合孢子形成后，还有一部分细胞质遗留在原配子囊中，少数种类不产生接合孢子囊，而在形成接合孢子时，两配子囊的部分细胞形成包被接合孢子的膜样被膜；接合孢子位于接合管中，称为接合孢子与 2 个细胞相连，或位于接合管内的接合孢子伸展到两配子囊内，其接合孢子囊就与 2 个具有新增生的隔壁的配子囊相连，称为接合孢子与 4 个细胞相连，或接合孢子仅伸展到其中的 1 个配子囊内，接合孢子囊与 1 个具有和 1 个不具有新增生隔壁的孢子囊相连，称为接合孢子与 3 个细胞相连；接合孢子球形、椭圆形、卵形、四角形、六角形、短圆柱形等，侧扁或不侧扁，孢壁常为 3 层，少数 4 层，外孢壁常与孢子囊壁愈合而不宜区分，中孢壁平滑或具花纹，成熟后多为黄色、黄褐色，少数为无色、橄榄色、蓝色；少数种类在接合孢子成熟后逐渐胶化成为厚而透明的胶被。

在全世界分布很广，已知 150 种，其中我国发现有 61 种，生长在水坑、池塘、湖泊、水库、沼泽、稻田中。少数种类生长期较长，多在早春和晚秋季节。接合孢子和静孢子成熟后常沉入水底。本属有一未鉴定种 *Mougeotia* sp.（图 193a，193b，193c）。

78 水绵属 *Spirogyra* Link

植物体为长而不分枝的丝状体，偶尔产生假根状分枝。营养细胞圆柱形，细胞横壁有平直型、折叠型、半折叠型、束合型 4 种类型。色素体 1～16 条，周生，带状，沿细胞壁做螺旋盘绕，每条色素体具 1 列蛋白核。接合生殖为梯形接合和侧面接合，具接合管。接合管通常由雌雄两配子囊的侧壁上发生的两凸起交遇而形成；有的仅由雄配子囊的一侧发生到达雌配子囊。接合孢子仅位于雌配子囊内。雌配子囊有的胀大或膨大；有的仅向一侧（内侧或外侧）膨大，或内外两侧均膨大，有的呈椭圆形膨大或柱状膨大。少数种类有性生殖时不育细胞呈球状、圆柱状或哑铃状膨大。接合孢子形态多样。孢壁常为 3 层，少数为 2 层、4 层、5 层；中孢壁平滑或具一定类型花纹，成熟后为黄褐色。有些种类产生单性孢子或静孢子。

此属常见的有 17 种。本属还有一未鉴定种 *Spirogyra* sp.（图 194）。

（1）李氏水绵 *Spirogyra lians* Transeau（图 195）

营养细胞长 42～110 μm，宽 13～16 μm，横壁平直，色素体 1 条，旋绕 1～4 转；梯形接合或侧面结合；接合管仅由雄配子囊构成，接合孢子囊向中部略微膨大，有时为圆柱形；接合孢子椭圆形，长 41～110 μm，宽 28～37 μm；孢壁 3 层，中孢壁平滑，成熟后黄色。静孢子与接合孢子同形，长 42～55 μm，宽 27～35 μm。

鉴别特征：细胞横壁平直，接合管仅由雄配子囊构成，营养细胞色素体 1 条。

生境：生长在水坑、水沟、水库、池塘、稻田、湖泊及溪流边。一般性分布，在我国分布较广。

十三、鼓藻科 Desmidiaceae

79 柱形鼓藻属 *Penium* de Brébisson

单细胞，细胞圆柱形、近圆柱形、椭圆形，或纺锤形，长为宽的数倍，中部具或不具收缢，细胞两侧平行，向顶部逐渐狭窄，顶端圆形、近截形或截形；垂直面观圆形。细胞壁平滑，具纵线纹、纵向小孔或颗粒，无色或黄褐色。每个半细胞具 1 个轴生、由数个辐射状纵长脊片组成的色素体，绝大多数种类具 1 个球形到杆形的蛋白核，但常可断裂成许多小球形到不规则形的蛋白核，少数种类具中轴 1 列蛋白核。

此属的某些种类，在细胞壁上具中间环带，但不依据中间环带归类。

（1）螺纹柱形鼓藻 *Penium spirostriolatum* Barker（图 196）

细胞大，近圆柱形，长为宽的 5～11 倍，中部略缢缩，逐渐向顶部狭窄，顶端圆形或截圆形，有时膨大。细胞壁灰黄色或黄褐色，具数条中间环带及许多纵长螺旋状缠绕线纹，有时粗，有时不连续，近顶部常具小的点纹，线纹间具细点纹。每个半细胞具 2 个色素体，中轴具 1 列蛋白核，数个。细胞宽 17.5～26 μm，长 123～274 μm；

顶部宽 12.5～16 μm。

鉴别特征：细胞中部略缢缩，逐渐向顶部狭窄，细胞壁具数条中间环带及许多纵长螺旋状缠绕线纹。

生境：生长在沼泽地和多泽地的湖区。国内外普遍分布。

80 新月藻属 *Closterium* Nitzsch

单细胞，新月形，略弯曲或显著弯曲，少数平直，中部不凹入，腹缘中间不膨大或膨大，顶部钝圆，平直圆形、喙状或逐渐尖细；横断面圆形。细胞壁平滑，具纵向的线纹或纵向的颗粒，无色或因铁盐沉淀而呈淡褐色或褐色；每个半细胞具 1 个色素体，由 1 个或数个纵向脊片组成，具多个蛋白核，中轴纵列或不规则地散生；细胞两端各具 1 个液泡，含 1 个或多个结晶状体的运动颗粒。

细胞每分裂 1 次，新形成的半细胞和母细胞半细胞间的细胞壁上常留下横纹状结构，称为缝线，缝线数目表示细胞分裂次数，常位于细胞中部。某些种类细胞分裂后产生的缝线也可在细胞的其他部位，其间的部分称为中间环带。

此属依据有无中间环带分为 2 类，但不作为分种特征。

此属以测量细胞两端间的直线距离表示细胞长度，细胞中部的直径表示宽度。

（1）小新月藻 *Closterium venus* Kützing（**图 197a，197b**）

细胞小。长为宽的 5～10 倍，明显弯曲，外缘呈 150°～160° 弓形弧度，腹缘凹入和中部不膨大，向两端逐渐狭窄，顶端尖或尖圆；细胞壁平滑，无色或很少数呈淡黄褐色；色素体具 1 条纵脊，中轴具 1～2 个蛋白核，末端液泡具 1～2 个有时数个运动颗粒。细胞长 48～95 μm，宽 5～16 μm，顶部宽 1～2.5 μm。

鉴别特征：腹缘凹入和中部不膨大，向两端逐渐狭窄，顶端尖或尖圆。

生境：国内外广泛分布。

81 凹顶鼓藻属 *Euastrum* Ehrenberg ex Ralfs

单细胞，细胞大小变化大，长略大于宽，扁平，缢缝深凹，常呈狭线形，少数张开。半细胞常呈截顶的角锥形，顶缘中间具一深度不等的凹陷，顶部具 1 个顶叶，侧面常具侧叶，侧缘平整、深波形或深度不等的凹陷，由凹陷分成若干小叶，半细胞的中部或在顶叶及侧叶内，具瘤或拱形隆起。半细胞侧面观常为狭的截顶的角锥形。垂直面观一般椭圆形。细胞壁平滑，具点纹、圆孔纹、颗粒或刺。半细胞具 1 个或 2 个轴生的色素体，具 1 个、2 个或几个散生的蛋白核。

（1）不定凹顶鼓藻 *Euastrum dubium* Nägeli（**图 198a，198b**）

细胞小，长为宽的 1.5 倍，缢缝深凹，狭线形，外端略扩大。半细胞正面观截顶角锥形，具 5 叶，顶叶短，长矩形，顶缘平直，中间具一狭的凹陷，顶角具小的圆锥形的颗粒，侧叶上部叶圆形，下部叶略大于上部叶，圆形。半细胞顶叶内两侧各具一颗粒，凹陷下端常具 1 个不明显的颗粒，基角内具 2 个不明显的颗粒，半细胞中部具有 1 平滑拱形隆起的痕迹。半细胞侧面观长卵形，侧缘下部略膨大。垂直面观长椭圆形，两端中间略膨大。细胞宽 19～22 μm，长 26.5～33 μm，厚 10～14 μm；缢部宽 4～7 μm。

鉴别特征：半细胞中部具有 1 平滑拱形隆起的痕迹。

生境：国内外广泛分布。

（2）近海岛凹顶鼓藻 *Euastrum subinsulare* Jao（图 199）

细胞小，长为宽的 1.7 倍，缢缝深凹，狭线形，外端略扩大；半细胞正面观具 3 个分叶，顶叶宽，长方形，顶缘平直，中间略凹入，顶角圆形，侧叶短，上部角圆形，基角近直角，顶叶中间具 1 个大的颗粒；半细胞侧面观广椭圆形，侧缘上部具 1 个大的半球形的颗粒。细胞长 19 μm，宽 12.5 μm，厚 9 μm；缢部宽 3 μm，顶部宽 10 μm。

鉴别特征：半细胞正面观具 3 个分叶，顶叶宽，长方形，顶缘平直，中间略凹入，顶角圆形，侧叶短。

生境：产于我国的广西，安徽省通江湖泊有分布。

（3）小刺凹顶鼓藻 *Euastrum spinulosum* Delponte（图 200）

细胞中等大小，长为宽的 1.1～1.2 倍，缢缝深凹，狭线形，外端略张开；半细胞正面观半圆形，具 3 个分叶，顶叶长方形，顶缘中间略凹入，顶角圆，顶叶和侧叶间深凹陷呈锐角，侧叶中间凹陷分成 2 个小叶，上部小叶斜向上，下部小叶水平位，小叶缘边广圆，顶叶和侧叶的 2 个小叶的缘边、缘内具刺状颗粒，半细胞缢部上端具大颗粒呈圆形排列（外圈具 10～11 个，内圈具 3～4 个）组成的拱形隆起；半细胞侧面观狭卵圆形，顶缘广圆形，顶缘和缘内具尖刺状颗粒，侧缘下部具 1 个拱形隆起；垂直面观狭椭圆形，侧缘圆，缘边和缘内具尖刺状颗粒，两端中间具 1 个拱形隆起。细胞长 42～80 μm，宽 38～73 μm，厚 22～42 μm；缢部宽 10～18 μm，顶部宽 19～27 μm。

鉴别特征：半细胞缢部上端具 1 个拱形隆起分叶的缘边和缘内具刺状颗粒。

生境：国内外广泛分布。

82 微星鼓藻属 *Micrasterias* Agardh ex Ralfs

除 1 种为不分枝的丝状体外，植物体均为单细胞，多数大型，圆形或宽椭圆形，明显侧扁，缢缝深凹，狭线形，少数向外张开。半细胞正面观近半圆形，具 3 或 5 叶，顶叶常为宽楔形，少数种类顶角延长形成突起，基部具小突起称为“附属的突起”，侧叶的 1 个或 2 个叶片常分裂成小叶，半细胞缢部上端有或无拱形隆起。垂直面观椭圆形到披针形或线状到披针形。细胞壁平滑，少数叶内具齿或刺，不规则或放射状排列。

每个半细胞具 1 个轴生的与细胞形态相似的色素体，具许多散生蛋白核。

一般生长在偏酸性的池塘、湖泊、沼泽等软水水体中。

（1）十字微星鼓藻 *Micrasterias crux-melitensis*（Ehr.）Ralfs（图 201）

细胞中等大小，长略大于宽，缢缝深凹，顶端尖或线形，向外张开。半细胞正面观顶叶顶缘宽凹陷，顶叶较大，上半部膨大，顶缘宽凹入，顶叶下部近方形，顶叶和侧叶间具很深的凹陷，向外张开，侧面 2 叶片间的凹陷较深，每一叶片分裂成 2 个小叶片，小叶片顶端具 2 个齿（有时具 3～4 个齿）；垂直面观菱形至椭圆形。细胞宽 78～153 μm，顶叶宽 36～60 μm，长 85～164 μm；缢部宽 11～28 μm。

鉴别特征：顶叶和侧叶间具很深的凹陷，向外张开，每一叶片分裂成 2 个小叶片。

生境：国内外广泛分布。

（2）羽裂微星鼓藻 *Micrasterias pinnatifida*（Kütz.）Ralfs（图 202）

细胞小，长略小于宽，缢缝深凹，顶端尖，向外张开呈锐角。半细胞正面观具 3 个分叶，顶缘平直、略凸起或略凹入，顶角具二叉的刺，顶叶和侧叶间的凹陷深，呈圆形，侧叶水平位，半纺锤形，顶端具二叉的刺。半细胞侧面观狭卵形到圆锥形。垂直面观狭菱形至披针形。细胞壁具点纹。细胞宽 37～84 μm，顶叶宽 31～59 μm，长 40～80 μm；缢部宽 9～20 μm。

鉴别特征：顶角具二叉的刺，顶叶和侧叶间的凹陷深，呈圆形，侧叶水平位，半纺锤形，顶端具二叉的刺。

生境：国内外广泛分布。

83　鼓藻属　***Cosmarium*** Corda ex Ralfs

单细胞，细胞大小变化很大，侧扁，缢缝常深凹。半细胞正面观近圆形、半圆形、椭圆形、卵形、梯形、长方形、截顶角锥形等，顶缘圆，平直或平直圆形。半细胞侧面观绝大多数呈圆形。垂直面观椭圆形、长方形。细胞壁平滑，具点纹、圆孔纹，或具一定方式排列的颗粒、微瘤、乳头状突起，半细胞中部有或无拱形隆起。半细胞具 1 个、2 个或 4 个轴生色素体，每个色素体具 1 个或数个蛋白核，少数种类具 6～8 条带状色素体，每条色素体具数个蛋白核。

（1）光泽鼓藻 *Cosmarium candianum* Delponte（图 203a，203b）

细胞中等大小到大，近圆形，长约等于宽，缢缝深凹，狭线形，外端膨大；半细胞正面观半圆形，基角圆；半细胞侧面观半圆形到卵形或近圆形，厚和宽的比例为 1∶2.6；细胞壁具点纹；半细胞具 1 个轴生的色素体，具 2 个蛋白核。细胞长 50～95 μm，宽 52～90 μm，厚 25～40 μm；缢部宽 18～32.5 μm。

鉴别特征：细胞壁具点纹；半细胞具 1 个轴生的色素体。

生境：在偏酸性到碱性的稻田、池塘、湖泊、沼泽中兼性浮游或附着于其他的基质上，有时亚气生。国内外广泛分布。

（2）凹凸鼓藻 *Cosmarium impressulum* Elfving（图 204）

细胞小，长约为宽的 1.5 倍，缢缝深凹，狭线形，顶端略扩大。半细胞正面观半椭圆形或近半圆形，边缘具 8 个规则的、明显的波纹（顶缘 2 个，侧缘 3 个）。半细胞侧面观广椭圆形或椭圆形到近圆形。垂直面观椭圆形，厚与宽比例为 1∶1.6。细胞宽 14～26 μm，长 22～36 μm，厚 9～14 μm；缢部宽 5～9 μm。

鉴别特征：半细胞正面观半椭圆形或近半圆形，边缘具 8 个规则的、明显的波纹（顶缘 2 个，侧缘 3 个）。

生境：从贫营养到富营养的、偏酸性到碱性的稻田、池塘、湖泊、水库和沼泽中浮游或附着于其他的基质上，有时亚气生，在干旱的环境中能存在。国内外广泛分布。

（3）光滑鼓藻 *Cosmarium laeve* Rabenhorst（**图 205**）

细胞小，长约为宽的 1.5 倍，缢缝深凹，狭线形，顶端扩大。半细胞正面观半椭圆形或半长椭圆形，顶缘狭、平直或略凹入，基角略圆或圆。半细胞侧面观卵形至椭圆形。垂直面观椭圆形，厚与宽比例为 1∶1.5，细胞壁具浅的、有时为稀疏的穿孔纹到圆孔纹。细胞宽 11.5～31 μm，长 15～42 μm，厚 8～20 μm；缢部宽 3～9 μm。

鉴别特征：半细胞正面观半椭圆形或半长椭圆形，顶缘狭、平直或略凹入，基角略圆或圆。

生境：适应性广和喜钙的种类，生长在贫营养到富营养的、偏酸性到碱性的水体中，pH 5.4～9.4，在稻田、池塘、湖泊、水库和沼泽中浮游或附着于其他的基质上，有时亚气生。国内外广泛分布。

（4）厚皮鼓藻 *Cosmarium pachydermum* Lundell（**图 206a，206b**）

细胞大，广椭圆形，长为宽的 1.3 倍，缢缝深凹，狭线形，顶端扩大。半细胞正面观半圆形，顶缘宽，基角广圆形，侧缘近基部有时平直。半细胞侧面观半圆形。垂直面观椭圆形，厚和宽的比例为 1∶1.5；细胞壁厚，具密集点纹。细胞宽 50～87 μm，长 72～117 μm，厚 30～59 μm；缢部宽 18～40 μm。

鉴别特征：半细胞正面观半圆形，顶缘宽，基角广圆形，侧缘近基部有时平直。

生境：从贫营养到富营养的、偏酸性到碱性的稻田、池塘、湖泊、水库和沼泽中浮游或附着于其他的基质上，有时亚气生，在干旱的环境中能存在。国内外广泛分布。

（5）斑点鼓藻 *Cosmarium punctulatum* Brébisson（**图 207**）

细胞小，长略大于宽，缢缝深凹，狭线形，外端略扩大。半细胞正面观长方形至梯形，顶缘宽，平直或略凸出，顶角和基角圆，侧缘略凸出并向顶部渐狭；半细胞侧面观圆形；垂直面观椭圆形，有时在两端中间具略膨大的痕迹，厚和宽的比例为 1∶1.8。细胞壁具均匀的、垂直或斜向排列的颗粒，中央区颗粒有时减少或退化，缘边具 23～24 个颗粒。细胞宽 19～35 μm，长 23.5～36.5 μm，厚 11～19 μm；缢部宽 7～11 μm。

鉴别特征：半细胞正面观长方形至梯形，顶缘宽，平直或略凸出，顶角和基角圆，侧缘略凸出并向顶部渐狭。

生境：生长在各种营养型的、偏酸性到偏碱性的稻田、池塘、湖泊、水库和沼泽中，浮游或附着于其他的基质上。国内外广泛分布。全世界所有陆地均有分布。

（6）方鼓藻 *Cosmarium quadrum* Lundell（**图 208**）

细胞中等大小，常呈方形，长约等于或略大于宽，缢缝深凹，狭线形，外端略扩大。半细胞正面观长方形，顶缘略凹入或平直，顶角广圆，基角圆形，侧缘略膨大或近直向；半细胞侧面观近圆形；垂直面观长椭圆形。细胞壁具密集的、斜向“十”字形或不明显垂直排列的颗粒，缘边具 34～37 个颗粒。细胞宽 43～93 μm，长 50～88 μm，厚 27～43.5 μm；缢部宽 15～29 μm。

鉴别特征：细胞中等大小，常呈方形，长约等于或略大于宽。

生境：生长在中营养型的、偏酸性到碱性的稻田、池塘、湖泊、水库、溪流和沼泽中，兼性浮游或附着于其他的基质上。世界广泛分布，但主要在热带和亚热带地区。

（7）雷尼鼓藻 *Cosmarium regnellii* Wille（**图 209a，209b**）

细胞小，长约等于宽，缢缝深凹，狭线形，顶端略扩大。半细胞正面观梯形至六角形，顶缘宽，平直，侧角凸出，圆，侧缘上部明显地凹入，侧缘下部略凹入，侧缘下部比侧缘上部略长；半细胞侧面观圆形至卵形；垂直面观近长椭圆形，厚与宽的比例为 1∶2.4。细胞宽 11～22 μm，长 13～22 μm，厚 6～11 μm；缢部宽 4～7 μm。

鉴别特征：细胞小，半细胞正面观梯形至六角形。

生境：生长在贫营养到富营养的、酸性到碱性的稻田、池塘、湖泊、水库和沼泽中，兼性浮游或附着于其他的基质上。国内外广泛分布。

（8）近膨胀鼓藻 *Cosmarium subtumidum* Nordstedt（**图 210**）

细胞小到中等大小，长为宽的 1.14～1.2 倍，缢缝深凹，狭线形。顶端略膨大；半细胞正面观截顶角锥形到半圆形，顶缘宽、平直，侧缘凸出，顶角和基角广圆；半细胞侧面观为圆形；垂直面观为广椭圆形，厚和宽的比例约为 1∶1.8，两侧圆有时略凸出，两端中间略膨大；细胞壁具点纹；半细胞具 1 个轴生的色素体，其中央具 1 个蛋白核。细胞长 29.5～75 μm，宽 20～65 μm，厚 15～30 μm；缢部宽 5.5～22.5 μm。接合孢子球形，孢壁具粗钝刺，基部膨大，顶端略凹入，直径（不具刺）48 μm，刺长 12 μm。

鉴别特征：半细胞正面观截顶角锥形到半圆形，半细胞侧面观为圆形。

生境：生长在各种营养型的、酸性到碱性（pH 为 4.5～8.5）的稻田、水坑、池塘、湖泊、水库、沼泽、溪流、流泉和河流的沿岸带中，兼性浮游或附着于其他的基质上。国内外广泛分布，在世界上所有陆地包括北极均有分布。

（9）三叶鼓藻 *Cosmarium trilobulatum* Reinsch（**图 211**）

细胞小，长略大于或近等于宽的 1.5 倍，缢缝深凹，狭线形，外端略扩大。半细胞正面观近截顶角锥形，具 3 叶，叶片短，近矩形，角圆，顶叶宽，顶缘平直或略凸起，顶叶和侧叶间略凹入，侧叶短；半细胞侧面观近椭圆形；垂直面观椭圆形，厚和宽的比例约为 1∶2。细胞宽 13～22 μm，长 20～30 μm，厚 6～15 μm；缢部宽 4～7.5 μm。

鉴别特征：细胞小，长略大于或近等于宽的 1.5 倍；半细胞正面观近截顶角锥形，具 3 叶。

生境：生长在酸性到碱性的稻田、池塘、湖泊、水库和沼泽中，浮游或附着于其他的基质上。国内外广泛分布。

（10）特平鼓藻 *Cosmarium turpinii* Brébisson（**图 212**）

细胞中等大小，长略大于宽，缢缝深凹，狭线形，外端略扩大，有时向外张开。半细胞正面观截顶角锥形至梯形，从宽的基部到顶部迅速狭窄，顶缘平直或略凹入，顶角钝，基角圆形，侧缘近顶部略凹入。细胞壁具密集的约 4 轮呈同心圆或不规则排列的颗粒，缘边颗粒 36～40 个，近中部逐渐减少，中部具 1 对紧密相连、界线不清的水平位的隆起，隆起由大的、不规则排列的颗粒组成；半细胞侧面观卵形，顶缘圆，侧缘近基部具颗粒组成的隆起；垂直面观狭椭圆形，两端中间具 1 对相连的、由颗粒组成的隆起。细胞宽 50～67 μm，长 60～77 μm，厚 29～41 μm；缢部宽 13～20 μm。

鉴别特征：细胞中等大小，长略大于宽；细胞壁具密集的约 4 轮呈同心圆或不规则排列的颗粒。

生境：生长在稻田、水坑、池塘、湖泊和沼泽中，浮游或附着于其他的基质上。国内外广泛分布。

84 角星鼓藻属 *Staurastrum* Meyen

单细胞，一般长略大于宽（不包括刺或突起），绝大多数辐射对称，少数两侧对称及侧扁，多数缢缝深凹，从内向外张开呈锐角。半细胞正面观半圆形、近圆形、椭圆形、圆柱形、近三角形、四角形、梯形、楔形等（细胞不包括突起的部分称为细胞体部），半细胞正面观的形状是指半细胞体部的形状，许多种类半细胞顶角或侧角向水平方向、略向上或向下延长形成长度不等的突起，缘边一般波形，具数轮齿，顶端平或具 3～5 个刺（突起基部又长出较小的突起称为“副突起”）。垂直面观多数三至五角形，少数圆形、椭圆形、六角形，或多到十一角形。

细胞壁平滑，具点纹、圆孔纹、颗粒及各种类型的刺和瘤。半细胞一般具 1 个轴生色素体，具 1 到数个蛋白核，少数周生，具数个蛋白核。

此属是鼓藻科主要的浮游种类，许多种类半细胞的顶角或侧角延长形成各种长度的突起，因此适合于浮游生活。

（1）六臂角星鼓藻 *Staurastrum senarium*（Ehr.）Ralfs（图 213）

细胞小，宽约为长的 1.3 倍，缢缝深凹，向外张开呈锐角。半细胞正面观椭圆形、近纺锤形，侧角水平向延长形成短突起，侧角突起之间同一平面上具 2 个较小的短突起，顶角具 2 个斜向上的副突起，位于侧角较小短突起的上端，突起平滑或其基部有时具 1 轮小齿，末端具 2～3 个刺。垂直面观三角形，侧缘略凹入，角略延长形成短突起，突起之间具 2 个较小的短突起，其基部具 1 个斜向上的副突起。细胞宽（包括突起）32～58 μm，长（包括突起）35～53 μm；缢部宽 9～15 μm。

鉴别特征：半细胞正面观，侧角突起之间同一平面上具 2 个较小的短突起，顶角具 2 个斜向上的副突起，位于侧角较小短突起的上端，突起平滑或其基部有时具 1 轮小齿，末端具 2～3 个刺。

生境：通常生长在池塘、湖泊和沼泽中。国内外普遍分布的普通种类。

（2）钝齿角星鼓藻 *Staurastrum crenulatum*（Näg.）Delponte（图 214a，214b）

细胞小，长略大于或略小于宽，缢缝深凹，向外张开近直角。半细胞正面观广卵形或近纺锤形，顶缘宽，平直或略凸出，中间常略高出，具 1 对中间微凹的瘤，侧缘明显凸出，顶角水平向延长形成中等长度的突起，具 3～4 轮小齿，缘边呈波状，末端具 3～4 个刺。垂直面观三至五角形，侧缘略凹入，缘内中间具 2 个微凹的瘤，角延长形成中等长度的突起。细胞宽 20～35 μm，长 20～30.5 μm；缢部宽 5～7 μm。

鉴别特征：半细胞正面观具 1 对中间微凹的瘤。

生境：生长在稻田、水沟、池塘、湖泊、溪流和沼泽中，浮游。国内外广泛分布。

（3）纤细角星鼓藻 *Staurastrum gracile* Ralfs ex Ralfs（图 215a，215b）

细胞小或中等大小，形状变化很大，长为宽的 2～3 倍（不包括突起），缢缝浅，顶端尖，向外张开呈锐角。半细胞正面观近杯形，顶缘宽，略凸出，侧缘近平直或略斜向上，顶角水平向或斜向上延长形成长而细的突起，具数轮小齿，缘边波形，末端具 3～4 个刺。垂直面观三角形，少数四角形，侧缘平直，少数略凹入，缘内具 1 列小颗粒，有时成对。细胞宽（包括突起）44～110 μm，长 27～60 μm；缢部宽 5.5～13 μm。

鉴别特征：半细胞正面观近杯形，侧缘近平直或略斜向上，顶角水平向或斜向上延长形成长而细的突起，末端具 3～4 个刺。

生境：生长在池塘、湖泊和沼泽中，浮游。国内外广泛分布。

（4）珍珠角星鼓藻 *Staurastrum margaritaceum* (Ehr.) Ralfs **（图 216）**

细胞小，长约等于或略大于宽，缢缝浅，向外张开。半细胞正面观形状变化较大，杯形、近圆形或近纺锤形，半细胞顶角水平向或略向下延长形成短而钝的突起，细胞壁具小颗粒，围绕角呈同心圆排列，半细胞基部有时具 1 轮明显的颗粒；垂直面观三至九角形，常为四至六角形，侧缘凹入，顶部中央平滑，角延长形成短而钝的突起。细胞宽 16～48 μm，长 24～30 μm；缢部宽 6～14 μm。

鉴别特征：半细胞顶部中央平滑，角延长形成短而钝的突起。

生境：生长在贫营养或中营养的稻田、水沟、池塘、湖泊和沼泽中，pH 3.8～7.2。国内外广泛分布。

（5）钝角角星鼓藻 *Staurastrum retusum* Turner **（图 217）**

细胞小，长约等于宽，缢缝深凹，狭线形，外端略扩大；半细胞正面观短截顶角锥形到梯形，顶缘略凹入，顶角略圆，侧缘略凸出，基角广圆；垂直面观三角形，侧缘中间凹入，角圆；细胞壁具穿孔纹，每个角上较显著。细胞长 15.5～30 μm，宽 15.5～30 μm；缢部宽 4～10 μm。

鉴别特征：细胞壁具穿孔纹，每个角上较显著。

生境：通常生长在水坑、池塘、湖泊和沼泽中。一般性分布的普通种类。

（6）近环棘角星鼓藻 *Staurastrum subcyclacanthum* Jao **（图 218）**

细胞小到中等大小，宽约为长的 2 倍（包括突起），缢缝中等深度凹入，向外张开呈锐角。半细胞正面观近半圆形，顶缘宽，略高出 5～7 μm 和具 2 个三齿的瘤，半细胞基部具 1 轮 12 个尖的颗粒，顶部角水平向或略向下延长形成长突起，具数轮小齿，缘边波形，近基部背缘具 2 个中间微凹的瘤，基部两侧各具 1 个中间微凹的瘤，末端具 4 个粗刺。垂直面观三角形，侧缘略凹入，缘内具 2 个三齿的瘤，每个瘤的 2 个齿的基部相连，呈双叉形，另一个齿略远离，角延长形成长突起。细胞长 31～32 μm，宽（包括突起）65.5～68.5 μm；缢部宽 8.5～9 μm。

鉴别特征：半细胞正面观近半圆形，顶缘宽，末端具 4 个粗刺。

生境：一般生长在贫营养或中营养的池塘、湖泊中。国内一般性分布。

85 叉星鼓藻属 *Staurodesmus* Teiling

植物体为单细胞，一般长略大于宽（不包括刺或突起），绝大多数种类辐射对称，少数种类两侧对称及细胞侧扁，多数缢缝深凹，从内向外张开呈锐角。半细胞正面观半圆形、近圆形、椭圆形、圆柱形、近三角形、四角形、梯形、碗形、杯形、楔形等，半细胞顶角或侧角尖圆、广圆、圆形或向水平方向、略向上或向下形成齿或刺。垂直面观多数三角形至五角形，少数圆形、椭圆形，角顶具齿或刺。细胞壁平滑或具穿孔纹。半细胞一般具 1 个轴生的色素体，中央具 1 到数个蛋白核，少数种类的色素体周生，具数个蛋白核。

接合孢子球形或具多个角，通常具单一或叉状的刺。

此属主要为浮游种类，多生长在各种偏酸性的水体中。

（1）单角叉星鼓藻 *Staurodesmus unicornis*（Turn.）Thomasson（图 219a，219b）

细胞小，长约等于宽（不包括刺），缢缝中等深度凹入，宽，钝，从顶端向外张开，缢部长、圆柱形。半细胞正面观楔形或近倒三角形，顶缘略凸出，腹缘略膨大，顶角水平向、略向下或略向上膨大呈头状，角顶具 1 水平向、斜向上或斜向下弯曲的长粗刺。垂直面观三角形或四角形，侧缘略凹入、凸出或平直，角膨大呈头状。细胞长（不包括刺）22～30 μm，宽（不包括刺）18～31 μm；缢部宽 5～8 μm，刺长 7～10 μm。

鉴别特征：半细胞正面观楔形或近倒三角形，角顶具 1 条长粗刺。

生境：生长在湖泊、水坑和沼泽中。分布于亚洲的热带和亚热带地区。

86　四棘鼓藻属　*Arthrodesmus* Ehrenberg

植物体为单细胞，多数种类小型，长约等于宽（不包括刺），大多数种类细胞侧扁及两侧对称，少数种类垂直面观三角形为辐射对称，缢缝深凹，向外张开或狭线形。半细胞正面观椭圆形、近椭圆形、近长方形、近梯形等，顶角或侧角具 1 条粗刺（少数 2～3 条）；侧面观近半圆形；垂直面观椭圆形，少数三角形，侧缘具 1 条粗刺（少数 2～3 条），两端中间不增厚。细胞壁平滑，具点纹或圆孔纹。半细胞具 1 个轴生的色素体，具 1～2 个蛋白核。

接合孢子球形，壁平滑或具刺。

多生长在偏酸性的淡水水体中，多数为浮游种类，有的附着于基质上。

（1）四棘鼓藻 *Arthrodesmus convergens* Ehrenberg ex Ralfs（图 220）

细胞中等大小，宽略大于长（不包括刺），缢缝深凹，近顶端狭线形，其后向外张开。半细胞正面观近椭圆形，顶缘常比腹缘略凸出，顶角圆形至圆锥形，角顶具一较短的、略向下弯曲的刺；腹缘广圆；垂直面观狭椭圆形，侧缘中间的侧角具 1 较长的刺；细胞壁平滑。细胞长 26～58 μm，宽 29～74 μm，厚 15～26 μm；缢部宽 7～20 μm，刺长 5.5～18 μm。

鉴别特征：半细胞正面观近椭圆形，角顶具 1 条略向下弯曲的刺。

生境：多生长在偏酸性的淡水水体中，在池塘、湖泊中浮游。广泛分布。

87　角丝鼓藻属　*Desmidium* Agardh ex Ralfs

植物体为不分枝的丝状体，常为螺旋状缠绕，少数直，有时具厚的胶被。细胞辐射对称，三角形或四角形，但有些种类侧扁。细胞宽常大于长，缢缝中等深度凹入。半细胞正面观横长方形、横狭长圆形、横长圆形到半圆形，截顶角锥形或桶形，每个半细胞的顶部、顶角平直或具 1 个短的突起，与相邻半细胞的顶部或顶角的短突起彼此相连形成丝状体，相邻两半细胞紧密连接无空隙或具一椭圆形的空隙；垂直面观椭圆形，其侧缘具乳头状突起，有的为三角形或四角形，角广圆，侧缘中间略凹入。每个半细胞具 1 个轴生的色素体，缘边具几个辐射状脊片伸展到每个角内，每一脊片具 1 个蛋白核。

（1）扭联角丝鼓藻 *Desmidium aptogonum* Brébisson（**图 221**）

丝状体细胞螺旋状扭转缠绕，有时具胶被。细胞中等大小，宽约为长的 2 倍，缢缝中等深度凹入，顶端尖，向外张开呈锐角。半细胞正面观横狭长圆形，侧角广圆，顶缘宽，中间凹入，每个半细胞的顶角具 1 个明显的长的突起与相邻半细胞的顶角的长的突起相连形成不分枝的丝状体，相邻半细胞间具 1 个近椭圆形的空隙；垂直面观三角形，角广圆，侧缘略凹入。细胞长 13～20 μm，宽 22～40 μm；缢部宽 20～30 μm。

鉴别特征：半细胞正面观横狭长圆形，宽约为长的 2 倍，相邻半细胞间具 1 个近椭圆形的空隙。

生境：生长在贫营养和有时为富营养的小水体中，存在于稻田和常长有狸藻等高等水生维管束植物的池塘、湖泊沿岸带中，pH 5.5～8.0。国内外普遍发布。

下部　浮游动物

第十一章　轮虫形态分种描述

轮虫（Rotifera）是轮形动物门的一群小型多细胞动物，一般体长 100～300 μm。主要特征如下所述。

1）轮虫的头部前端扩大呈盘状，其上方有一由纤毛组成的轮盘，称为头冠（corona），是运动和摄食的器官。身体其他部分没有纤毛。即具有纤毛环的头冠。

2）消化道的咽部特别膨大，形成肌肉很发达的咀嚼囊（mastax），内藏咀嚼器（trophi）。即有内含咀嚼器的咀嚼囊。

3）体腔两旁有 1 对原肾管，其末端有焰茎球。即有末端具有焰茎球的原肾管。

总之，轮虫的主要特征是具有头冠、咀嚼囊和原肾管。

轮虫纲一般分成双巢目 Digononta 和单巢目 Monogononta 2 个目，蛭态亚目 Bdelloidea、游泳亚目 Ploima、簇轮亚目 Flosculariacea 和胶鞘亚目 Collothecacea 等亚目，有 15 科 78 属（王家楫，1961）。安徽通江湖泊共鉴定出 9 科 18 属。

一、旋轮科 Philodinidae

1　轮虫属　*Rotaria* Scopoli

眼点 1 对总是位于背触手前面吻的部分，有时眼点的红色素会减退而消失。整个身体一般比旋轮虫属细而长。吻也比旋轮虫的吻要长一些而会或多或少突出在头冠之上。足末端的趾有 3 个。齿的型式 2/2。在池塘及浅水湖泊内的种类较多，分布亦广。

（1）懒轮虫 *Rotaria tardigrada*（Ehrenberg）（图 222a，222b）

躯干部分褶皱非常明显；并一定附有污秽的外来物质，3 个趾中 1 个特别短，吻比较长而宽阔，体长 400～780 μm；刺戟 30～55 μm。

生境：在我国的分布很广，一般栖息在沼泽、池底或湖底的腐殖质、沉水植物或冰藓之中。

二、臂尾轮科 Brachionidae

2　鬼轮属　*Trichotria* Bory de St.Vincent

除了头部外，颈、躯干及足都被相当厚的被甲所包裹，尤其躯干部分的被甲更坚硬。颈部及躯干部分的背甲总是隔成或多或少的“甲片”；“甲片”呈长方形，四方形或三角形。被甲表面具有粒状的突起，有规则地排成纵长的行列。在某些种类躯干后端和足的基部，还有棘刺的存在。趾 1 对相当长，头冠系须足轮虫的型式，眼点很显著。鬼轮属所包括的都是底栖的种类。

（1）方块鬼轮虫 *Trichotria tetractis*（Ehrenberg）（图 223a，223b）

整个身体呈圆筒形、圆锥形，或棱形；除趾外，自头部至足部，都为一层坚厚的被甲所包裹。躯干部分的被甲往往呈棱形或圆锥形，最后一节足的末端没有任何形式的棘刺。身体全长 192～240 μm；头和躯干长 94～108 μm；足长 48～60 μm；趾长 50～72 μm。

生境：一年四季都有机会可采集到，分布亦很广阔，在沼泽、池塘、浅水湖等的小型水体，每逢出现，则个体总是很多；但在大型的水体，每逢出现，则个体总是很有限。

3 臂尾轮属 *Brachionus* Pallas

被甲比较宽阔，大多数种类，几乎呈正方形，长度很少超过宽度。被甲前端总是具备 1～3 对显著突出的棘刺；棘刺之间都形成下沉的缺刻，尤其以中央 1 对棘刺间的缺刻为最深。在有的种类被甲后端也具有棘刺。足不分节而很长，上面具有很密的环形沟纹，并能活泼地伸缩摆动，是臂尾轮属的主要鉴别特征。

臂尾轮属的主要鉴别特征是足不分节而很长，上面具有环形沟纹，并能活泼地伸缩摆动。

（1）角突臂尾轮虫 *Brachionus angularis* Gosse（图 224a，224b，224c）

被甲前端只具有 1 对突出的棘刺，被甲后端有一马蹄形的孔为本体的足伸出或缩入的通路，孔口两旁也有 1 对刺状突起。被甲全长 110～205 μm；宽 85～165 μm。

鉴别特征：被甲前端只具有 1 对突出的棘刺。

生境：有机质比较多的天然池塘，养鱼池塘及浅水湖泊的湖汊或小湾。

（2）萼花臂尾轮虫 *Brachionus calyciflorus* Pallas（图 225a～225c）

被甲很透明。长圆形，长度的变异很大。被甲前端具有 2 对突出的棘刺且 2 对棘刺总是中央 1 对较长，或者 2 对几乎同样长度。被甲后端很圆，有 1 圆孔，为本体的足伸出或缩入的通路。被甲全长 300～350 μm；宽 180～195 μm。

鉴别特征：该种具被甲，且被甲前端具有 2 对突出的棘刺，2 对棘刺总是中央 1 对较长，或者 2 对几乎同样长度。

生境：在我国的分布很广，几乎在任何区域的任何水体内（酸性水体除外），一直从最浅的沼泽到深水湖泊的沿岸带。

（3）剪形臂尾轮虫 *Brachionus forficula* Wierzejski（图 226a，226b，226c）

被甲前端 2 对棘刺总是侧边的 2 个较长。被甲腹面扁平，背面略凸出，并有若干隆起之处，以靠近后端向上分歧的隆起和两侧与边缘平行的隆起，最为明显而常见。被甲全长 105～120 μm；宽 100～115 μm。

鉴别特征：被甲前端 2 对棘刺总是侧边的 2 个较长。

生境：在我国分布很广，长江中下游沿江各省的沼泽、池塘及浅水湖泊中。

（4）蒲达臂尾轮虫 ***Brachionus budapestiensis*** **Daday（图 227a，227b，227c）**

被甲呈长圆形。两侧边缘几乎平行，被甲前端的棘刺少于 3 对或 6 个，被甲后端完全浑圆，既不具备棘刺，也没有尖角形或任何其他突起。

鉴别特征：被甲后端既不具备棘刺，也没有尖角形或任何其他突起。

生境：适宜有机质比较多，乙型 - 中腐性至甲型 - 中腐性的水体中。

（5）花箧臂尾轮虫 ***Brachionus capsuliflorus*** **Pallas（图 228a，228b，228c）**

被甲宽阔，一般自前端向后端逐渐膨大，最阔的地方位于后半部与后端棘状突起的基部相连之处。被甲前端 3 对棘刺的长短相差不大，或者中央 1 对总是比较长一些。后端足孔位于 1 个显著的管状突出上面。

鉴别特征：后端足孔位于 1 个显著的管状突出上面。

生境：1956 年中国科学院水生生物研究所的湖泊调查队在青海省青海湖周围附近的不少湖泊、河流、沼泽中曾发现过。此外，这一轮虫能适应碱性的水体。

（6）壶状臂尾轮虫 ***Brachionus urceus*** **（Linnaeus）（图 229a，229b，229c）**

被甲透明而很光滑，比较短而阔，但长度总是大于宽度。腹面扁平；背面自甲的前端和左右两旁起，逐渐向后端和中央凸出。从背面或腹面观，后半部比前半部膨大，形成壶状。从侧面观，因为背面后端特别凸出，被甲就成为不对称的长圆形。被甲前端背面边缘有 6 个或 3 对棘状突起：中间 1 对比较大而很突出，两旁 2 对几乎同样长短；所有棘状突起基部宽阔，末端尖削而呈刺状。突起和突起之间，边缘都下沉凹入而形成缺刻；尤以中间 2 个棘状突起之间的缺刻更宽阔且深，呈“V”形。后端足孔开口之处不具备管状的突出且被甲表面光滑，没有网状的刻纹。雄性特征：身体呈椭圆形，大约只有雌体的一半大小。消化管道已退化而消失，眼点和雌体同样的大而发达，一个单独的精巢很大。

鉴别特征：后端足孔开口之处不具备管状的突出且被甲表面光滑。

生境：分布很广，自最浅的沼泽到深水湖泊的敞水带，都会找到其个体。最适宜的生存环境应当是沼泽和池塘这样的小型水体，以及中小浅水湖泊的沿岸带。

（7）镰状臂尾轮虫 ***Brachionus falcatus*** **Zacharias（图 230a，230b，230c）**

被甲自背面或腹面观察，如不包括前后两端的棘状突起在内，呈阔的卵圆形。长度和阔度几乎相等，但长度总要超过阔度。腹面非常扁平，背面略凸出。自 3 对棘状突起的基部起，前端 3 对棘刺，中央和侧边之间的 1 对非常长且发达。

鉴别特征：前端 3 对棘刺中，中央和侧边之间的 1 对非常长且发达。

生境：在江苏、浙江、安徽及湖北各省浅水湖泊内的水样中曾发现过。此外，在这些省及华南各地的沼泽和池塘中，也曾看到这一轮虫的存在。

4　裂足轮属　*Schizocerca* Daday

（1）裂足轮虫 ***Schizocerca diversicornis*** **Daday（图 231a，231b，231c）**

被甲光滑而透明；长卵圆形，前半部较后半部为阔；不包括前后两端的棘状突起在内，长度总是超过阔度。前端边缘平稳，但具有 2 对棘状突起；中间 1 对突起小而短，侧边 1 对比较粗而长，有的向内少许弯转，有的竖直而向上并行，有的很直而或多或少指向内侧。后端尖削，在本体内的足出入孔口的两旁，伸出 1 对不对称的棘状突起，右端 1 根突起的长度，远远超过左侧 1 根，这一对长短不同的突起有的很直，有的向外或向内弯转。

鉴别特征：足分裂为二；后端棘状突起不对称。

生境：在很浅的湖汊或小湾，水生植物比较繁茂而有机质相当多的区域，才有可能找到这一种类的个体。在大型湖泊及深水湖泊不会遇见它的踪迹。

5 平甲轮属 *Platyias* Harring

被甲系整块的，表面具有很多微小的粒状突起，并有明显的条纹，特别把背面隔成一定数目的几块小面积。被甲前端具有比较长的棘刺 2～10 根，后端也有或长或短的棘刺 2～4 根。本体的足显著地分成 3 节。趾 1 对比较细长。

平甲轮属的主要鉴别特征是被甲前端具有比较长的棘刺 2～10 根。

（1）四角平甲轮虫 *Platyias quadricornis* （Ehrenberg）**（图 232）**

被甲圆盾形或卵圆形，前端棘刺只有 1 对或 2 根，背面少许凸出，腹面扁平；长度和宽度相等或长略大于宽，背面和腹面的前端边缘都从两侧凹入，使两侧向上各呈一锐角；边缘为锯齿形。

鉴别特征：被甲前端棘刺有 2 根。

生境：在我国的分布很广，最适宜的生存环境是水生植物和有机质比较多的沼泽、池塘及浅水湖泊的湖汊或小湾。

（2）十指平甲轮虫 *Platyias militaris* （Daday）**（图 233a，233b）**

被甲背面凸出，腹面相当扁平。自腹背两面观察，若不包括前后两端棘状突起在内，很像四方形。前端边缘一共有 10 个棘状突起；6 个自背面伸出，4 个自腹面伸出。背面中央 1 对突起最长，它们的前半部分分别向左右，或向腹面弯转。

鉴别特征：被甲前端棘刺有 10 根。

生境：在我国的分布很广，最适宜的环境是水生植物比较繁茂和有机质比较多的水体。因此，它的个体特别是在中小型浅水湖泊的湖汊或小湾、天然池塘和养鱼池塘及沼泽内都是比较多的。

6 棘管轮属 *Mytilina* Bory de St.Vincent

被甲有的比较坚厚，有的比较薄；横切面都呈三棱形，但在比较薄的种类，两侧压缩的程度更为突出。被甲一般腹面最宽；最狭的背面中央显著地裂开，形成 1 纵长的背沟。被甲表面或很光滑，或饰有粒状的小突起。被甲前后两端，在有的种类都具有棘刺，在有的种类并无棘刺的存在。足比较短；趾的长短粗细，视不同的种类而异。棘管轮虫的种类比较少，但分布较广阔。生活习性虽以底栖为主，但也很善于游泳，经常出没于沉水植物中。

（1）腹棘管轮虫 *Mytilina ventralis*（Ehrenberg）**（图 234a，234b）**

管状的被甲在横切面呈相当高的三棱形；腹面很宽阔，两侧自腹面向上显著地减少宽度，最狭的部分在最高的背面。被甲背面中央自前端直到后端，总是裂开而形成 1 相当宽阔的背沟。被甲前端只有 1 对短的棘刺，位于腹面的两侧；被甲后端则有较长的棘刺 3 个；除了壳颈上有比较少的粒状突起外，被甲的其他绝大部分都很光滑。被甲长（不包括前后棘刺在内）280～340 μm；趾长 70～80 μm。

生境：分布很广，自最浅的沼泽至深水湖泊的沿岸带，都可找到它的踪迹，以底栖为主，总是出没于沉水植物之间。

7　须足轮属　***Euchlanis*** Ehrenberg

被甲系 1 片背甲和 1 片腹甲愈合而成。背甲总是或多或少隆起而凸出，并显著地大于腹甲。腹甲和背甲在两旁和后端为 1 层薄而比较柔韧的皮层联络在一起，形成纵长的侧沟和后侧沟。

须足轮属的主要鉴别特征是背腹甲之间的连接。

（1）透明须足轮虫 *Euchlanis pellucida* Harring **（图 235）**

体形很大而透明。被甲在背面或腹面观接近圆形。背甲前端显著地下沉，形成一相当宽阔而深的“V”形凹陷；后端浑圆，没有明显的缺刻存在，或只有一些非常轻微的凹痕。

鉴别特征：背甲前端形成一相当宽阔而深的“V”形凹陷。

生境：出现时期只限于夏、秋两季，以底栖为主。

8　龟甲轮属　***Keratella*** Bory de St. Vincent

背甲或多或少隆起而凸出；腹甲扁平或略凹入。背甲具有很明确的线条，把表面有规则地隔成一定数目的小块片。背甲前端总是有 3 对或 6 个笔直的或者弯曲的棘刺；后端或浑圆光滑，或具有 1 或 2 个棘刺。

龟甲轮属的主要鉴别特征是背甲隔成 10 个左右有规则的小块。

（1）螺形龟甲轮虫 *Keratella cochlearis*（Gosse）**（图 236a，236b，236c）**

背甲自两侧和前后向中央很显著地隆起；其表面有线条凸出，把背甲隔成 11 块两边均称的小片。背甲前端有棘刺突起 3 对；中间 1 对最长，往往向左右分歧弯转。背甲后端往往有 1 根棘状突起。腹甲构造很简单，但表面也有网状的纹痕。没有足。

鉴别特征：背甲中央很显著地隆起，而有 1 线条状的凸出。

生境：在我国分布很广，从最浅的沼泽一直到深水湖泊的敞水带，都可以找到它的个体。适宜于乙型 - 中腐性 - 寡污性的水体。

（2）矩形龟甲轮虫 *Keratella quadrata*（Müller）**（图 237）**

被甲从背腹面观，若不包括前后两端的棘状突起在内，呈长方形，少数椭圆形。背甲自两侧和前后两端向中央很显著地隆起；其表面很有规则地隔成 20 块小片。背甲前端伸出 3 对棘刺；通常中间 1 对最长，但也有 3 对等长。中央 1 对特别靠近尖端，往往向左右分歧弯转。背甲后端在有的个体没有棘状突起；在有的个体从两侧边缘生出 1 对棘状突起。腹甲构造很简单，但表面也有粒状的雕纹。没有足。

鉴别特征：背甲表面很有规则地隔成 20 块小片。

生境：从最浅的沼泽，一直到深水湖泊的敞水带，几乎都可以找到该种。养鱼池塘中这一种类也往往经常存在。适宜于乙型 - 中腐性 - 寡污性的水体。

（3）曲腿龟甲轮虫 *Keratella valga* （Ehrenberg）**（图 238a，238b，238c）**

被甲从背面或腹面观，不包括后端棘状突起在内，呈长方形，少数也有椭圆形的类型；前端 3 对棘刺不仅向外或多或少弯转，而且特别是中央 1 对的末端，往往显著地向腹面做钩状的弯曲；后端两旁有棘刺，总是一长一短。

鉴别特征：被甲后端两旁各有棘刺，总是一长一短。

9 叶轮属 ***Notholca*** Gosse

被甲前端总有 3 对或 6 个比较短的棘刺；后端或浑圆，或瘦削、尖削，或形成 1 凸出的“短柄”。

叶轮属的主要鉴别特征是后端具有 1 突出的“短柄”。

（1）唇形叶轮虫 *Notholca labis* Gosse **（图 239a，239b，239c）**

被甲非常透明，有少数纵长的条纹，或多或少呈宽阔的卵圆形；宽度等于或少许超过长度的 1/2；背腹面倾向扁平，背面少许隆起而凸出，腹面接近平直，但总是少许凹入。有 1 短而粗的圆柄状的突出，拖在被甲后端的后面，被甲前端孔口背面边缘共有短的棘刺 3 对；中间 1 对最粗且比较长，分列于左右两侧的 1 对也比较长，其他 1 对则极短。前端孔口腹面边缘呈波浪式的起伏，中央部分下沉相当深，形成 1 显著的凹痕。

鉴别特征：被甲前端总有 3 对或 6 个比较短的棘刺，后端形成 1 突出的“短柄”。

生境：在我国自最浅的沼泽到深水湖泊的敞水带，都有可能找到它的踪迹。个体适宜生活在乙型 - 中污性至贫污性的水体中。对酸碱度的耐性也很强。

三、腔轮科 Lecanidae

10 腔轮属 ***Lecane*** Nitzsch

被甲轮廓一般呈卵圆形，也有接近圆形或长圆形的。背腹面扁平。整个被甲系 1 片背甲及 1 片腹甲在两侧和后端，为柔韧的薄膜联结在一起而形成。两侧和后端有侧沟及后侧沟的存在。足很短，一共分成 2 节，只有后面 1 节能动。2 个趾，趾比较长，种类非常多。

腔轮属的主要鉴别特征是足很短；趾 2 个，比较长。

（1）蹄形腔轮虫 *Lecane ungulate*（Gosse）（图 240a，240b，240c）

被甲轮廓系宽阔的卵圆形；如不包括趾在内，它的宽度约是长度的 3/4。背甲前端边缘相当平直；腹面前端边缘少许下沉一些，形成一很浅的凹痕，两侧的外角形成一粗壮的、三角形的尖头。趾相当长，每个趾的长度不到或少许超过身体全长的 1/3；笔直，两侧接近平行，往往在后端略形膨大。爪相当发达而长；它的基部具有一明显的基刺。

鉴别特征：两侧的外角形成一粗壮的、三角形的尖头。

生境：分布很广阔，在亚洲、欧洲、非洲及美洲很多地方，都有过这一种类的分布记录。在我国各省的沼泽、天然池塘、养鱼塘及浅水湖泊，也都有可能采集到该个体。

（2）瘤甲腔轮虫 *Lecane nodosa* Hauer（图 241）

被甲轮廓是宽阔的卵圆形或接近圆形，长度和宽度几乎相当。背甲和腹甲前端边缘彼此完全符合一致，少许向上浮起而凸出；前端两侧外角钝圆。没有尖刺存在。背甲近似四方形，宽度总是大于长度，后端浑圆。背甲表面自前向后具有 7 或 8 行瘤状的小突起。足 2 节都很粗壮；第一节是长梨形；第二节是不等边的四方形或菱形。趾 1 对很粗壮而且相当长；每一个趾的长度约是身体全长的 1/4；尖削的后端往往略向外弯；没有爪的存在。

鉴别特征：背甲表面具有许多瘤状的小突起。

（3）罗氏腔轮虫 *Lecane ludwigii*（Eckstein）（图 242）

被甲轮廓呈宽阔的梨形；如不包括趾在内，它的宽度约是长度的 2/3。背甲具有皱痕、条纹或刻纹。背甲前端两侧外角各形成 1 尖刺或前齿，尖刺或前齿总是或多或少向内弯转是该种的鉴别特征。足的第一节相当粗壮，后半段比前半段为阔；第二节也很大，接近四方形。趾细而长，每一个趾的长度约相当于身体全长的 1/3。爪相当短小，就是趾的尖刺部分；爪的基部往往具有 1 微小的基刺。

鉴别特征：背甲前端两侧外角各形成 1 尖刺或前齿，尖刺或前齿总是或多或少向内弯转。

生境：在我国的分布很广阔，新疆伊犁地区、浙江千岛湖、南亚热带湖泊中都能找到该种的存在。

11　单趾轮属　*Monostyla* Ehrenberg

除了只有 1 个单独的趾以外，这一属的其他构造，基本上和腔轮属相同。

单趾轮属的主要鉴别特征是足很短；趾 1 个，比较长。

（1）尖角单趾轮虫 *Monostyla hamata* Stokes（图 243a，243b）

被甲系长卵圆形，宽度约为长度的 2/3。背甲隆起，后半部隆起的程度远超过前端。腹甲相当扁平；除了前端一小部分外，它的宽度总是比背甲狭。背甲的前端显著地下沉，形成半月形的凹痕，自两侧的尖角到凹痕的中部，有一相当明显的钩状弯曲；钩状弯曲的内缘也往往形成一尖角。

鉴别特征：背甲的前端显著地下沉，两侧的尖角到凹痕的中部，有一相当明显的钩状弯曲，钩状弯曲的内缘也往往形成一尖角。

生境：分布很广，自最浅的沼泽一直到大型湖泊或深水湖泊的沿岸带，都有其踪迹。

（2）月形单趾轮虫 *Monostyla lunaris* Ehrenberg（图 244a，244b）

被甲轮廓系宽阔的卵圆形；它的宽度约为长度的 3/4。整个边缘形成半月形或“V”形的下沉凹痕，凹痕底部浑圆。最前端 2 个侧角之间的距离很宽。足的第一节比较短，两侧几乎平行；第二节相当粗壮，呈菱形或接近四方形。趾细而长。爪细长而尖锐，中央有环纹把它隔成左右两小部分，在它的基部两旁还有 1 对很小的刺。

鉴别特征：最前端 2 个侧角之间的距离很宽。

生境：分布很广，全世界所有的淡水水体，都有可能有它的踪迹。在我国任何地区，凡是挺水植物或沉水植物多的沼泽、池塘、浅水湖泊及深水湖泊的沿岸带都可以找到该物种个体。

（3）囊形单趾轮虫 *Monostyla bulla* Gosse（图 245a，245b，245c）

被甲系长卵圆形；宽度约相当于长度的 3/5。背甲前端有一比较小而浅的半圆形的下凹。腹甲前端有 1 很大而深的“V”形缺刻。足的第一节短而阔；第二节短而紧缩，且裂成左右下垂的 2 片。趾很长，它的长度至少有被甲全长的 1/3；其末端形成一细长针状的爪，爪的中央有一纵长的条纹。

鉴别特征：背甲前端有一比较小而浅的半圆形的下凹。

生境：在我国分布很广，除了大型湖泊及深水湖泊的敞水带没有其踪迹外，其他淡水水体都有可能为这一种类的栖息场所。

（4）钝齿单趾轮虫 *Monostyla crenata* Harring（图 246）

被甲轮廓呈宽阔的卵圆形；它的宽度超过长度的 2/3。背甲前端边缘少许下沉凹入。腹甲前端边缘下沉很深，形成一底部钝圆的凹痕，两侧少许向外弯转而凸出。足的第一节呈椭圆形，狭长；第二节短而粗壮，近似肾状。趾非常长而细，但不超过被甲本体的长度；两侧平行而垂直，它的末端具有一短爪，爪的基部两旁各有一很小的刺。

鉴别特征：腹甲前端边缘下沉很深，形成一底部钝圆的凹痕，两侧少许向外弯转而凸出。

生境：分布虽广，但出现的频率比较低。在浙江菱湖的一处沼泽采集到该种标本。

（5）史氏单趾轮虫 *Monostyla stenroosi* Meissner（图 247）

被甲系宽阔的卵圆形，它的宽度约等于长度的 5/6。背甲前端边缘比较狭而很平直。腹甲前端边缘的中央具有一浅而浑圆的凹痕，自凹痕向两旁显著地突起，并分别向上弯转。足的第一节呈卵圆形，但并不十分明显；第二节相当宽阔，或多或少呈菱形。趾相当长，前半部比较粗壮一些，后半部少许瘦削。爪短而粗壮，末端很尖锐，两旁各有一基刺。

鉴别特征：腹甲前端边缘的中央具有一浅而浑圆的凹痕，自凹痕向两旁显著地突起，并分别向上弯转。

生境：适宜乙型 - 中腐性和丙型 - 中腐性的水体。

（6）四齿单趾轮虫 *Monostyla quadridentata* Ehrenberg（图 248）

被甲呈很宽的卵圆形，宽度少许超过或等于全长的 3/4。被甲腹背两面相当压缩，前端很狭；背甲比腹甲为阔。背甲前端刺 2 对，中央 1 对大而长，并向外弯转，两侧 1 对则短而小。足的第一节呈狭长的卵圆形；第二节为长圆形。趾尖笔形，很长，大约等于身体全长的 1/3。趾轮廓的内缘往往呈波纹；在爪的前面靠近末端，有时还有 1 环纹。爪相当长，其基部具有 1 对很细的针状体。

鉴别特征：背甲前端刺 2 对，中央 1 对大而长，并向外弯转，两侧 1 对则短而小。

生境：适宜于乙型 - 中腐性，或者丙型 - 中腐性的水体。

（7）精致单趾轮虫 *Monostyla elachis* Harring & Myers（图 249a，249b，249c）

被甲相当柔韧，轮廓系阔的卵圆形或接近圆形，它的宽度略小于长度。背甲前端边缘少许向上浮起；腹甲前端边缘比背甲为阔，它的中央往往下沉而形成一很浅的凹痕，整个背甲表面自前到后具有 4 列比较纵长的刻纹。

鉴别特征：整个背甲表面自前到后具有 4 列比较纵长的刻纹。

生境：生长于挺水植物和沉水植物都很繁茂的沼泽、池塘中。

四、晶囊轮科 Asplanchnidae

12　晶囊轮属　*Asplanchna* Gosse

身体非常透明而呈囊袋形。咀嚼器系典型的砧形；通常横卧在相当膨大的咀嚼囊内，静置而不动；后端浑圆而无足。

晶囊轮属的主要鉴别特征是后端浑圆，无足、无趾。

（1）前节晶囊轮虫 *Asplanchna priodonta* Gosse（图 250a，250b，250c）

身体非常透明，呈囊袋形，很像电灯泡；长度总是超过宽度，但一般长度很少超出宽度的 1 倍；后端浑圆，并无足的存在；也没有肛门的存在。身体的两旁或任何部分不会有翼状的突出。脑呈不规则的椭圆形，眼点共有 3 个；1 个单独的位于脑的腹面后半部；2 个成对的分别位于纤毛环的两侧，在 1 根触毛基部的神经节细胞的前端突出部分。雄体特征：雄体细而纵长，比较小，不到雌体的一半大小；后端腹面有一交配器，一个精巢位于体内的后半部，输精管直接通入交配器的孔道，精巢上面有长而发达的肌肉纤维，向上连接到头部。消化系统完全消失。

鉴别特征：身体非常透明，呈囊袋形，很像电灯泡。

生境：分布非常广阔，自最浅的沼泽一直到深水湖泊的敞水带，都有它的踪迹。在水库和河道中，也经常能够找到它的个体。适宜中小型浅水湖泊、大型湖泊及深水湖泊的沿岸带。

（2）盖氏晶囊轮虫 *Asplanchna girodi* de Guerne（图 251）

身体很透明，呈囊袋形，从侧面观也或多或少像电灯泡；长大于宽，长度约为或超过宽度的 1 倍；后端浑圆，并无足的存在；也没有肛门的存在。头冠面向身体的最前端，盘顶很大而发达，只有 1 圈纤毛围绕盘顶周围。雌体长 500～700 μm，雄体长 240～320 μm。

鉴别特征：卵黄腺内的细胞核都很完整，没有任何裂痕。

生境：生长在沼泽、池塘及若干浅水湖泊，属于乙型 - 寡污性 - 中污性的种类，在大型湖泊及深水湖泊的沿岸带，也有它的踪迹。

五、腹尾轮科 Gastropodidae

13 无柄轮属 *Ascomorpha* Perty

身体呈囊袋形、卵圆形或桶形；有的没有真正的被甲，有的已形成一很薄的被甲而表面具有纵长的肋纹。没有足。背腹面不会凸出，胃内如有“污秽泡”，也比较大而发达。

（1）没尾无柄轮虫 *Ascomorpha ecaudis* Perty（图 252a，252b）

并无真正的被甲存在，也没有纵长的或任何其他肋纹的存在。身体呈卵圆囊袋形。从背面或腹面观更接近卵圆形，或多或少比较宽阔，没有足的存在。胃非常大，并向周围扩张出不少凸出的盲囊，充满躯干部分，整个胃呈绿色或黄绿色，使全身亦呈绿色。

生境：分布很广阔，自最浅的沼泽至深水湖泊的敞水带，一年四季都有出现的可能，春末夏初最多。

六、鼠轮科 Trichocercidae

14 同尾轮属 *Diurella* Boryde St. Vincent

被甲系纵长整套一片；呈倒圆锥形、纺锤形或圆筒形。总是或多或少弯转而扭曲，因此左右就不会均称。被甲表面往往有纵长的沟痕和隆起的脊或龙骨片；它的前端往往有齿或刺的存在。没有足的存在。趾呈细长的针状或刺状，左右 2 趾同样长短或长短相差不很突出，大的及长的一趾也远不及异尾轮属那样长。

同尾轮属的主要鉴别特征是趾 2 个，其长度不会超过体长的一半。

（1）罗氏同尾轮虫 *Diurella rousseleti*（Voigt）（图 253a，253b）

体型小。被甲短而厚；背面凸出，或多或少呈半圆形；腹面少许凹入或接近平直；后半部向末端显著尖削。被甲头部较大，与躯干部分交界处，有一紧缩的颈圈，把二者明显区分开来。头部周围具有不少的纵长沟状的折痕，把甲鞘裂成 9 个折片，每个折片顶端都变成矛状尖头的齿，其中在右侧靠近背面的 1 个最大。

生境：分布虽广，但不常见，以浮游为主。

（2）对棘同尾轮虫 *Diurella stylata*（Gosse）（图 254）

被甲呈纵长的倒圆锥形，头部甲鞘相当阔而短，与躯干交界之处，有 1 圈紧缩的头环凹痕；1 对很细长而少许能动的背刺，2 条不高不低的脊状隆起及 2 条隆起之间的横纹区域。

生境：分布非常广阔，最适宜的生存环境是沉水植物和挺水植物比较多，水质属于乙型 - 中腐性的池塘和浅水湖泊。

（3）田奈同尾轮虫 *Diurella dixon-nuttalli* Jennings（图 255）

被甲近似圆筒形，比较短而粗壮；头部甲鞘比较宽，与躯干交界处，有 2 条紧缩的颈圈；2 条颈圈之间形成一相当明显的颈环；头部甲鞘前端有 1 个看不见具有横纹的背面凹沟；右趾长度约为左趾长度的 2/3。

生境：比较稀少而并不常见，最适宜生活在水草繁茂的沼泽和浅水池塘。

15 异尾轮属 *Trichocerca* Lamarck

右趾已高度退化，或远较左趾为短，或只留一些痕迹。左趾则非常发达而且长。

异尾轮属的主要鉴别特征是趾 2 个，其长度总会超过体长的一半。

（1）圆筒异尾轮虫 *Trichocerca cylindrica*（Imhof）（图 256a，256b，256c）

被甲轮廓很接近圆桶形；腹面相当平直，但背面自前半部起一直到后端，逐渐向背面和左右两侧少许膨大。头部甲鞘比较长而狭，周围具有不少纵长的折痕。足倒圆锥形，基部相当粗壮。被甲的前端有齿的存在，齿已变成一相当细而长的钩，从背面射出后倒挂在被甲孔口上面。左趾很长，往往和本体的长度不相上下。

鉴别特征：齿已变成一相当细而长的钩，从背面射出后倒挂在被甲孔口上面。左趾很长，往往和本体的长度不相上下。

（2）刺盖异尾轮虫 *Trichocerca capucina*（Wierzejski & Zacharias）（图 257a，257b，257c）

被甲呈纵长的圆筒形，或多或少向腹面弯转。头部较躯干部为狭，二者之间有 1 非常明显紧缩的颈圈。足很短，是宽阔的倒圆锥形。左趾相当长，它的长度约是本体全长的 1/2；右趾短，它的长度为左趾全长的 1/4～1/3，它的末端往往和左趾交叉；此外还有 2 个更短的附趾。

鉴别特征：1 个刺已变成一极其巨大的三角形的甲鞘片，自背面射出后显著地弯向腹面。左趾的长度约为本体长度的 1/2。

（3）冠饰异尾轮虫 *Trichocerca lophoessa*（Gosse）（图 258）

被甲是比较长的纺锤形。被甲头部与躯干部交界之处的腹面和两旁，有一很明显紧缩的颈圈。被甲头部前端孔口边缘很简单而光滑，并无任何刺、齿、褶痕或缺刻的存在；在腹面孔口边缘或多或少下沉而凹入。足呈短的倒圆锥形，它的左边大部分为被甲后端所掩盖，因此总是弯向右方。左趾近笔直；相当长，它的长度约是身体长度的 2/3。右趾细而短，它的长度约是左趾长度的 1/4；末端往往弯转而和左趾交叉。

鉴别特征：被甲前端没有齿的存在。背面只具有 1 片相当高的脊状隆起，脊状隆起几乎或完全纵贯被甲的全长。左趾的长度约为身体长度的 2/3。

（4）鼠异尾轮虫 *Trichocerca rattus*（O. F. Müller）（图 259）

被甲长卵圆形；具有一很高而比较薄的呈龙骨状的脊状隆起，自被甲最前端背面的左侧起，一直向后斜行地伸展到超过中部背面的右侧为止。足比较短，呈倒圆锥形，它的前端背部和两侧为被甲所掩盖。左趾几乎笔直；很长，它的长度和本体长度相等或超过本体的长度；右趾很短且柔弱；在左趾和右趾的两旁还有更短的附趾。

鉴别特征：被甲系长卵圆形；具有一很高且比较薄的呈龙骨状的脊状隆起，自被甲最前端背面的左侧起，一直向后斜行地伸展到超过中部背面的右侧为止。

（5）暗小异尾轮虫 *Trichocerca pusilla*（Lauterborn）（图 260a，260b，260c）

被甲短小而厚实，背腹面高度约为长度的 1/2；偏向右侧的背面，有一下沉很浅的凹沟。被甲头部与躯干部交界之处，有一相当明显紧缩的刻纹或颈圈；足很小，少许凸出在被甲躯干部之外；左趾很长，约为体长的 4/5。

生境：分布虽广，但不常见，从最浅的沼泽到深水湖泊的沿岸带，都可能发现，但出现的季节一般在夏季到初秋，每逢出现，个体不会很多。

（6）纵长异尾轮虫 *Trichocerca elongata*（Gosse）（图 261）

被甲比较细而长，前半部的背面或腹面往往少许凸出一些。被甲后半部或多或少向左扭转。足比较细而稍长。左趾很长。基部比较粗，向后逐渐尖削；略弯转或近笔直。右趾虽已退化，但还比较长，它的长度为左趾长度的 1/6～1/4；总是向腹面弯转而和左趾交叉。除了左右趾外还有很短的附趾。

鉴别特征：极其纵长的身体，被甲背面有 1 个相当阔而且具备横纹的区域。

生境：是最普通种类之一，自最浅的沼泽一直到深水湖泊的敞水带，都有它的存在。

七、聚花轮科 Conochilidae

16 聚花轮属 *Conochilus* Ehrenberg

最主要的特征是头冠的型式，与其他各科的轮虫都不同。在头冠上面向前方的围顶带，由于没有绕过头冠腹面边缘的中央，使整个围顶带显著地呈马蹄形。所包括的种类形成群体。群体小的由 2～25 个个体组成，直径可达到 1 mm。群体大的由 25～100 个个体组成，直径可达到 4 mm。

（1）独角聚花轮虫 *Conochilus unicornis* Rousselet（图 262）

群体自由游动，呈不规则的圆球形；每个群体至少由 2～7 个个体组成，一般群体的个体数目总是在 25 个左右；所有个体的足的末端都聚集在一点，从聚集的一点向四周分别射出。

鉴别特征：个体头冠或多或少向腹面倾斜；呈马蹄形的特殊形式。

生境：分布很广，自浅水池塘一直到大型或深水湖泊的敞水带。

八、疣毛轮科 Synchaetidae

17 多肢轮属 *Polyarthra* Ehrenberg

体形几乎呈圆筒形或长方形，但背腹面或多或少扁平。头冠上没有很长的刚毛和突出的“耳”；身体后端没有足。两旁腹背面附有许多片状的肢，专为跳跃和帮助游泳之用。

多肢轮属的主要鉴别特征是身体两侧腹背面肩部着生许多很发达而能动的附肢。

（1）真翅多肢轮虫 *Polyarthra euryptera*（Wierzejski）**（图 263）**

身体很透明，无色或略带淡黄金色；宽阔而接近方块形。背腹面少许扁平；分成头和躯干两部分，头和躯干之间有相当明显的紧缩折痕，头的前端和躯干的后端都接近平直；没有足的存在，两旁背腹面的 12 条附肢都呈比较宽阔的叶状。

鉴别特征：两旁背腹面的 12 条附肢都呈比较宽阔的叶状。

生境：分布在大水面的湖泊为多，池塘中可能也会找到。

（2）针簇多肢轮虫 *Polyarthra trigla* Ehrenberg **（图 264a，264b）**

身体很透明，呈长方形或长圆形，背腹面少许扁平；分成头和躯干两部分，头和躯干之间有相当明显的紧缩折痕，头的前端和躯干的后端都平直或接近平直；没有足的存在。两旁背腹面的 12 条附肢，都呈比较细长的剑形。在头和躯干之间，背面或腹面各有 2 束粗针状的肢，分别自两侧肩部射出；每 1 束共有肢 3 条。

鉴别特征：两旁背腹面的 12 条附肢，都呈比较细长的剑形。

九、镜轮科 Testudinellidae

18 三肢轮属 *Filinia* Bory de St. Vincent

没有被甲的存在。身体呈卵圆形，上面着生 3 根比较细而长的附肢。前端 2 根能自由划动，使本体在水中跳跃；后端 1 根不能自由活动。

三肢轮属的主要鉴别特征是肩部有 1 对能动的附肢，后半部有 1 条不能动的附肢。

（1）迈氏三肢轮虫 *Filinia maior*（Colditz）**（图 265a，265b，265c）**

身体相当透明，呈卵圆形，没有足的存在。具有 3 条鞭状或粗刚毛状很长的肢，长度为本体长度的 2～4 倍。后肢基部显著比较粗壮，比 2 条前肢短，后肢附着在躯干的后端，而并不在躯干的腹面。

生境：分布很广，自最浅的沼泽到深水湖泊的敞水带，都可能找到它的踪迹。在华东及华中地区的中小型湖泊内，更比较常见而普遍。

第十二章　枝角类形态分种描述

枝角类（Cladocera）身体通常短小，左右侧扁，从侧面观察略呈长圆形。头部在复眼之前的部分，特称为额。额向下后方延伸，形成鸟喙状突起，称为吻。胸部有附肢而腹部则无。具有壳瓣的多数种类在腹部背侧有1～4个指状突起，这种突起称为腹突。

我国的淡水枝角类共有136种，隶属于9科45属。其中在安徽通江湖泊分布的共有6科10属。

一、仙达溞科 Sididae

1　秀体溞属 *Diaphanosoma* Fischer

壳瓣薄而透明。头部长、大，额顶浑圆。无吻，也无单眼和壳弧。有颈沟。第一触角较短，前端有1根长的触角和1簇嗅毛。第二触角强大，外肢2节，内肢3节，游泳刚毛。后腹部小，锥形，无肛刺，爪刺3个。雄性的第一触角较长，靠近基部外侧生长1簇嗅毛，末端内侧列生1行刚毛或细刺。有一对交媾器。

（1）短尾秀体溞 *Diaphanosoma brachyurum*（Liéven）（图266）

雌性特征　体透明或浅黄色。壳瓣背缘弧曲。后背角显著，后腹角浑圆。腹缘无褶片，第二触角向后伸展时，其外肢的末端达不到壳瓣的后缘，额顶较平，复眼很大，顶位而略偏于腹侧。

雄性特征　壳瓣背缘比雌性的平直，第一触角基部粗壮，末端趋窄，呈鞭状，列生细小的刺毛。第一胸肢有沟。交媾器较细长，侧面观呈研杆状，位于第六胸肢之后，挂在肠管的两侧。输精管开孔于交媾器的末端。

鉴别特征：第二触角向后伸展时，其外肢的末端达不到壳瓣的后缘。

（2）长肢秀体溞 *Diaphanosoma leuchtenbergianum* Fischer（图267）

雌性特征　体透明。壳瓣背缘弧曲。后背角显著，后腹角浑圆。壳瓣腹缘无褶片，第二触角特别长，其外肢的末端至少可以达到或者甚至超过壳瓣的后缘，额顶凸出呈锥形，复眼略小，离头顶较远且贴近腹面。

雄性特征　壳瓣背缘比雌性的平直，第一触角基部粗壮，末端趋窄，呈鞭状，列生细小的刺毛。交媾器相当长，但比短尾秀体溞的略短。

鉴别特征：第二触角特别长，其外肢的末端至少可以达到或者甚至超过壳瓣的后缘。

（3）多刺秀体溞 ***Diaphanosoma sarsi*** Richard（**图 268**）

雌性特征　体透明，带极浅的黄色。壳瓣的后背角非常明显。背缘稍弓起。头部较长，额顶浑圆或较尖。后腹部向爪尖削细，几呈三角形。尾爪粗大。

雄性特征　第一触角长大，将近体长的一半，基部粗而末端细。第一胸肢有钩。交媾器一对，较短，从侧面观察，其末端呈圆球形。

鉴别特征：壳瓣的腹缘具有褶片，褶片较不发达，壳瓣腹缘仅有棘齿而无刚毛。

二、溞科 Daphniidae

2　溞属　*Daphnia* O. F. Müller

体呈卵圆形或椭圆形，比较侧扁。壳瓣背面具有脊棱。后端延伸而成长的壳刺。壳面有菱形和多角形网纹。通常无颈沟，吻明显，大多尖。第一触角短小，部分或几乎全被吻掩盖，第二触角共有 9 根游泳刚毛。靠近前部的腹突特别长，呈舌状，伸向前方。后腹部细长，由前向后逐渐收削。

（1）蚤状溞 ***Daphnia*（*Daphnia*）*pulex*** Leydig（**图 269**）

雌性特征　体宽卵形或长卵形。半透明，带浅黄棕色或淡绿色。壳瓣背侧有脊棱。背缘与腹缘弧曲度大致相等；二者后端部分及壳刺上均被小棘。壳纹明显，呈菱形或不规则网状。头大多低，无盔。头腹侧在复眼之后内凹。壳弧发达，后端不弯曲呈锐角状。复眼大，接近头顶，偏位于腹侧。单眼虽小，但颇明显。吻尚尖，角丘长而低。雌性的后腹部长，背缘微凸，有肛刺 10～14 个。雄性的后腹部较细，背侧凹陷，有肛刺 11～12 个。

雄性特征　壳瓣的背腹两侧都不弓起。壳刺靠近背侧，斜向背方。吻不显著。第一触角长，稍弯曲，靠近末端的前侧有一根细小的触毛，末端有一根长刚毛，其下方为一束嗅毛。长刚毛比触角本身短，其长度约为嗅毛的 3 倍。第一胸肢有钩和长鞭。

生境：广温性。北纬和中纬地带，是水潭、水坑、池塘及小河等小型水域中的优势种类，尤其在富营养型小水域中，分布特别普遍。南纬地带，出现于湖泊或水库等敞水区。不存在于酸性或强碱性及氯化物含量较高的水域中。除淡水外，也生活在咸淡水中。

三、裸腹溞科 Moinidae

3　裸腹溞属　*Moina* Baird

身体不很侧扁。颈沟深。壳瓣圆形或宽卵形。后背角稍外凸，无壳刺。后腹角浑圆。头部大，无吻。壳弧尚发达。复眼大，无单眼。在复眼上方的壳瓣往往下陷而形成眼上凹。第一触角细长，环生细毛，第二触角细毛也较多。后腹部露出于壳瓣之外，末端呈圆锥状。腹突不明显，通常仅存留几条褶痕。

（1）微型裸腹溞 *Moina micrura* Kurz（图 270a，270b）

雌性特征 本属中个体最小的种类。体呈宽卵形。无色透明或带浅红色。壳瓣薄，背缘非常凸起，腹缘近平直或微向外凸。头部与壳面均无细毛。壳纹一般不清晰，似呈颗粒状，但在腹部前端有矩形或菱形的网纹。头部很大，向下倾斜，背侧有较深的眼上凹，头顶呈圆形，与躯干部连接处有明显的颈沟。复眼很大，位于头顶。第一触角略短于头长的一半。后腹部短而瘦，末端锥状部分只占后腹部全长的 1/4 左右。背侧有呈波状排列的短毛列。尾刚毛较长，基节比末节短，尾爪大。

雄性特征 壳瓣背缘平直，腹缘凸出。头部狭长。复眼很大，充满头顶。第一触角非常长，约为体长的一半，靠近基部 1/3 处略弯。有一根细长的触毛偏位于弯曲部位的旁侧。第一胸肢具有壮钩，与肢体本身垂直，向外伸出。

生境：嗜暖性。习居于富营养型的浅水湖泊中，在浅的池塘和间歇性水域中也常见。此外，也是大型淡水和咸淡水湖泊中常见的浮游种类。

四、象鼻溞科 Bosminidae

4 象鼻溞属 *Bosmina* Baird

体形变化甚大。头部与躯干部之间无颈沟。壳瓣后腹角向后延伸成一壳刺，其前方有 1 根刺毛，通常呈羽状。第一触角与吻愈合，不能活动。背侧有许多横走的细齿列，基端部与末端部之间有 1 个三角形的棘齿和 1 束嗅毛。在复眼与吻端中间的前侧生出 1 根触毛。第二触角短小，外肢 4 节，内肢 3 节。胸肢 6 对，前 2 对变为执握肢，不呈叶片状。最后 1 对十分退化。后腹部侧扁，颇高，末端呈横截状。末腹角延伸成一圆柱形突起，突起上着生尾爪；末背角有细小的肛刺。尾刚毛短。尾爪有细刺。雄体小而长。壳瓣背缘平直。第一触角不与吻愈合，能动，基部通常有 2 根触毛。第一胸肢有钩和长鞭。

象鼻溞属的鉴别特征是第二触角外肢 4 节，内肢 3 节；第一触角基部不并合；无颈沟。

（1）长额象鼻溞 *Bosmina longirostris*（O. F. Müller）（图 271）

雌性特征 体形变化很大。体色透明或微带黄色。壳瓣颇高。后腹角延伸成一壳刺。额毛着生于复眼与吻部末端之间的中央。壳弧为 1 条隆线。复眼通常较大。第一触角短或中等长。末端部有时弯曲或呈钩状。三角形的棘齿短而钝，从侧面观察，仅尖端稍微凸出于触角背侧之外。嗅毛束着生的部位到吻端间的距离一般为触角全长的 1/3 左右。

雄性特征 壳瓣狭长，背缘平直。吻钝。无额毛。第一触角不与吻愈合，可以活动。其前侧靠近基部着生两根触毛：一根位于基端的小突起上，另一根在前者的下方。第一胸肢有钩及长鞭。后腹部形状特殊，末端向内深凹，显得尾爪着生的突起特别长。

尾爪较短，无明显的栉刺列。

鉴别特征：尾爪基部与中部各有1行栉刺；额毛着生于复眼与吻部末端之间的中央。

生境：广温性。习居于湖泊与池塘等各种大小不同的水域中，但以湖泊为主。尤其在富营养性的水域中，数量特别多。在大型深水湖泊中，多分布于敞水区，但沿岸区也不少见。

（2）简弧象鼻溞 *Bosmina coregoni* Baird（图 272）

雌性特征　体形有很大变异。透明无色或带黄褐色。壳瓣背缘隆起，往往比长额象鼻溞高。后腹角的壳刺通常很长，但有时退化或完全消失。壳刺上、下缘多无锯齿；其前方有库尔茨毛，但无壳刺时，库尔茨毛也可能不存在。壳瓣腹缘前端有10～16根羽状刚毛；后缘列生细小的刚毛，但刚毛通常只在靠近壳刺处比较发达。

雄性特征　壳刺十分退化或完全消失。后腹部末端削尖。第一触角特别长。

鉴别特征：尾爪只有基部的1行栉刺，额毛靠近吻部末端着生；壳弧为1条隆线，库尔茨毛细长。

（3）脆弱象鼻溞 *Bosmina fatalis* Burckhardt（图 273a，273b）

雌性特征　身体透明无色。壳瓣高而背圆，后腹角的壳刺通常细长。库尔茨毛粗短，周缘有细毛。壳瓣腹缘前端有十余根羽状刚毛，壳纹多呈不规则的六角形，少数呈五角形。额毛靠近吻部末端着生，壳弧为2条平行而分叉的隆线。

雄性特征　壳瓣狭长，背缘平直。吻钝。无额毛。后腹部宽，且不下陷。尾爪基部的栉刺虽小，但十分清楚。

鉴别特征：尾爪只有基部的1行栉刺，额毛靠近吻部末端着生；壳弧为2条平行而分叉的隆线，库尔茨毛较粗。

5　基合溞属　*Bosminopsis* Richard

有颈沟。身体清楚地分为头与躯干两部分。壳瓣后腹角不延伸成壳刺。腹缘后端部分列生棘刺，棘刺可随个体的成长而逐渐变短，甚至完全消失。雌体第一触角基端左右愈合，共有2根触毛；末端部弯曲。无三角形的刺齿，但有许多细齿。嗅毛着生于触角的末端。第二触角内、外肢均分3节。胸肢6对，前2对呈叶片状，最后1对十分退化。后腹部向后削细。肛刺细小。尾爪着生在1个大的突起上，有1个发达的爪刺。雄体第一触角稍微弯曲，左右完全分离，且不与吻愈合。第一胸肢有钩和较长的鞭毛。

基合溞属的鉴别特征是第二触角外肢和内肢均分3节；第一触角基部并合，具颈沟。

（1）颈沟基合溞 *Bosminopsis deitersi* Richard（图 274a，274b，274c）

雌性特征　体呈宽卵圆形。颈沟颇深，远离身体前端。壳瓣短，背缘弓起，前缘及与之相连的腹缘前端部分列生12～15根羽状刚毛。头部很大。壳瓣不发达。复眼很大。靠近复眼的头部前侧显著地向外凸出。吻很短，与第一触角基端部完全愈合，两者之间已无明显的界限。第一触角基端部左右愈合，左右两侧共有2根触毛。末端部分离，各向左腹侧和右腹侧弯曲。第二触角基部有1个小的突起，其上着生1根刚毛。内肢与外肢均分3节，前者有游泳刚毛5根，后者仅3根。

雄性特征 颈沟不显著。壳瓣低，背缘平坦，腹缘列生的棘刺通常比雌性的长，个体成长以后，仍然存在。后腹角比较凸出。第一触角特别长大，不仅基部的左右不愈合，而且也不与吻愈合，仍可活动。第一胸肢有钩及较长的鞭毛。后腹部细长。

鉴别特征：颈沟基合溞具颈沟。

生境：嗜暖性。草丛化的湖泊中分布尤其普遍，大多生活在沿岸区。

五、盘肠溞科 Chydoridae

尖额溞亚科 Aloninae Frey

6 尖额溞属 *Alona* Baird

体呈长卵形或近矩形，侧扁，无隆脊。壳瓣后缘较高，后腹角一般浑圆，壳面大多有横纹，壳弧宽阔，吻部短钝。后腹部短而宽，非常侧扁，只有1个爪刺。

（1）点滴尖额溞 *Alona guttata* Sars（图275）

雌性特征 无色或淡黄色透明，壳瓣背缘稍微拱起，中部最高，后缘显著高于壳高的一半；腹缘平直，列生刚毛。后背角浑圆，但仍可辨认。后腹角圆钝。壳纹纵行或圆点状，或不明显。头部向前伸。吻部钝，吻尖与腹缘几乎在同一水平线上。第一触角未越出吻尖。后腹部短而宽，末背角呈三角形，尾爪基部有1个不大的爪刺。

雄性特征 壳瓣背缘平坦；腹缘前部凸出，后部稍凹或平直。第一触角前后各侧共有2根触毛。第一胸肢有壮钩。后腹部向爪尖削细，末背角圆，无肛刺，仅在侧面靠近后腹部背缘有少数刚毛簇。

生境：习居于湖岸草丛中，池塘和水坑中也能发现，每年5～10月数量较多。

7 弯尾溞属 *Camptocercus* Baird

体很侧扁，长卵形。头部与背部都有隆脊。壳瓣后背角与后腹角均较圆钝。壳面有明显的纵纹。吻部尖。第二触角内、外肢各分成3节，共有7根游泳刚毛。胸肢5对。肠管末部有1个盲囊。后腹部非常细长，有1个爪刺，此外，尾爪基半部背面还有1列棘刺。

（1）直额弯尾溞 *Camptocercus rectirostris* Schoedler（图276a，276b）

雌性特征 体呈长卵形，非常侧扁。浅黄色或者黄褐色。壳瓣的前端显然比后端宽；背缘拱起；腹缘前部略外凸，有时中部内凹；后缘较低而稍外凸。后背角明显，但不成为凸起。后腹角浑圆，有时具1～3个细小的刻齿，胸肢5对，后腹部很长。

雄性特征 壳瓣背缘比雌性平坦，外廓近乎长方形。吻部短钝。第一触角超过吻尖。第一胸肢有壮钩。后腹部只在侧面有栉毛簇，无肛刺。尾爪长大，弯曲呈“S”形，背侧的棘刺发达，长短相仿。

鉴别特征：后腹部有肛刺 15～17 个，各侧还有栉毛簇。

8 笔纹溞属 *Graptoleberis* Sars

体呈半月形。后腹角有 2～3 个明显的锯齿。头大。吻宽，背面观呈铲形。壳弧十分发达。单眼和复眼都不算大。第一触角短。第二触角共有 7 根游泳刚毛。唇片舌状。后腹部呈三角形，有肛刺和侧刚毛簇。尾爪基部有 1 个小爪刺。

（1）龟状笔纹溞 *Graptoleberis testudinaria*（Fischer）（图 277a，277b）

雌性特征　体呈半月形，壳瓣背缘隆起呈弓形，腹缘平直，列生刚毛，前端的刚毛稍长。后背角浑圆，壳纹由多数矩形叠成，状似砌的砖墙。头部大，复眼与单眼都较小，吻短钝，侧面观呈半圆形，背面观呈铲形。第一触角较小，第二触角很短。后腹部在肛门处开始，向尾爪急剧削细，几呈三角形。

雄性特征　壳瓣狭，背缘平。第一触角大，无触毛。第一胸肢有钩。后腹部狭长，无肛刺，仅有几束刚毛。尾爪短小，无爪刺。

鉴别特征：吻宽，侧面观呈半圆形，背面观呈铲形。

生境：广温种。生活于湖泊和池塘近岸的草丛中。

盘肠溞亚科 Chydorinae Frey

9 平直溞属 *Pleuroxus* Baird

体侧扁，呈长卵形或椭圆形。壳瓣后缘很低，后腹角大多具有短小的刺。壳面大多有明显的纵纹。头部低，吻尖长，向内弯曲。单眼总比复眼小得多。第一触角短小。后腹部狭长，仅背缘有肛刺，侧面通常无刚毛，尾爪基部有 2 个爪刺。

（1）钩足平直溞 *Pleuroxus hamulatus* Birge（图 278a，278b）

雌性特征　体近长方形，黄褐色。壳瓣背缘呈弓形，后缘垂直，沿缘往往有不少凹陷而呈波状；腹缘近平直，中部稍凹，全缘列生刚毛。后背角不向外凸出。后腹角浑圆，无刻齿。壳面有斜行纵纹，其间还有许多横纹。头部中等大小。吻长而尖，均匀弧曲，吻尖超过唇片，单眼小，位于第一触角上方。后腹部中等大小，相当平直。肛后部向后逐渐削细，具 12～14 个肛刺。尾爪基部有 2 个爪刺。

雄性特征　体呈长方形。壳瓣背缘不很弯曲；腹缘直，中部稍凹。壳瓣在第二触角着生处稍后最宽。第一触角的前侧仅一根触毛。第一胸肢有壮钩。

生境：湖泊沿岸及池塘内生活。

10 盘肠溞属 *Chydorus* Leach

体几呈圆形或卵圆形，稍微侧扁。壳瓣短，长度与高度略等；腹缘浑圆，其后半部大多内褶。头部低。吻长而尖。第一触角短小。第二触角也不长，内肢和外肢各分 3 节，内肢有 4 根或 5 根游泳刚毛，外肢仅在末节有 3 根游泳刚毛。后腹部通常短而宽，背缘仅有肛刺，或带有细的侧栉毛。爪刺 2 个，内侧的 1 个很小。肠管末部大多有盲囊。

盘肠溞属的鉴别特征是后腹部通常短而宽，背缘仅有肛刺，或带有细的侧栉毛。

（1）圆形盘肠溞 *Chydorus sphaericus*（O. F. Müller）（图 279a，279b）

雌性特征　体呈圆形或宽椭圆形。壳瓣短而高；背缘弓起；后缘很低；腹缘向外凸出，后半部内褶，并列生刚毛。后腹角浑圆。头部低。吻长且尖。单眼小于复眼，两眼间的距离比单眼到吻尖的距离短。第一触角前侧仅有 1 根触毛，从它着生的部位到末端的长度约为触角全长的 1/3，末端有 1 束嗅毛。第二触角短小，内外肢均分 3 节。

雄性特征　壳瓣背缘弓起；腹缘比背缘更加凸出，全部列生刚毛；后缘弧曲度极小。后背角非常明显。吻部稍钝，其顶面观可见到 2 个细小突起。第一触角粗壮，前侧有数根触毛。第一胸肢有壮钩。

鉴别特征：体小，长度在 0.5mm 以下，呈圆形或宽椭圆形。头部低。吻长且尖。肛刺少于 10 个。

第十三章 桡足类形态分种描述

桡足类（Copepoda），隶属于节肢动物门甲壳纲桡足亚纲。为小型甲壳动物，体长小于3mm，营浮游与寄生生活，分布于海洋、淡水或半咸水中。

桡足类基本特征：

1）体纵长且分节，体节数不超过11节，头部1节、胸部5节、腹部5节。

2）头部有1眼点、2对触角、3对口器。

3）胸部具5对胸足，前4对构造相同，双肢型，第5对常退化，两性有异。

4）腹部无附肢，末端具1对尾叉，其后具数根羽状刚毛。雌性腹部常带卵囊。

一、胸刺水蚤科 Centropagidae Sars

1 华哲水蚤属 *Sinocalanus* Burckhardt

头胸部通常窄长。第5胸节的后侧角不扩展，左右对称，其顶端多数有细刺。雌性腹部两侧对称，分4节，有的种类的后2腹节的分界不完全。尾叉细长，内缘有细毛。

华哲水蚤属的鉴别特征是雌性第5胸部后侧角不呈翼状，腹部分4节；雄性第5胸足的内肢分3节。

（1）汤匙华哲水蚤 *Sinocalanus dorrii*（Brehm）（图280a，280b）

雌性特征 体形窄长。头节与第1胸节界线分明。腹部明显可见的仅3节。第5胸足第2基节内缘基部伸出1个匙状突起，生殖节近圆形。尾叉窄长，长度为宽度的6倍余。

雄性特征 头胸部似雌体。腹部分5节。执握肢分23节。第5右胸足第2基节内缘基部伸出一个匙状突起，节的内缘和前面中部有许多细齿，外末角有一细刺。

鉴别特征：突出物呈汤匙状，末端钝圆。

生境：纯淡水种类，广泛生活于我国亚热带和温带的湖泊、池塘和河流中。

二、老丰猛水蚤科 Laophontidae Scott

2 有爪猛水蚤属 *Onychocamptus* Daday

体形圆柱形，额小而宽，不甚突出，头胸部与腹部的分界不明显，各节的后侧角突出，尾叉亦呈圆柱形，末端居中的尾毛粗壮。第1触角共分5～7节，第3～4节具一带状感觉毛。第2触角外肢仅1节，具刚毛4根。大颚须小，不分节。第1胸足外肢分2～3节，内肢分2节，末节具爪状大刺。第2～4胸足外肢分3节，雌性第2～3胸足内肢分2节，第4胸足内肢分1～2节。雄性第3～4胸足外肢较雌性为粗，第3胸足内肢分3节，多数与雌性不同。第5胸足分为明显的2节。

有爪猛水蚤属的鉴别特征是第5胸足分为明显的2节。

（1）模式有爪猛水蚤 *Onychocamptus mohammed*（Blanchard et Richard）**（图281）**

雌性特征　体形瘦长，头胸甲各节向后趋窄，雌性第5胸足基节具3刺。尾叉窄长，长度约为宽度的2.5倍。

雄性特征　体形较雌性瘦小，额角较突出，头节近方形，第3胸节最宽，第5胸节显著窄小，腹部各节窄小，生殖节与第1腹节的后侧角并不显著突出。第1触角与雌性异形，共分7节，第3节短小，第4节膨大呈球形，具一带状感觉毛，末3节短小，呈爪状。

鉴别特征：雌性第5胸足基节具3刺。

生境：生活于咸淡水及纯淡水中，为一广盐性种类。分布广泛，为一广温性种类。

三、长腹剑水蚤科 Oithonidae Sars

3　窄腹剑水蚤属 *Limnoithona* Burckhardt

额部钝圆。尾叉平行，细长。第1触角较头胸部为短。大颚第2基节末端具3壮刺。颚足第2基节无刺，第3节短小，具刚毛1根。第5胸足分2节，末节具1刺2刚毛。

窄腹剑水蚤属的鉴别特征是头节与胸节的结合处骤然变窄。

（1）中华窄腹剑水蚤 *Limnoithona sinensis*（Burckhardt）**（图282）**

雌性特征　头胸部呈长卵形，腹部狭长。头节与第1胸节分明，第5胸节特别窄小，后半部的两侧突出，其顶端各具刚毛1根。第5胸足末节外末缘有1刺。

雄性特征　体形与雌性相似，腹部共分5节，生殖节内常有椭圆形的精荚一对。第1对触角与雌性异形，呈执握状，共分15节。

鉴别特征：第5胸足末节外末缘有1刺。

生境：浮游性种类，在湖泊的敞水带数量较多，但亦分布于沿岸带及河、江、沟、塘中。

四、剑水蚤科 Cyclopidae Sars

4　真剑水蚤属　*Eucyclops* Claus

体形较为瘦小，第 5 胸节的外末角具细刚毛。尾叉较长，长度为宽度的 2.5～11 倍，一般均在 4 倍以上。大部分种类尾叉的外缘均具 1 列小刺，侧尾毛短小。第 1 触角共分 12 节，少数为 11 节，末 3 节具透明膜或锯齿。第 1～4 胸足内、外肢均分 3 节，外肢第 3 节刺式为 3・4・4・3。第 5 胸足仅 1 节，具 1 刺 2 刚毛。

真剑水蚤属的鉴别特征是尾叉的长度大于宽度的 3 倍，外缘常具 1 列细刺。

（1）锯缘真剑水蚤 *Eucyclops serrulatus serrulatus*（Fischer）**（图 283）**

雌性特征　体形瘦长，头胸部呈卵形，头节与第 2 胸节连接处最宽。腹部窄长，生殖节的上半部宽，下半部骤窄。尾叉的长度为宽度的 3.5～5 倍，尾叉外缘具细刺。

雄性特征　体形较雌性瘦削，第 4 胸节的后侧角向后突出，环抱并超过第 5 胸节。生殖节的宽度大于长度。尾叉平行，长度约为宽度的 3～4 倍，外缘不具 1 列锯齿，侧尾毛细小。

鉴别特征：第 4 胸足内肢第 3 节末端内刺为外刺的 1.4～1.5 倍。

生境：广温性，对酸碱度的适应范围是 5.0～9.2。为底栖性种类，生活于湖泊沿岸带及流动性的江、河、沟渠中。

5　剑水蚤属　*Cyclops* Müller

尾叉的背面有纵行隆线，内缘有 1 列刚毛。第 1 触角共分 14～17 节。第 5 胸足分 2 节，基节与第 5 胸节明显地分离，末节较为长、大，内缘近中部处具有一壮刺，其基部大都具小刺。

剑水蚤属的鉴别特征是尾叉表面具一纵脊，第 5 胸足末节内缘近中部处具有一壮刺，其基部大都具小刺。

（1）近邻剑水蚤 *Cyclops vicinus vicinus* Uljanin **（图 284）**

雌性特征　体形粗壮，头节的末部最宽，第 4 胸节的后侧角呈锐三角形，向后侧方突出，第 5 胸节的后侧角甚锐，向两侧突出。生殖节的长度大于宽度，向后逐渐趋窄。尾叉窄长，其长度为宽度的 6～8 倍，长于腹部最后 3 节长度的总和，外缘基部 1/4 处具一缺刻，背面具一纵行隆线，内缘具短刚毛。

雄性特征　体形较雌性瘦小，第 4～5 胸节的后侧角并不突出呈三角形叶状，生殖节的宽度大于长度。尾叉的长度约为宽的 5 倍余，内缘具短刚毛。

鉴别特征：第 4 胸节的后侧角呈锐三角形。

生境：湖泊、鱼池中常见的浮游性种类，在沿岸带的数量较敞水带的数量少，广温性种类，对酸碱度的适应范围是 pH 5.9～9.13，适应性强，在有工业废水的水域中，有时亦可生长繁殖。

6 小剑水蚤属 *Microcyclops* Claus

尾叉的长度为宽度的3～5倍。第1触角短小，分9～12节，末节无透明膜，亦无小齿。第5胸足基节已完全与第5胸节愈合，仅存刚毛1根，与仅有的1节呈直角，此节呈圆柱形，内缘中部具一小刺或齿痕，末端具一长刚毛。

小剑水蚤属的鉴别特征是第5胸足呈圆柱形，内刺退化，仅末端具明显的刚毛1根。

（1）跨立小剑水蚤 *Microcyclops*（*Microcyclops*）*varicans*（Sars）（图285a，285b）

雌性特征 头胸部呈卵圆形。第4胸节的外末角钝圆，第5胸节短而宽，向两侧突出呈三角形，角顶附1刚毛。生殖节的长度稍大于宽度，前半部稍宽于后半部。尾叉平行，长度约为宽度的3.4倍，侧尾毛位于外缘末部1/3处。第4胸足内肢第2节的长度约为宽度的2.7倍，末端的内刺呈披针形，约为外刺长度的2倍，稍大于节本部长度的1/2。

雄性特征 体形较雌性瘦小，第2～3胸节的后侧角突出，第4胸节的后侧角圆钝，第5胸节稍窄于生殖节，生殖节的宽度大于其长度。尾叉较雌性的为短，其长度约为宽度的2.3倍。

鉴别特征：第4胸足内肢第2节末端的内刺呈披针形。

生境：多生活于小型水域及流速缓慢的河流、湖泊里。分布于沿岸带水草丛中的较多，而敞水带中的数量较少。对酸碱度的适应范围在pH 7.0～9.0。

7 中剑水蚤属 *Mesocyclops* Sars

头胸部较为粗壮，腹部瘦削，生殖节瘦长，前部较宽，向后趋窄。尾叉一般较短，长度为宽度的2.5～3.5倍，尾叉内缘光滑，少数种类具短刚毛，末端尾刚毛发达。第1触角共分17节，末2节的内缘有较窄的透明膜，具锯齿。

中剑水蚤属的鉴别特征是第5胸足内刺位于内缘中部。

（1）广布中剑水蚤 *Mesocyclops leuckarti*（Claus）（图286）

雌性特征 头胸部呈卵圆形，头节中部最宽。生殖节瘦长，尾节后缘外侧具细刺。尾叉长度约为宽度的3.22倍，内缘光滑无刚毛，侧尾毛位于尾叉侧缘近末部1/3处。

雄性特征 体形较雌性瘦小，生殖节的长度稍大于宽度，内含长豆形精荚一对。尾叉平行，较短，长度约为宽度的3倍，侧尾毛较雌性为长。

鉴别特征：体型中等大小，尾叉长度约为宽度的3倍。

生境：常见的浮游性种类，分布于各种类型的水域中，系一暖水性种类，最适宜酸碱度为pH 6.0～8.5，肉食性种类。

8 温剑水蚤属 *Thermocyclops* Kiefer

头胸部呈卵形，腹部瘦削，生殖节瘦长。尾叉较短，长度为宽度的2.5～3倍，尾叉内缘光滑。第1触角共分17节，末2节的内缘有较窄的透明膜。第5胸足分2节，基节短而宽，外部角突出附羽状刚毛 1 根，末节窄长，末缘具 1 刺 1 刚毛。个体为中等大小。

温剑水蚤属的鉴别特征是第 5 胸足内刺位于内缘。

（1）透明温剑水蚤 *Thermocyclops hyalinus*（Rehberg）**（图 287a，287b，287c）**

雌性特征　头胸部呈椭圆形。第 2～3 胸节的后侧角并不向后突出，第 4 胸节的后侧角圆钝稍向后突出，第 5 胸节较生殖节的前部稍宽。生殖节的长度稍大于其宽度。尾叉向后分展，长度约为宽度的 2.33 倍，侧尾毛位于尾叉侧缘的 1/3 处。第 4 胸足内肢第 3 节窄长，其长度约为宽度的 3.00 倍，约为内刺长的 1.38 倍，内刺长为外刺长的 1.96～2.05 倍。

雄性特征　体型较雌性瘦小，生殖节呈方形。尾叉的长度约为宽度的 2 倍。第 1 触角分 16 节，第 15～16 节之间可弯曲，末节呈爪状。

鉴别特征：第 4 胸足内肢第 3 节末端内刺长约为外刺长的 2 倍。

生境：浮游性种类，多分布于各种富有营养性的水域中。为暖水狭温性种类，对酸碱度的适应范围在 pH 5.9～4.8。

第十四章　原生动物形态分种描述

原生动物（Protozoa）是由单细胞构成的微小动物，经典的分类学家一般把原生动物分为鞭毛虫纲、纤毛虫纲、孢子虫纲和肉足虫纲。随着发现种类的增加、新技术的应用，分类学家对原生动物传统的分类进行了修正。

1　砂壳虫属　*Difflugia* Leclerc

壳除了内层有几丁质膜外，其外还黏附着由他生质体如矿物屑、岩屑、硅藻空壳等颗粒构成的表层，而且颗粒很多，以致壳面粗糙而不透明。壳形状多变，梨状以至球状，有的还能延伸为颈。横切面大多呈圆形。口在壳体的一端，位于主轴正中。壳口的边缘有的光滑，有的呈齿状或叶片状。胞质占了壳腔的大部分，常用原生质线固着于壳的内壁上。

（1）瓶砂壳虫 *Difflugia urceolata* Carter（**图 288**）

壳本体呈球形。前部突出 1 个短的颈状部分。壳口的边缘光滑，无齿。有时壳上的砂粒很少，故壳透明，几丁质膜呈黄色。有时壳的后端有一至几个突出的基刺，大多无刺。

以硅藻等藻类为食，喜生长在干净的、有水草的生境中。

（2）冠砂壳虫 *Difflugia corona* Wallich（**图 289a，289b**）

壳近圆球形。壳冠宽而圆。冠上一般有角 5～7 个，角的长短也有变异。壳自冠顶向壳口逐渐变狭。壳口位于正中央，其边缘是瓣片形，瓣片数量一般 12 个，可多至 20 个。壳表面覆盖很细的砂粒。

以藻类为食，分布广，有水草、有机物丰富的水体中也有出现。

（3）尖顶砂壳虫 *Difflugia acuminata*（Ehrenberg）（**图 290**）

壳圆桶状。自前端壳口处向后逐渐扩张，以壳后部 2/3 处为宽。再向后端逐渐变窄，并延伸为一直的尖角。壳长为壳宽的 3～4 倍。壳表面粗糙，通常有砂粒黏附，偶尔还有硅藻的空壳。壳口圆。

以藻类为食，喜在有水草的水体中生长。

2　侠盗虫属　*Strobilidium* Schewiakoff

体呈球形或梨形。小膜口缘区在前端右旋形成封闭的顶冠。体纤毛消失或退化成短的刚毛列，螺旋排列。本属还有 1 未鉴定种（图 291）。

（1）旋回侠盗虫 *Strobilidium gyrans* Stokes（图 292a，292b）

体呈倒圆锥形或梨形。体表有 5～7 行螺旋形条纹。后部细，末端平，常有 1 黏丝，借以着生。大核马蹄形。伸缩泡 1 个。

摄食绿藻。在有机质较丰富的水体中存在。

3　匣壳虫属　*Centropyxis* Stein

壳的内层是 1 几丁质构成的膜，外层覆盖 1 层他生质体。这些他生质体包括砂质、硅质、石英质的无机矿粒，有时还有硅藻残壳黏附其上。壳一般呈盘状或球状。壳口偏离中心，呈圆形、椭圆形或叶形等。侧观时壳背通常在壳口处压扁，向后有不同高度的隆起，也有整体背腹面压扁。有的种类壳还能延伸为刺，分布于壳口后端、两侧和背部。一般壳呈灰色或黑色，有时也呈棕色或深棕色。胞质无色，伪足指状。

（1）针棘匣壳虫 *Centropyxis aculeata* Stein（图 293a，293b）

壳黄色或棕色。腹面观时壳几乎呈圆形。侧面观时壳的前部压扁，壳前缘尤甚，向后逐渐鼓起。壳口圆形，或不规则形，偏离壳的中心。壳在壳口之后的两侧及后端均有刺，数量不多，以 4～6 个较为常见，壳上覆盖不定形的硅质颗粒和小石子等。偶然情况下当壳刺很多时也分布到壳口的两侧。

以藻类为食，喜在有水草的水体中生长，在有机物质较为丰富的生境中也有分布。

4　板壳虫属　*Coleps* Nitzsch

体呈榴弹形，外质硬化，体表由排列整齐的外质壳板围裹。从前至后，壳板由横沟分隔围口板、前副板、前主板、后主板、后副板和围肛板 6 段。每段均有一定形式和数量的“窗格”。围口板前端呈锯齿状、胞口即在此处。围肛板后端浑圆，常有 2 至数个棘刺。体纤毛由壳板的纵行均匀分布。胞口由纤毛围绕，胞咽刺杆细。伸缩泡 1 个，在体末。

（1）毛板壳虫 *Coleps hirtus* Nitzsch（图 294）

体呈圆桶形或榴弹形，体长可达宽的 2 倍。外质有 15～20 行板壳。亦由横沟分为 6 段。外质壳板为 16 行，由横沟分割为 6 段。每段的“8”字形“窗格”依次为 1 行、2 行、4 行、2 行、1 行。围肛板有 3 个很突出的棘刺。有 1 根尾纤毛。

5　似铃壳虫属　*Tintinnopsis* Stein

鞘呈筒形、杯形或碗形。有颈或无颈。鞘壁上砂粒紧密。末端封闭。

（1）王氏似铃壳虫 *Tintinnopsis wangi* Nie（图 295a，295b）

鞘呈烧瓶形或罐形。鞘长为鞘口宽的 1.6 倍。颈部明显，颈上有 4～6 道环纹。鞘光滑。

6 漫游虫属 *Litonotus* Wrzensniowski

体矛形，侧扁，在形态学上与半眉虫相似。但左侧躯干部显著向上拱起，顶端无刺丝泡束形成的“钉针”，“颈”部腹面裂缝形的口侧有或无刺丝泡存在，其他部分多无刺丝泡。背刚毛有或无。纤毛仅分布在右侧。伸缩泡只有1个。多为肉食性种类。

（1）薄漫游虫 *Litonotus lamella* Schewiakoff（**图 296**）

体呈宽柳叶刀形，体大，常有变异。前部有宽而短的“颈”，向背面弯转。后端窄而扁，透明，刺丝泡在后端放射状排列。胞口侧缘有刺丝泡，“颈”部纤毛较长。

主要参考文献

高攀，周忠泽，马淑勇，等．2011．浅水湖泊植被分布格局及草 - 藻型生态系统转化过程中植物群落演替特征：安徽菜子湖案例．湖泊科学，23（1）：13-20.

胡鸿钧，魏印心．2006．中国淡水藻类——系统、分类及生态．北京：科学出版社.

蒋燮治，堵南山．1979．中国动物志・节肢动物门・甲壳纲・淡水枝角类．北京：科学出版社.

刘雪花，赵秀侠，高攀，等．2012．安徽菜子湖浮游植物群落结构的周年变化（2010 年）．湖泊科学，24（5）：771-779.

沈嘉瑞．1979．中国动物志・节肢动物门・甲壳纲・淡水桡足类．北京：科学出版社.

沈军，周忠泽，陈元启，等．2009．安徽升金湖秋季浮游藻类多样性与水质评价．水生态学杂志，2（3）：17-21.

施之新．1999．中国淡水藻志．北京：科学出版社.

王超，王兰，周忠泽．2016．升金湖轮虫的群落结构特征及其与环境因子之间的关系．生物学杂志，33（2）：30-33，48.

王家楫．1961．中国淡水轮虫志．北京：科学出版社.

吴芳仪，王兰，徐梅，等．2016．升金湖浮游植物群落动态及其影响因子研究．生物学杂志，33（5）：34-39.

章宗涉，黄祥飞．1991．淡水浮游生物研究方法．北京：科学出版社.

宗梅，周忠泽，陈元启，等．2008．升金湖浮游轮虫类型的组合与其生态因子．生物学杂志，25（5）：17-19.

Komárek J, Kaštovský J. 2003. Coincidences of structural and molecular characters in evolutionary lines of cyanobacteria. Algological Studies, 109:305-325.

Wang C, Wang L, Deng D G, et al. 2016. Temporal and spatial variations in rotifer correlations with environmental factors in Shengjin Lake, China. Environmental Science and Pollution Research, 23: 8076-8084.

Wang L, Wang C, Deng D G, et al. 2015. Temporal and spatial variations in phytoplankton: correlations with environmental factors in Shengjin Lake. Environmental Science and Pollution Research, 22: 14144-14156.

图　版

浮游植物图版

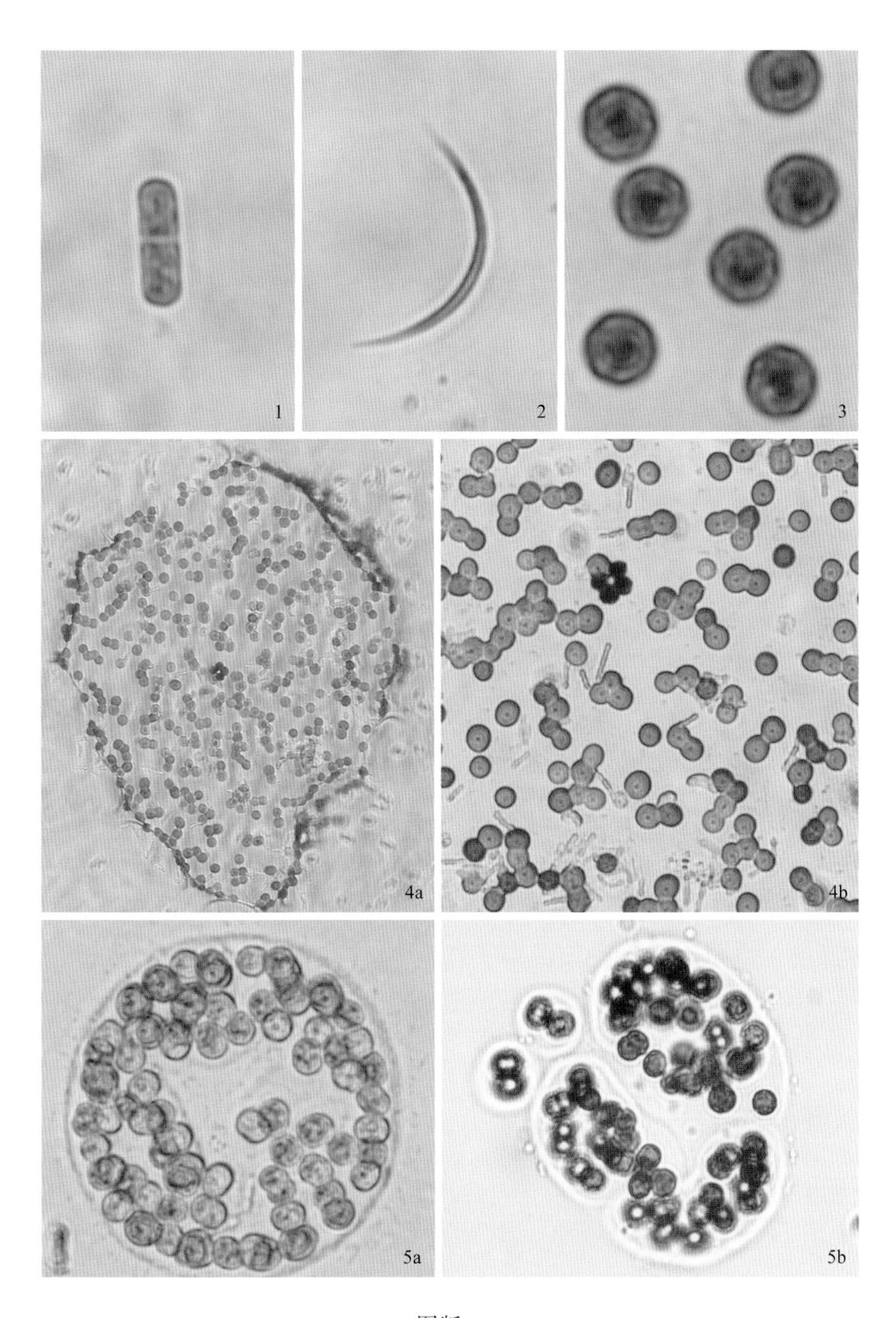

图版一

图 1　小双色藻 *Cyanobium parvum*（Migula）Komarek et al.

图 2　史氏棒胶藻 *Rhabdogloea smithii*（R. et F. Choda）Komarek

图 3　惠氏集胞藻 *Synechocystis willei* Gardner

图 4a，4b　美丽隐球藻 *Aphanocapsa pulchra*（Kützing）Rabenh.

图 5a，5b　溪生隐球藻 *Aphanocapsa rivularis*（Carm.）Rabenh.

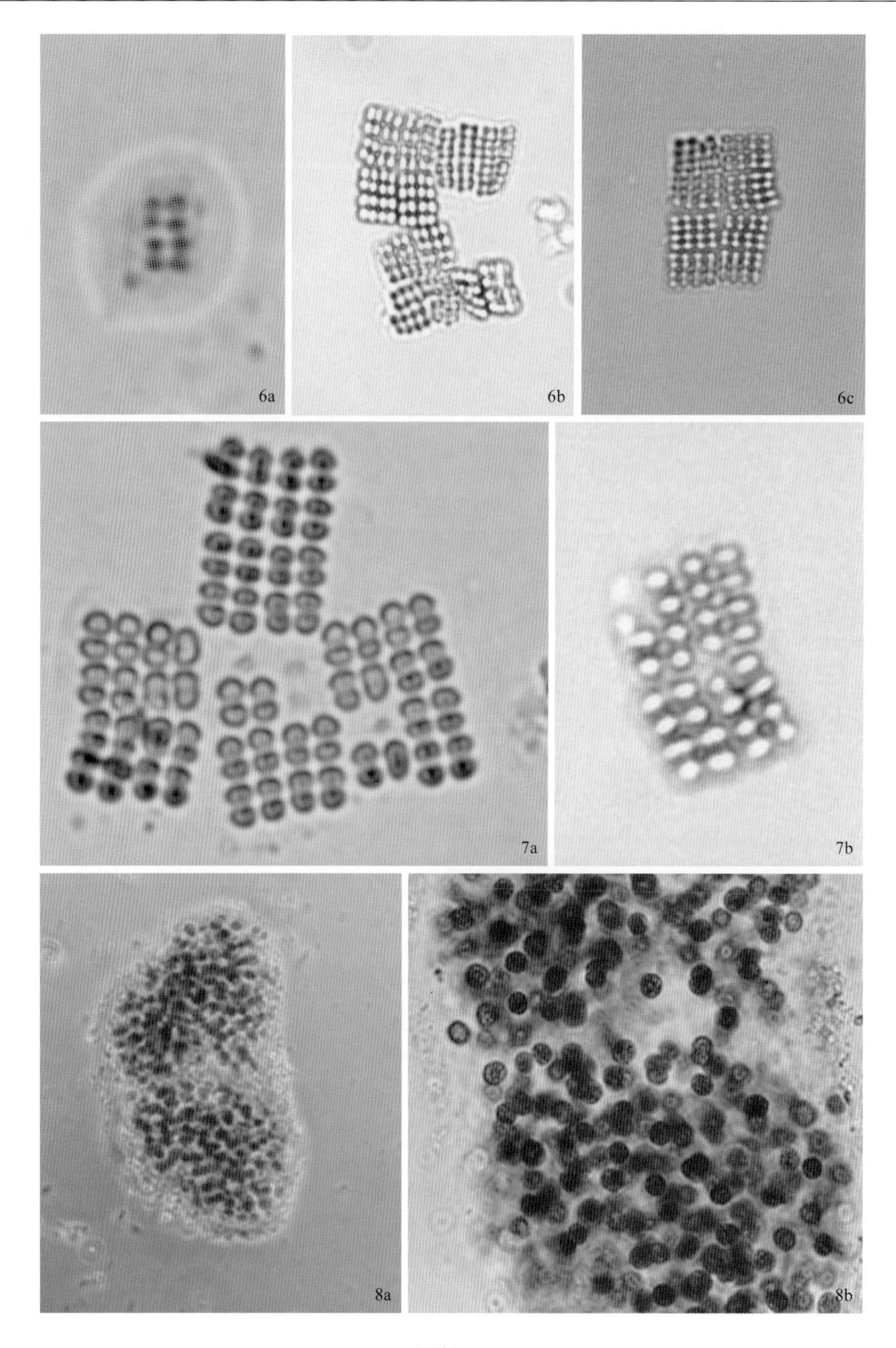

图版二

图 6a，6b，6c 细小平裂藻 *Merismopedia minima* G.Beck

图 7a，7b 马氏平裂藻 *Merismopedia marssonii* Lemm.

图 8a，8b 铜绿微囊藻 *Microcystis aeruginosa* Kützing

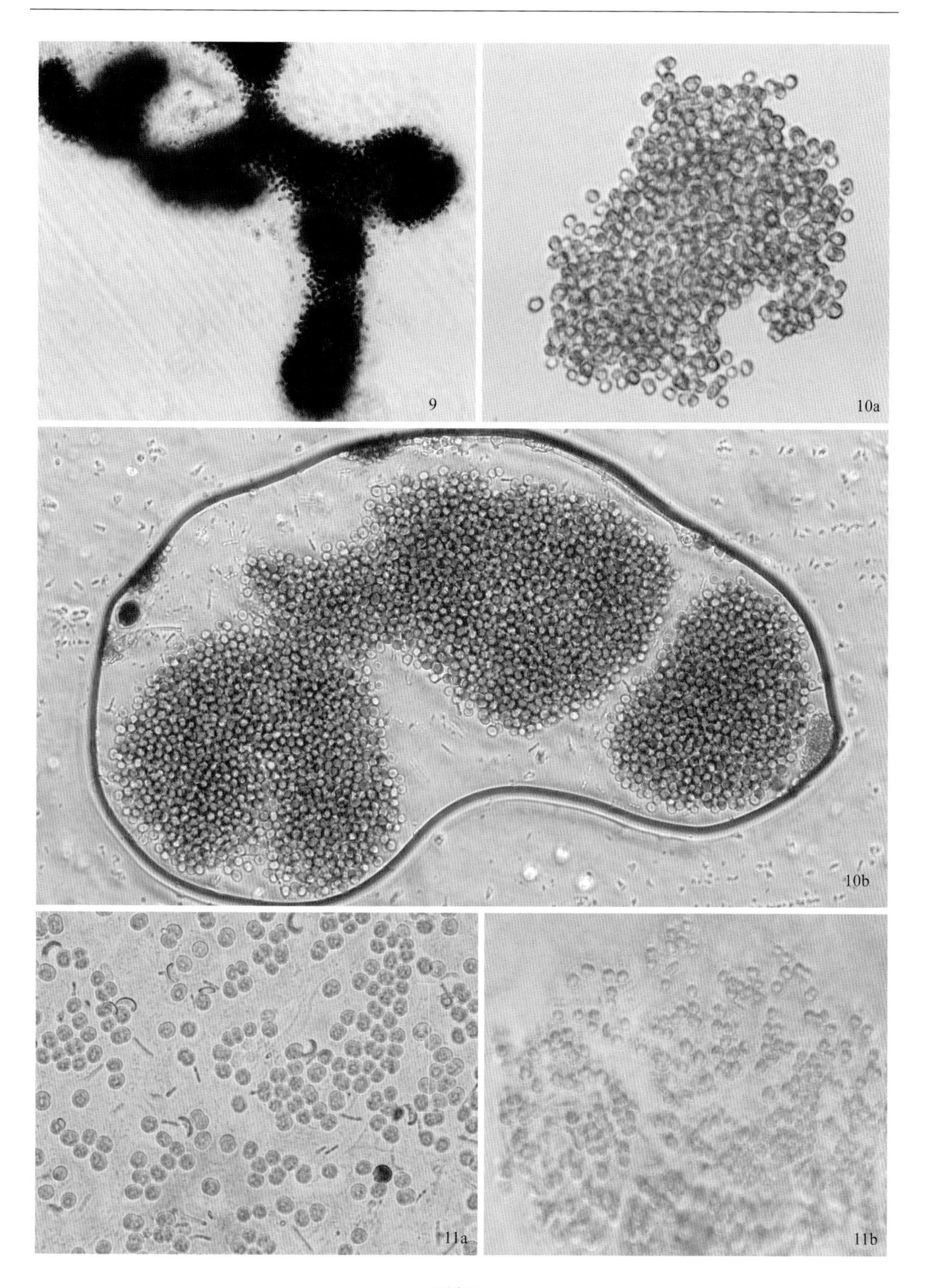

图版三

图 9　假丝微囊藻 *Microcystis pseudofilamentosa* Crow.

图 10a，10b　水华微囊藻 *Microcystis flos-aquae*（Wittr.）Kirchner

图 11a，11b　苍白微囊藻 *Microcystis pallida*（Farlow）Lemm.

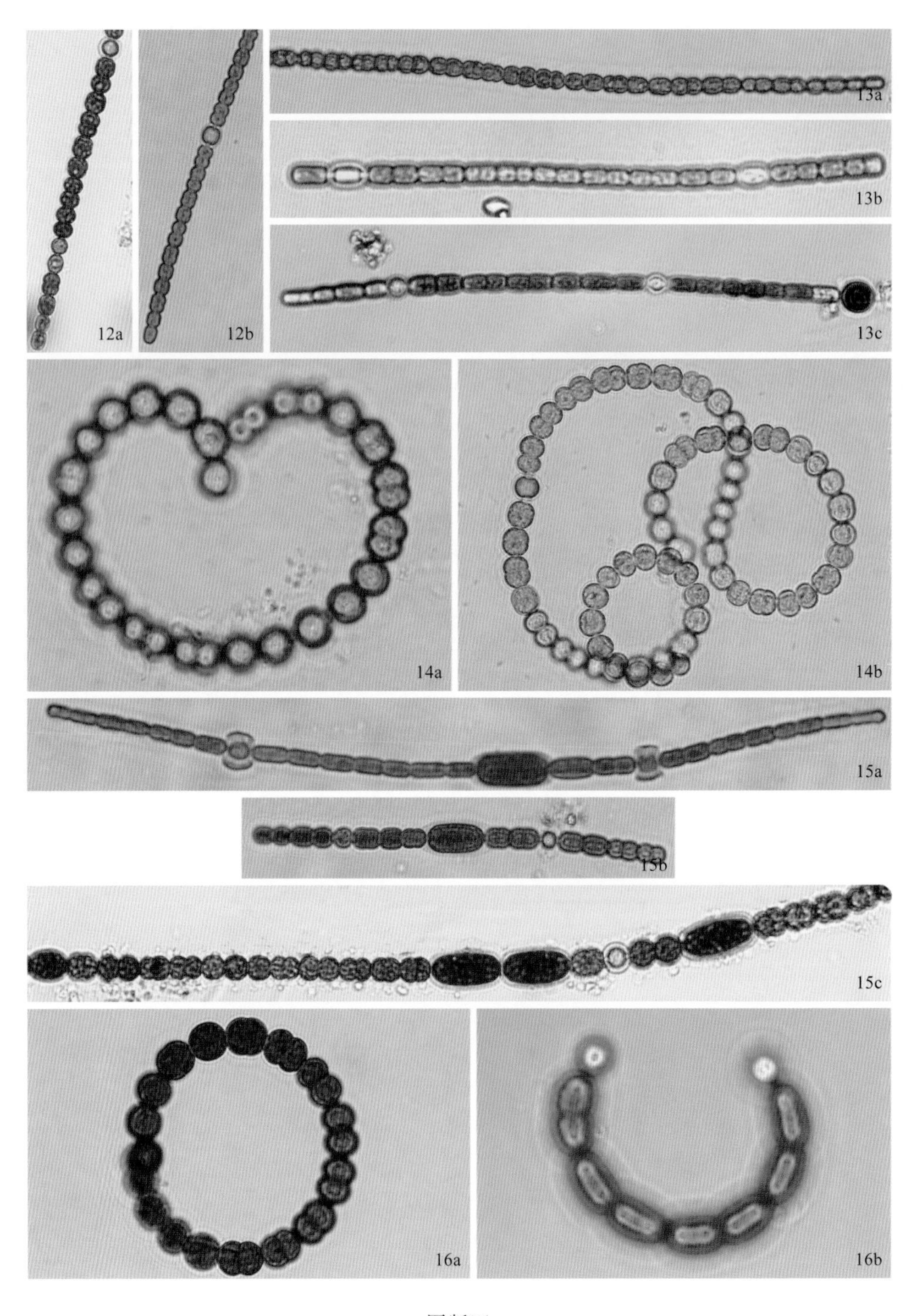

图版四

图 12a，12b 固氮鱼腥藻 *Anabaena azotica* Ley.

图 13a，13b，13c 多变鱼腥藻 *Anabaena variabilis* Kütz.

图 14a，14b 卷曲鱼腥藻 *Anabaena circinalis* Rab.

图 15a，15b，15c 崎岖鱼腥藻 *Anabaena inaequalis*（Kütz.）Born. et Flah.

图 16a，16b 环圈拟鱼腥藻 *Anabaenopsis circularis*（G. S. West）Wolosz. et Miller

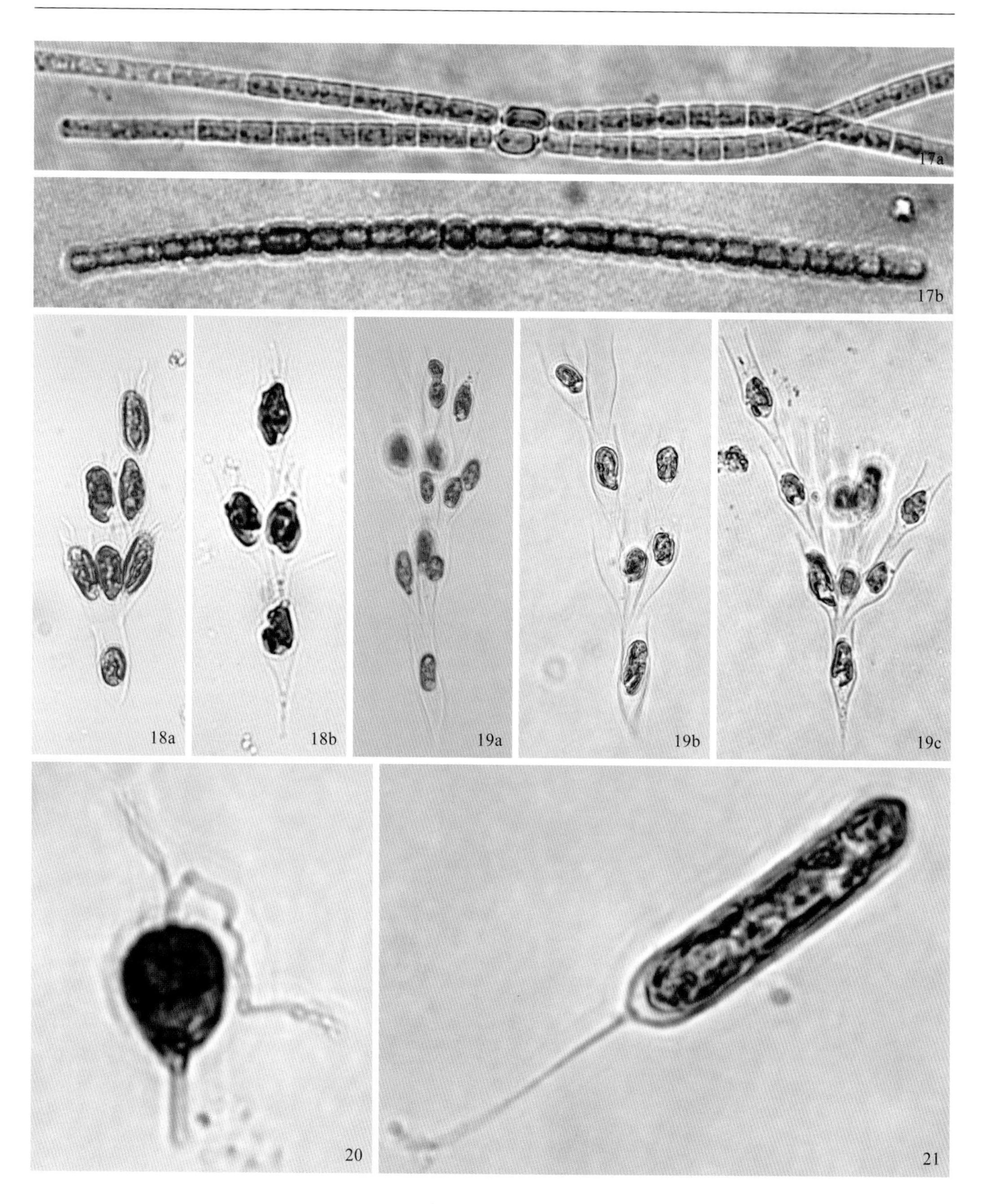

图版五

图 17a，17b　水华束丝藻 *Aphanizomenon flos-aquae*（L.）Ralfs.

图 18a，18b　长锥形锥囊藻 *Dinobryon bavaricum* Imhof

图 19a，19b，19c　密集锥囊藻 *Dinobryon sertularia* Ehrenberg

图 20　旋转黄团藻 *Uroglena volvox* Ehrenberg

图 21　头状黄管藻 *Ophiocytium capitatum* Wolle

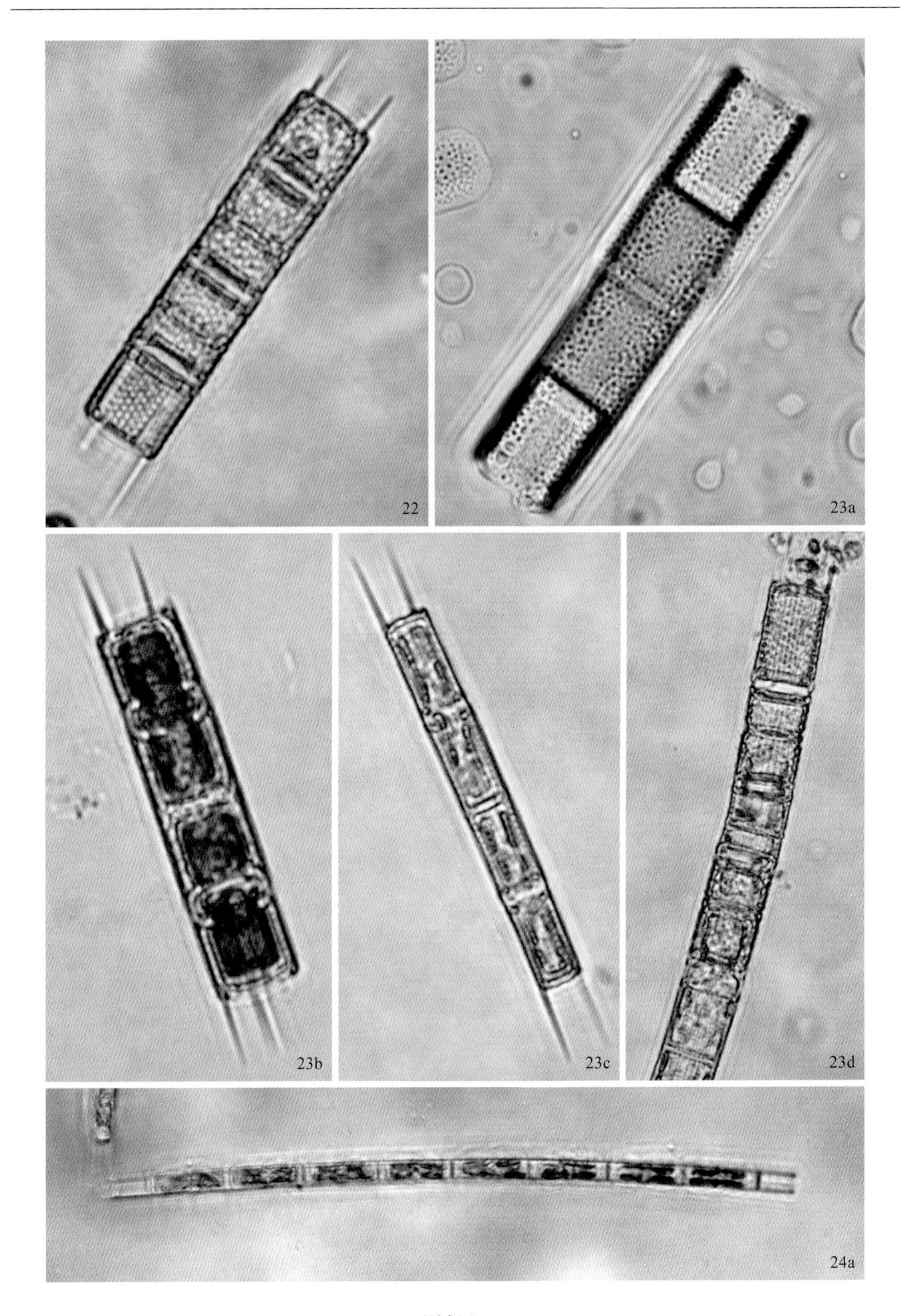

图版六

图 22 岛直链藻 *Melosira islandica* O. Müller

图 23a，23b，23c，23d 颗粒直链藻原变种 *Melosira granulata* var. *granulata*（Ehr.）Ralfs

图 24a 颗粒直链藻极狭变种 *Melosira granulata* var. *angustissima* O. Müller

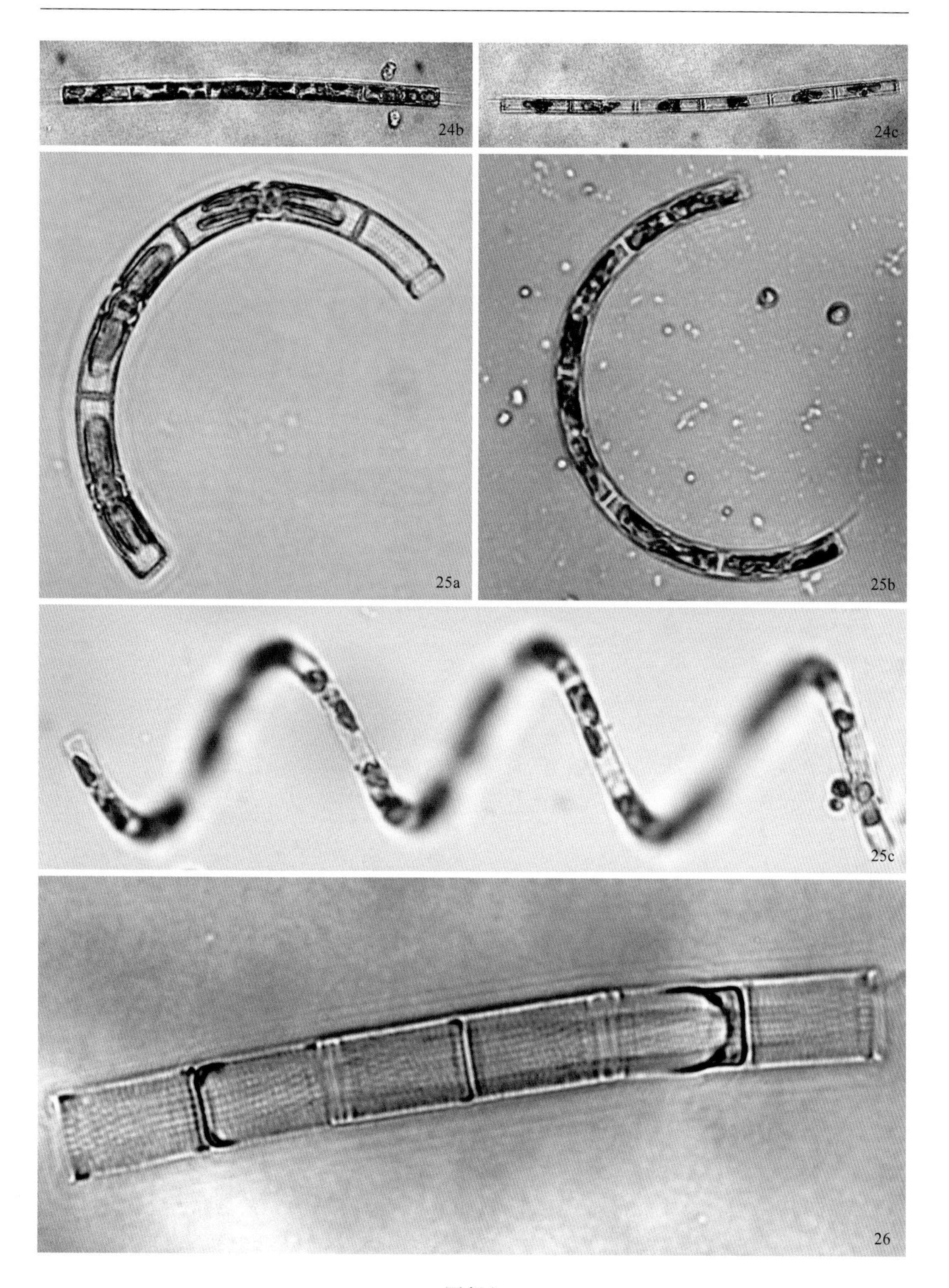

图版七

图 24b，24c　颗粒直链藻极狭变种 *Melosira granulata* var. *angustissima* O. Müller

图 25a，25b，25c　颗粒直链藻极狭变种螺旋变型 *Melosira granulata* var. *angustissima* f. *spiralis* Hustedt

图 26　意大利直链藻 *Melosira italica*（Ehr.）Kützing

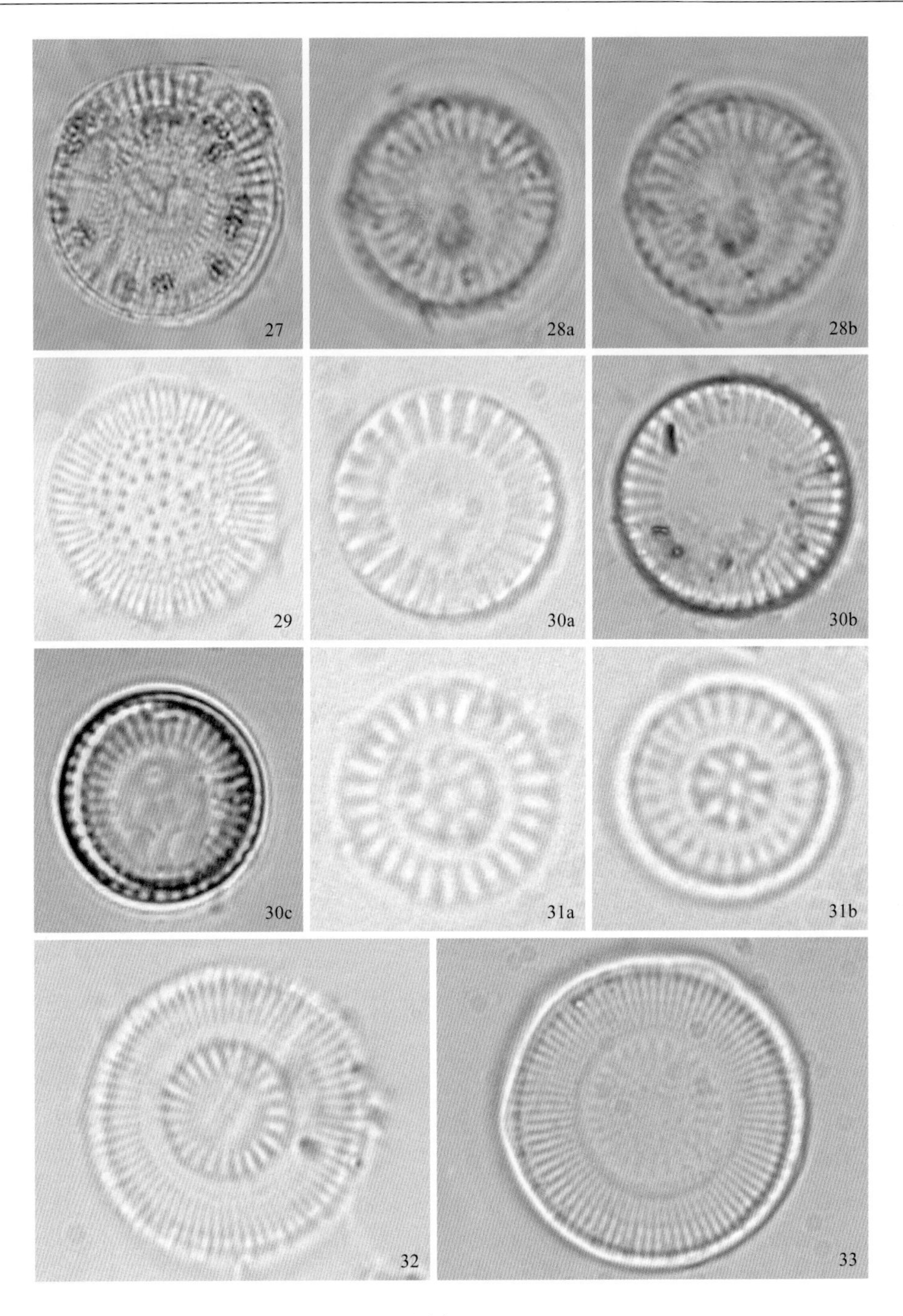

图版八

图 27 广缘小环藻 *Cyclotella bodanica* Eulenstein

图 28a，28b 扭曲小环藻 *Cyclotella comta*（Ehr.）Kützing

图 29 库津小环藻 *Cyclotella kuetzingiana* Thwaites

图 30a，30b，30c 梅尼小环藻 *Cyclotella meneghiniana* Kützing

图 31a，31b 具星小环藻 *Cyclotella stelligera*（Cleve & Grunow）Van Heurck

图 32 星肋小环藻 *Cyclotella asterocostata* Xie, Lin et Cai

图 33 新星形冠盘 *Stephanodiscus neoastraea* Häkansson et Hickel

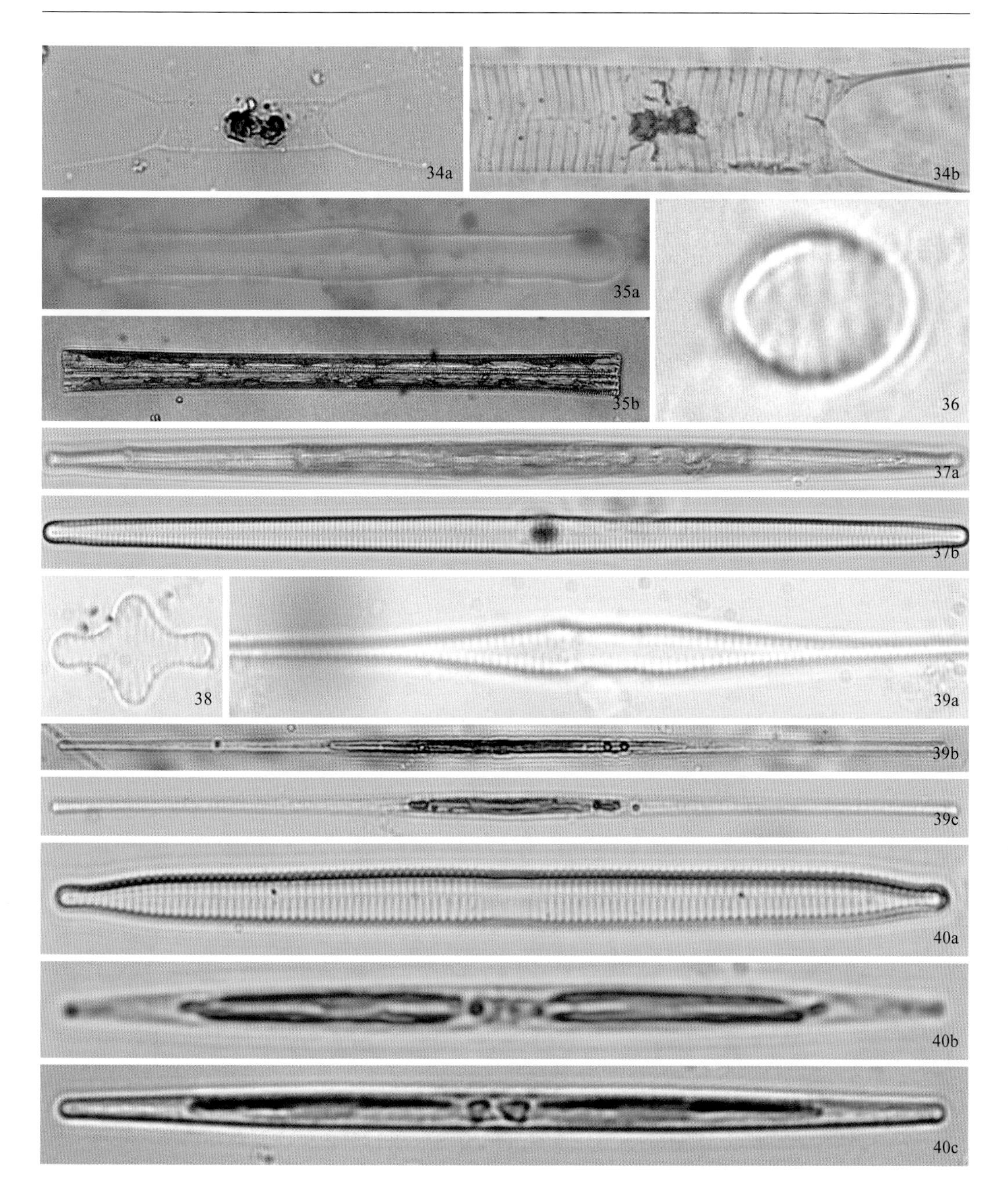

图版九

图 34a，34b 扎卡四棘藻 *Attheya zachariasi* Brun

图 35a，35b 窗格平板藻 *Tabellaria fenestrata*（Lyngb.）Kützing

图 36 冬生等片藻中型变种 *Diatoma hiemale* var. *mesodon*（Ehr.）Grunow

图 37a，37b 钝脆杆藻 *Fragilaria capucina* Desmaziéres

图 38 狭辐节脆杆藻 *Fragilaria leptostauron*（Ehr.）Hustedt

图 39a，39b，39c 尖针杆藻 *Synedra acus* Kützing

图 40a，40b，40c 肘状针杆藻 *Synedra ulna*（Nitzsch.）Ehrenberg

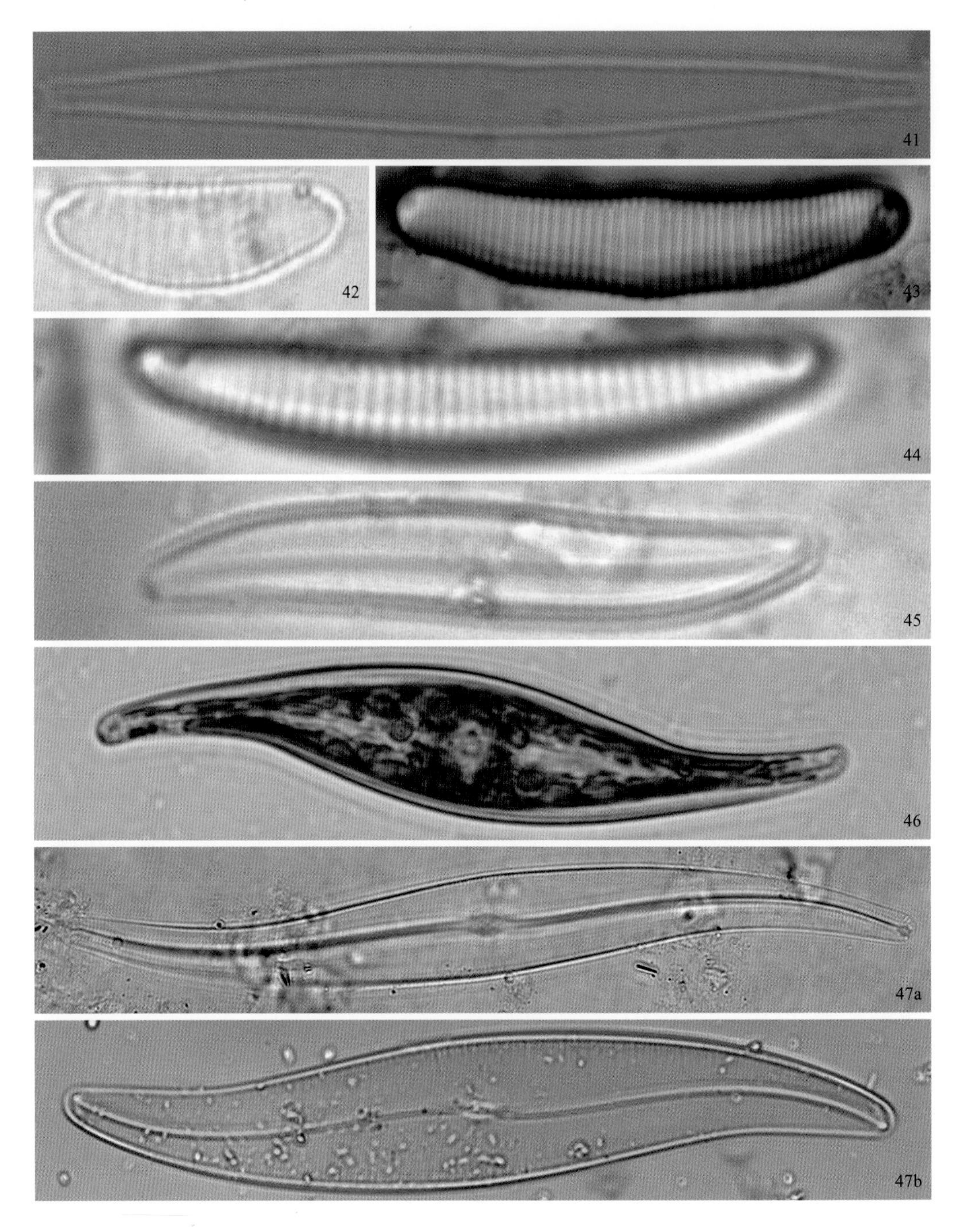

图版十

图 41　平片针杆藻 *Synedra tabulata*（Ag.）Kützing

图 42　岩壁短缝藻肿胀变种 *Eunotia praerupta* var. *inflata* Grun.

图 43　三峰短缝藻 *Eunotia triodon* Ehrenberg

图 44　拟短缝藻细长变种 *Eunotia fallax* var. *gracillima* Krasske

图 45　锉刀状布纹藻 *Gyrosigma scalproides*（Rabh.）Cl.

图 46　尖布纹藻 *Gyrosigma acuminatum*（Kütz.）Rabenhorst

图 47a，47b　斯潘塞布纹藻 *Gyrosigma spencerii*（Quek.）Griff. & Henfr.

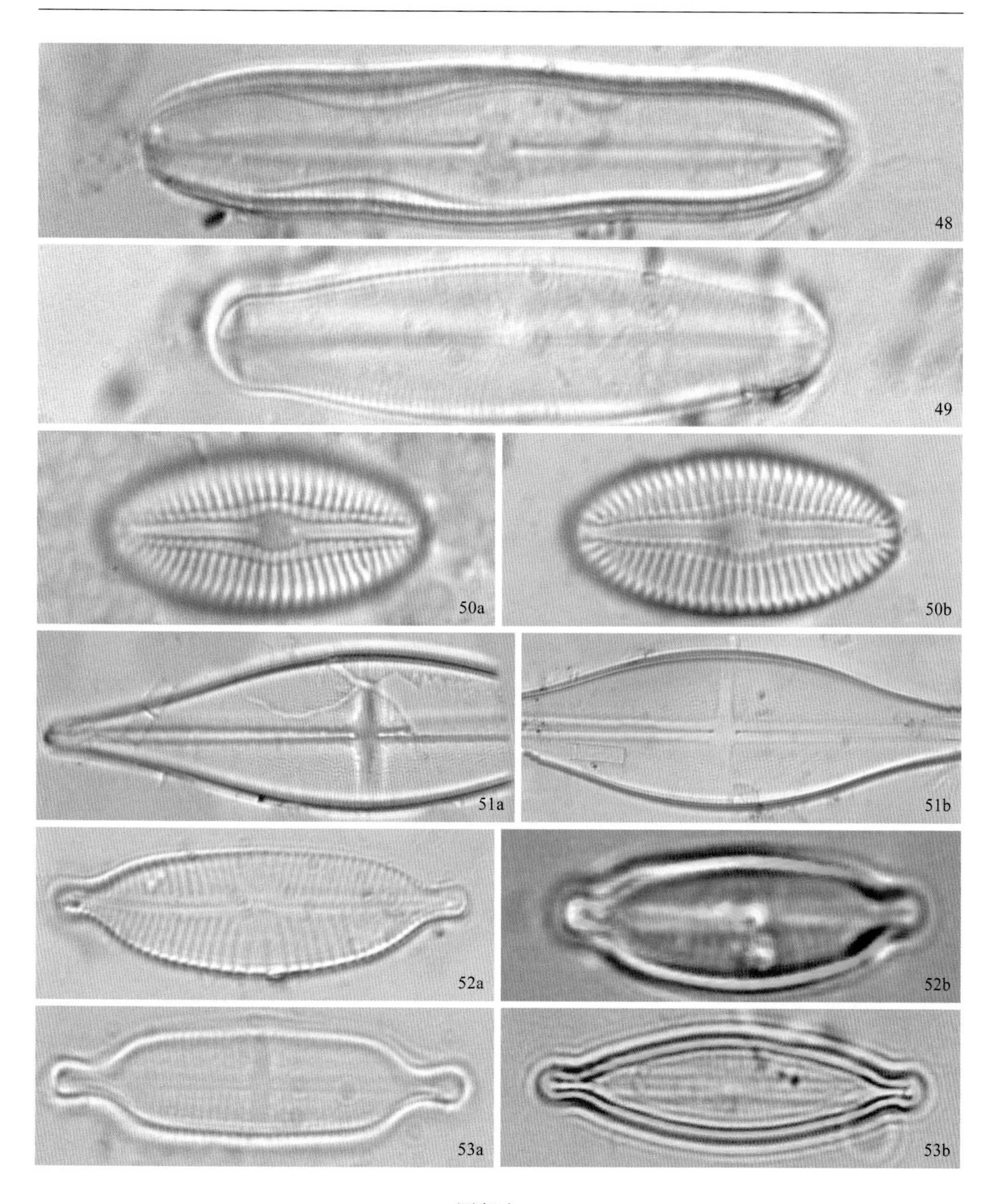

图版十一

图 48 偏肿美壁藻 *Caloneis ventricosa*（Ehr.）Meister

图 49 细纹长蓖藻 *Neidium affine*（Ehr.）Pfitzer

图 50a，50b 卵圆双壁藻 *Diploneis ovalis*（Hilse）Cleve

图 51a，51b 尖辐节藻 *Stauroneis acuta* W. Smith

图 52a，52b 双头辐节藻原变种 *Stauroneis anceps* var. *anceps* Ehrenberg

图 53a，53b 双头辐节藻线形变型 *Stauroneis anceps* f. *linearis*（Ehr.）Hustedt

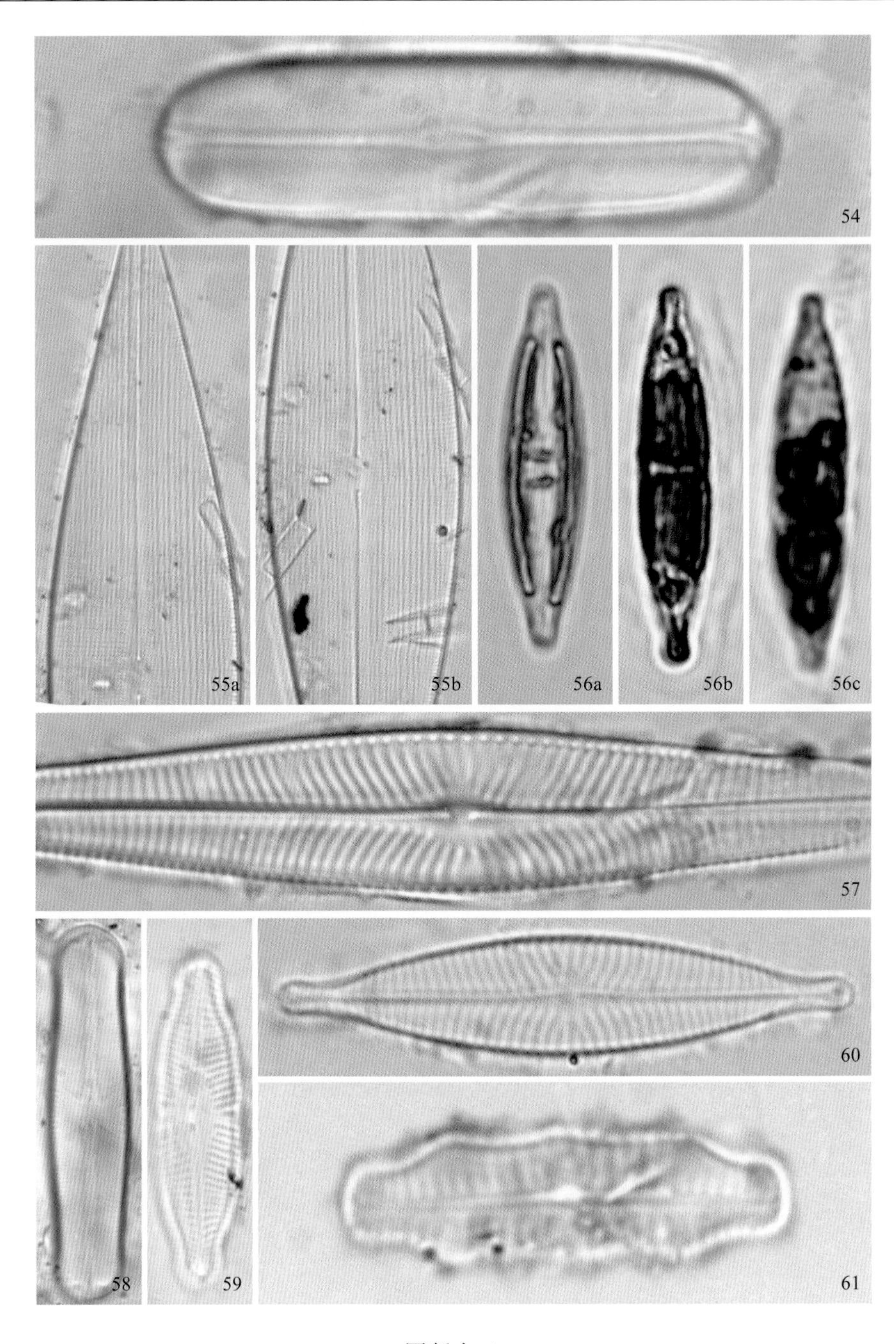

图版十二

图 54 杆状舟形藻 *Navicula bacillum* Ehrenberg

图 55a，55b 尖头舟形藻 *Navicula cuspidata*（Kütz.）Kützing

图 56a，56b，56c 短小舟形藻 *Navicula exigua* Gregory ex Grunow

图 57 放射舟形藻 *Navicula radiosa* Kützing

图 58 瞳孔舟形藻头端变种 *Navicula pupula* var. *capitata* Skvorzhov & Meyer

图 59 极细舟形藻 *Navicula subtilissima* Cleve

图 60 格里门舟形藻 *Navicula grimmei* Krasske

图 61 布鲁克曼舟形藻波缘变种 *Navicula brockmanni* var. *undulata* Zhu et Chen

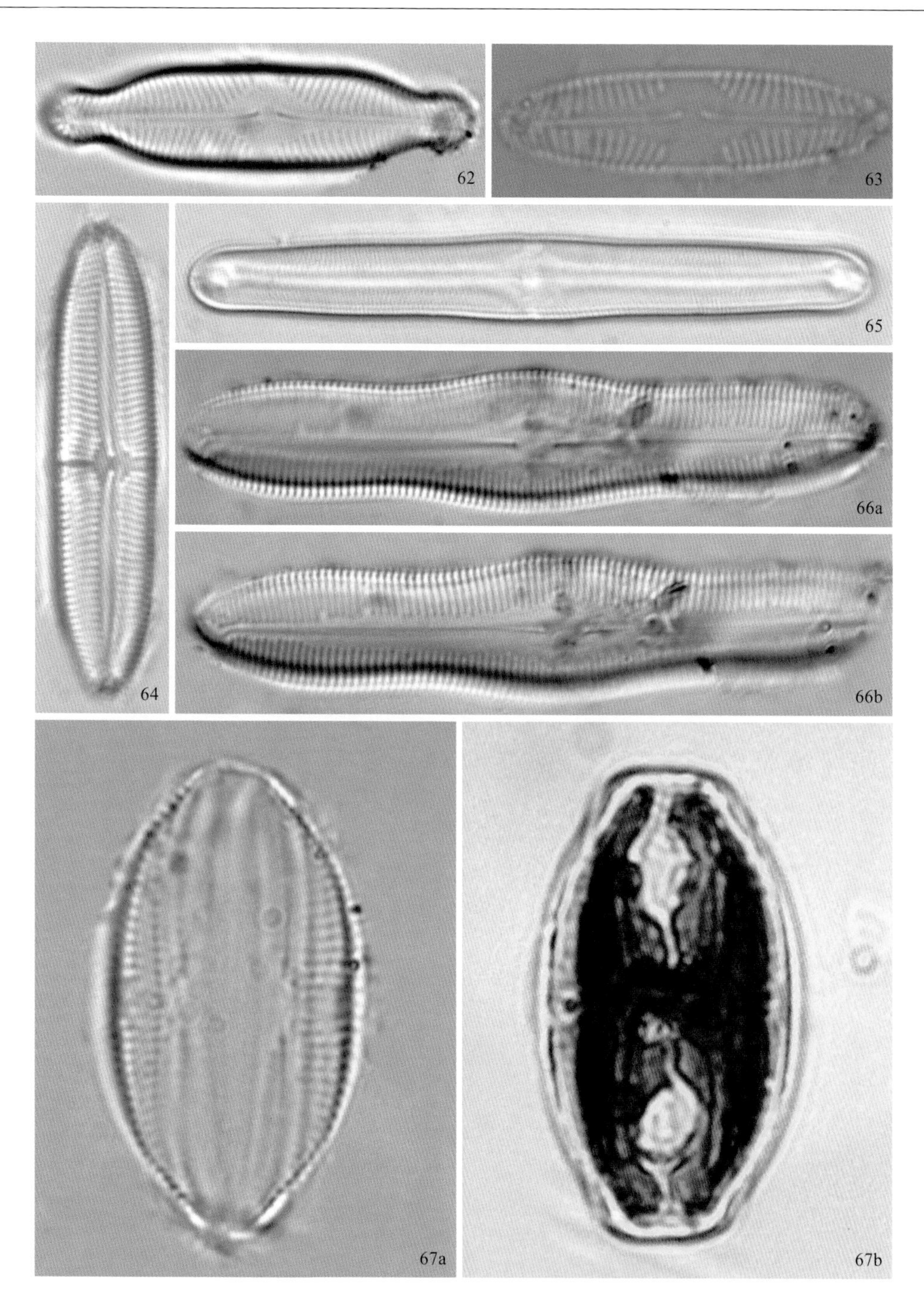

图版十三

图 62　中狭羽纹藻 *Pinnularia mesolepta*（Ehr.）W. Smith

图 63　近头端羽纹藻疏线变种 *Pinnularia subcapitata* var. *paucistriata*（Grun.）Cleve

图 64　布裂毕松羽纹藻（布雷羽纹藻）*Pinnularia brebissonii*（Kütz.）Rabenhorst

图 65　弯羽纹藻线形变种 *Pinnularia gibba* var. *linearis* Hustedt

图 66a，66b　二棒羽纹藻 *Pinnularia acrosphaeria* f. *minar* Cl.

图 67a，67b　卵圆双眉藻 *Amphora ovalis*（Kütz.）Kützing

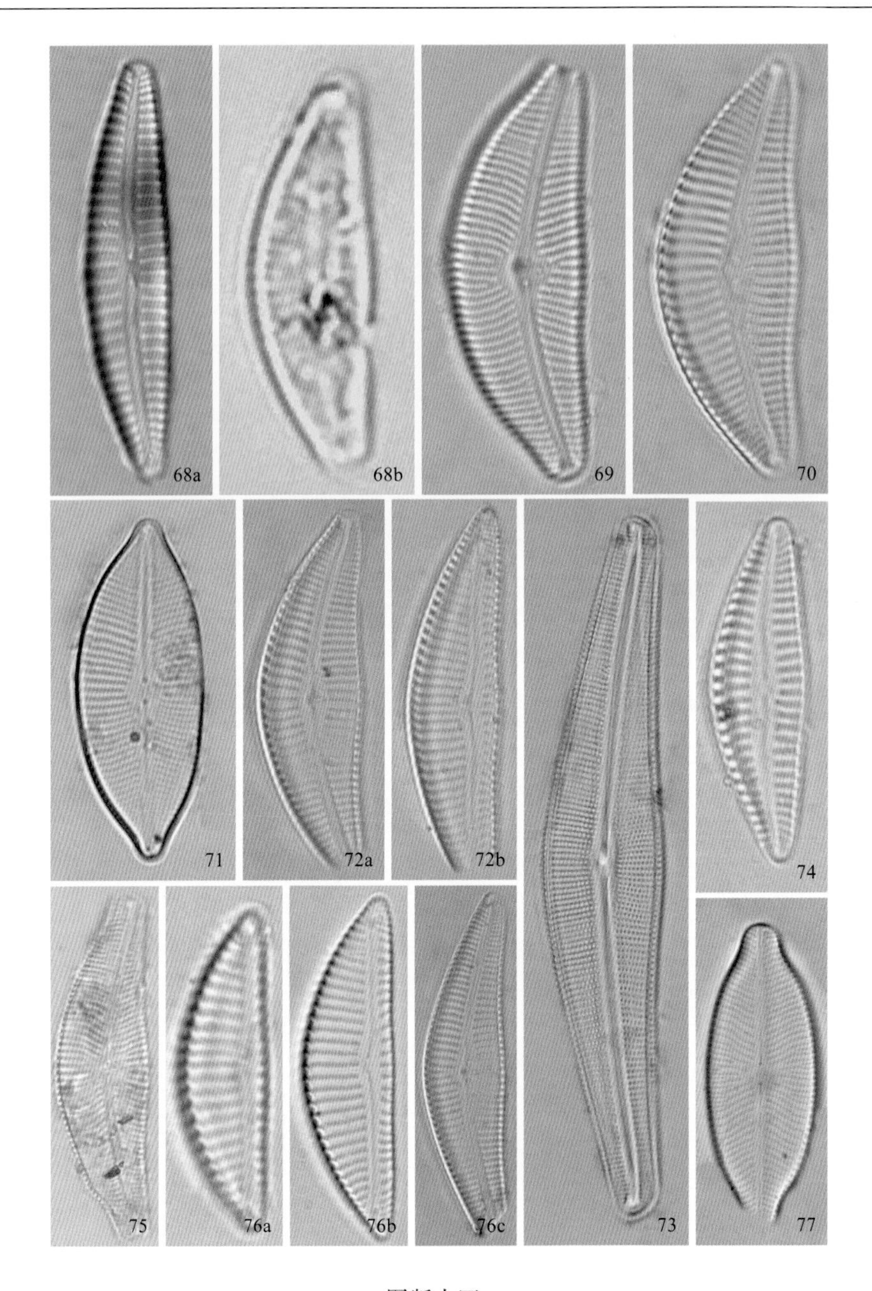

图版十四

图 68a，68b　高山桥弯藻 *Cymbella alpina* Grunow

图 69　箱形桥弯藻原变种 *Cymbella cistula* var. *cistula*（Hempr.）Kirchner

图 70　箱形桥弯藻具点变种 *Cymbella cistula* var. *macilaca*（Kütz.）Van Heurck

图 71　尖头桥弯藻 *Cymbella cuspidate* Kützing

图 72a，72b　新月形桥弯藻 *Cymbella cymbiformis* Agardh

图 73　披针形桥弯藻 *Cymbella lanceolata*（Ag.）Agardh

图 74　极小桥弯藻 *Cymbella perpusilla* Cleve

图 75　膨胀桥弯藻 *Cymbella tumida*（Bréb. ex Kütz.）Van Heurck

图 76a，76b，76c　偏肿桥弯藻 *Cymbella ventricosa* Kützing

图 77　略钝桥弯藻 *Cymbella obtusiuscula* Kütz.

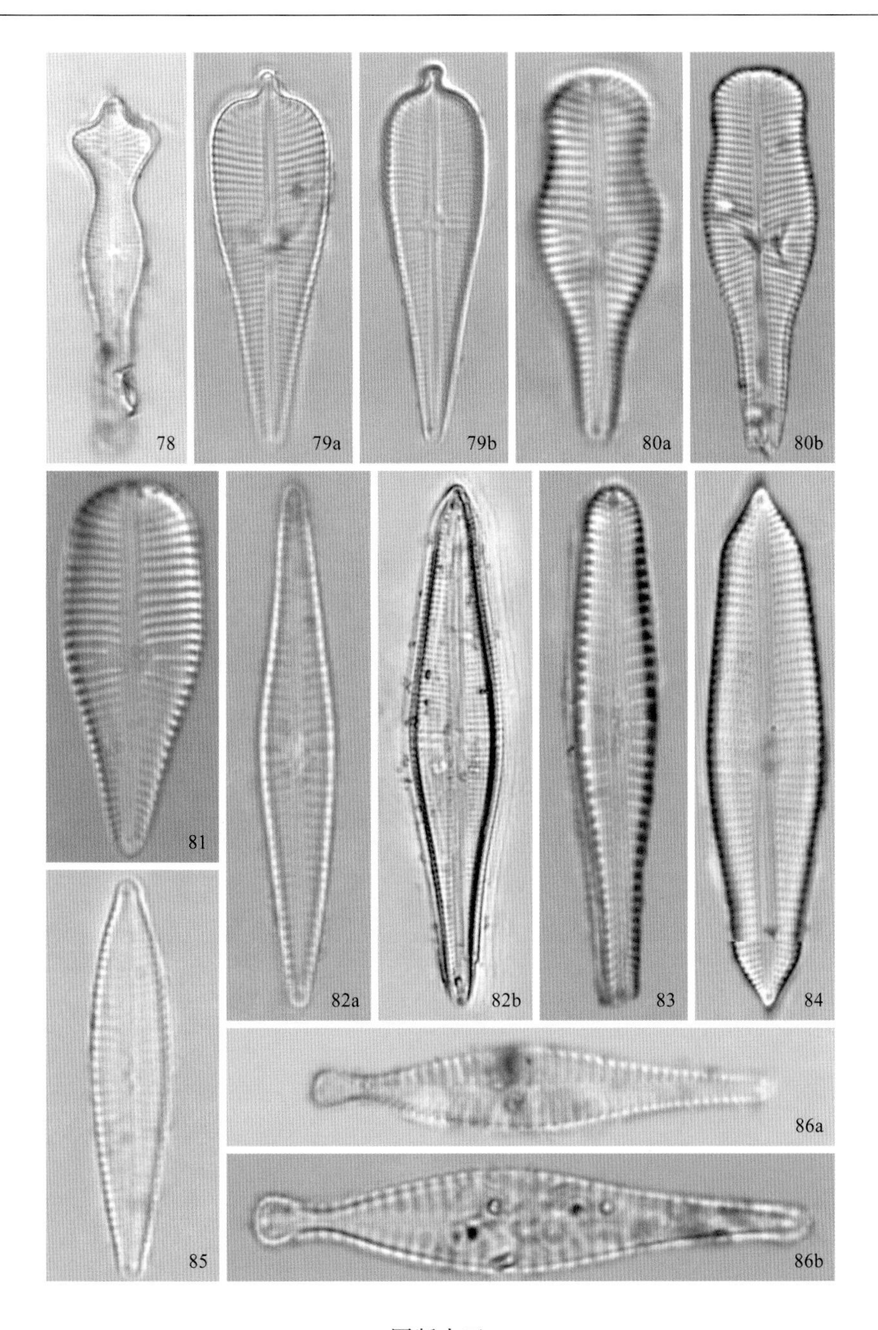

图版十五

图 78　尖异极藻花冠变种 *Gomphonema acuminatum* var. *coronatum*（Ehr.）W. Smith

图 79a，79b　尖顶异极藻 *Gomphonema augur* Ehrenberg

图 80a，80b　缢缩异极藻原变种 *Gomphonema constrictum* var. *constrictum* Ehrenberg

图 81　缢缩异极藻头状变种 *Gomphonema constrictum* var. *capitatum*（Ehr.）Grunow

图 82a，82b　纤细异极藻 *Gomphonema gracile* Ehrenberg

图 83　缠结异极藻 *Gomphonema intricatum* Kützing

图 84　尖细异极藻塔状变种 *Gomphonema acuminatum* var. *turris*（Ehr.）Wolle

图 85　小形异极藻 *Gomphonema parvulum*（Kütz.）Kützing

图 86a，86b　细弱异极藻 *Gomphonema subtile* Ehr.

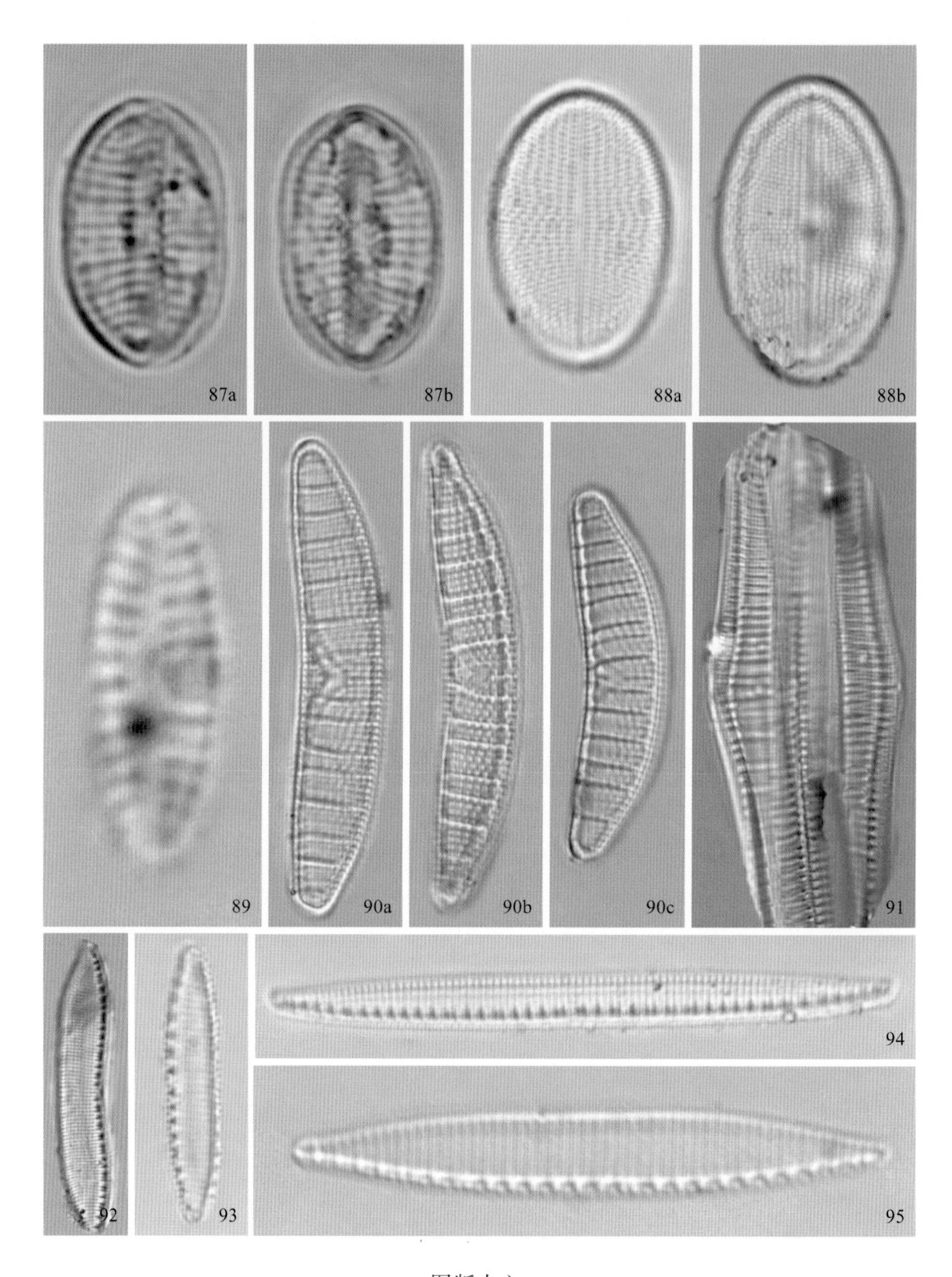

图版十六

图 87a，87b　扁圆卵形藻原变种 *Cocconeis placentula* var. *placentula* Ehrenberg

图 88a，88b　扁圆卵形藻多孔变种 *Cocconeis placentula* var. *euglypta*（Ehr.）Cleve

图 89　披针形曲壳藻 *Achnanthes lanceolata*（Bréb.）Grunow

图 90a，90b，90c　膨大窗纹藻颗粒变种 *Epithemia turgida* var. *granulata*（Ehr.）Brun

图 91　弯棒杆藻 *Rhopalodia gibba*（Ehr.）O. Müller

图 92　双尖菱板藻 *Hantzschia amphioxys*（Ehr.）Grunow

图 93　碎片菱形藻很小变种 *Nitzschia frustulum* var. *perpusilla*（Rabh.）Grunow

图 94　线形菱形藻 *Nitzschia linearis* W. Smith

图 95　谷皮菱形藻 *Nitzschia palea*（Kütz.）W. Smith

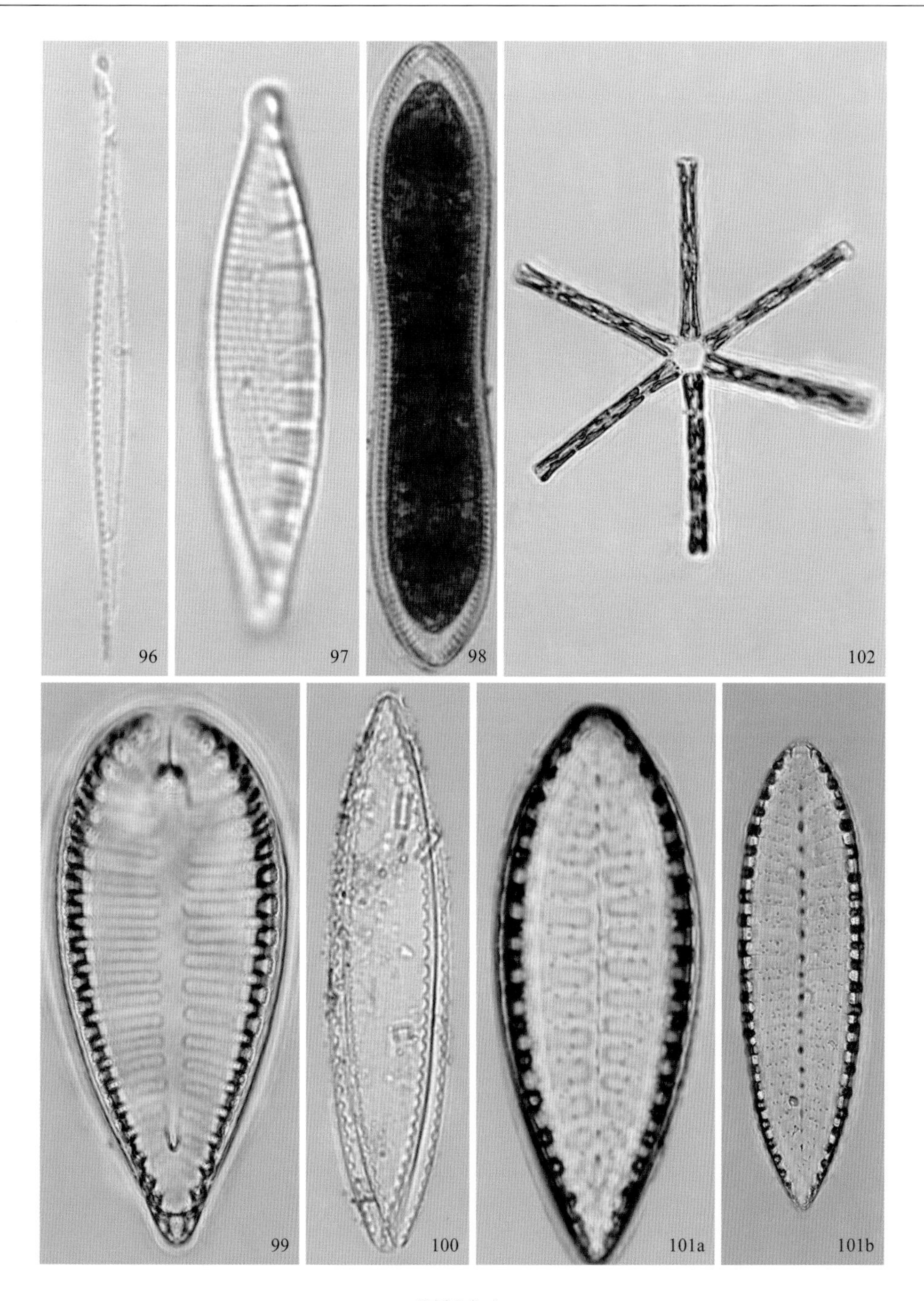

图版十七

图 96　针状菱形藻 *Nitzschia acicularis*（Kütz.）W. Smith

图 97　断纹菱形藻 *Nitzschia interrupta*（Reichelt）Hustedt

图 98　草鞋形波缘藻 *Cymatopleura solea*（Bréb.）W. Smith

图 99　端毛双菱藻 *Surirella capronii* Brébsson

图 100　线形双菱藻 *Surirella linearis* W. Smith

图 101a，101b　粗壮双菱藻 *Surirella robusta* Ehrenberg

图 102　华丽星杆藻 *Asterionella formosa* Hassall

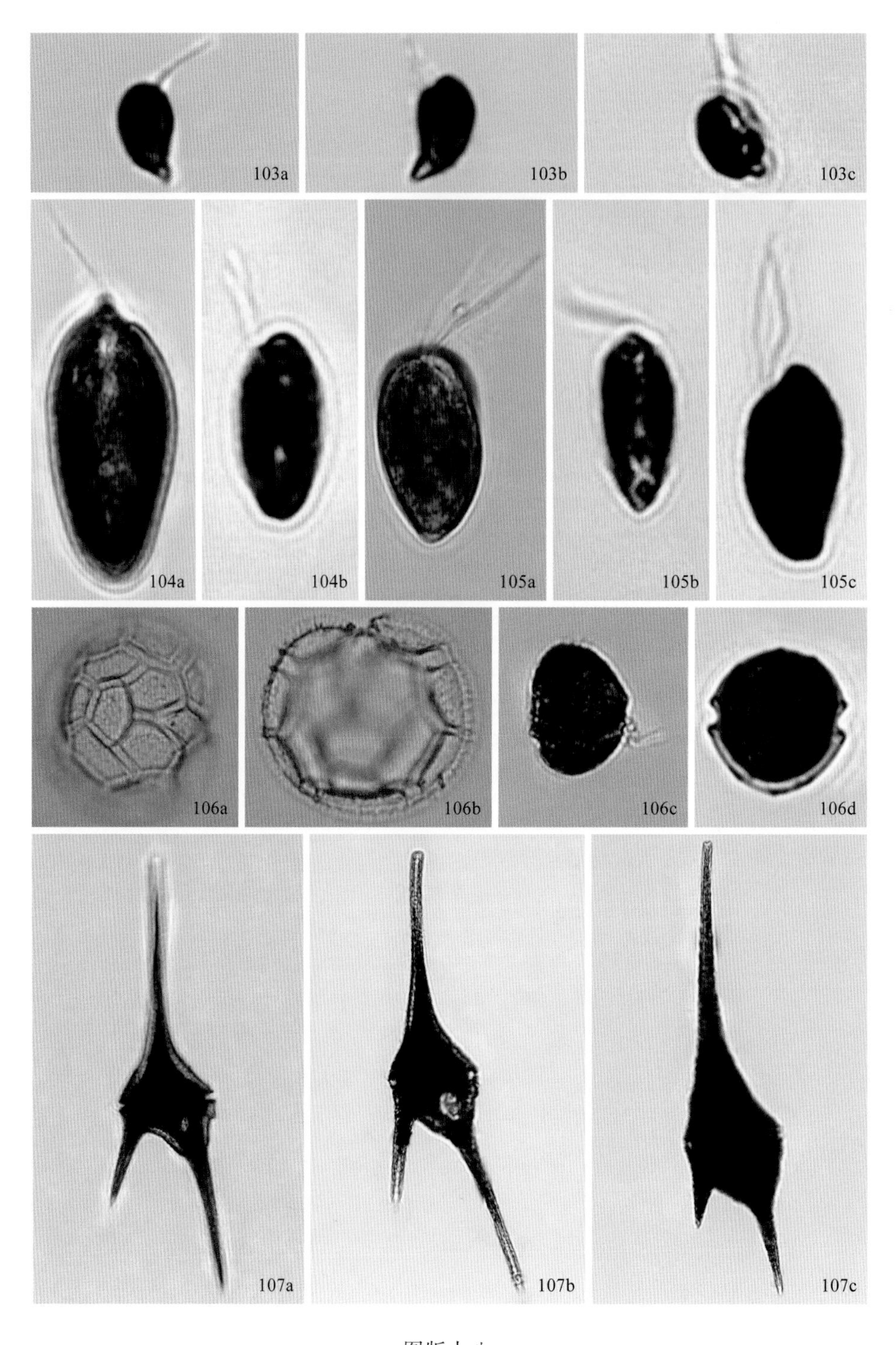

图版十八

图 103a，103b，103c　尖尾蓝隐藻 *Chroomonas acuta* Uterm.

图 104a，104b　卵形隐藻 *Cryptomonas ovata* Ehrenberg

图 105a，105b，105c　啮蚀隐藻 *Cryptomonas erosa* Ehrenberg

图 106a，106b，106c，106d　威氏多甲藻 *Peridinium willei* Huilfeld-Kaas

图 107a，107b，107c　角甲藻 *Ceratium hirundinella*（Müll.）Schrank

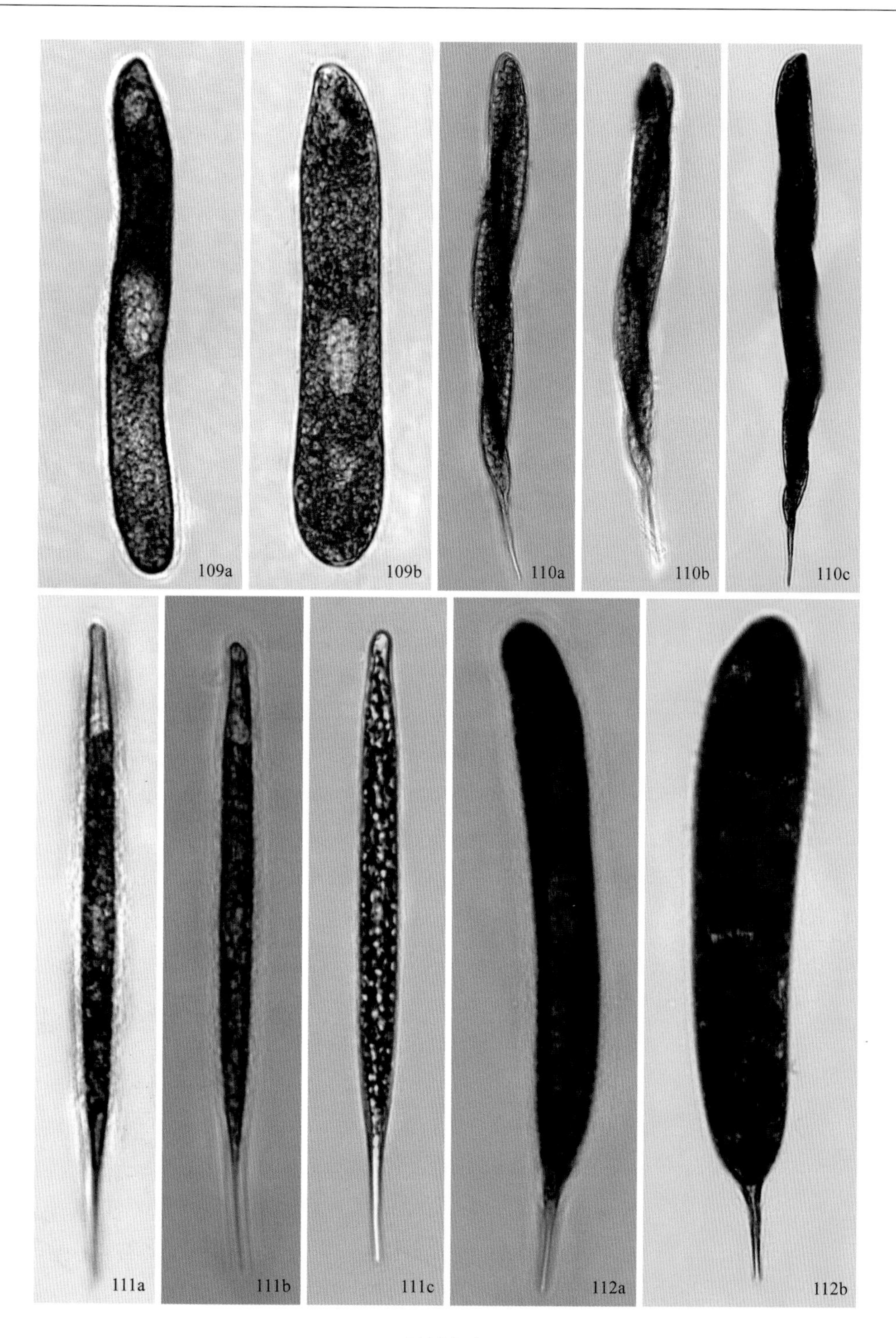

图版十九

图 109a，109b　带形裸藻 *Euglena ehrenbergii* Klebs

图 110a，110b，110c　三棱裸藻 *Euglena tripteris*（Dujardin）Klebs

图 111a，111b，111c　梭形裸藻 *Euglena acus* Ehrenberg

图 112a，112b　尖尾裸藻 *Euglena oxyuris* Schmarda

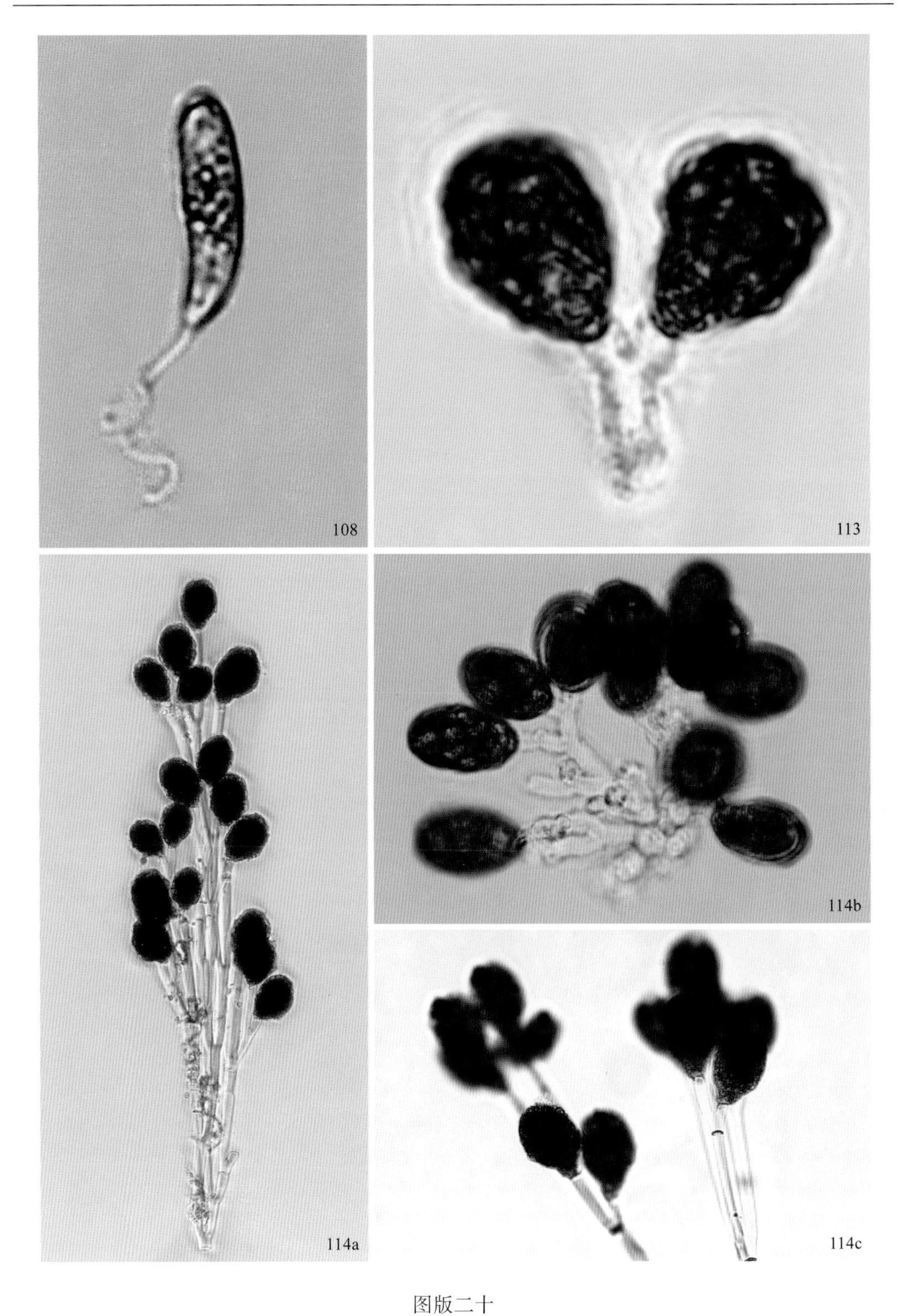

图版二十

图 108　楔形袋鞭藻 *Peranema cuneatum* Playfair

图 113　囊形柄裸藻 *Colacium vesiculosum* Ehrenberg

图 114a，114b，114c　树状柄裸藻 *Colacium arbuscula* Stein.

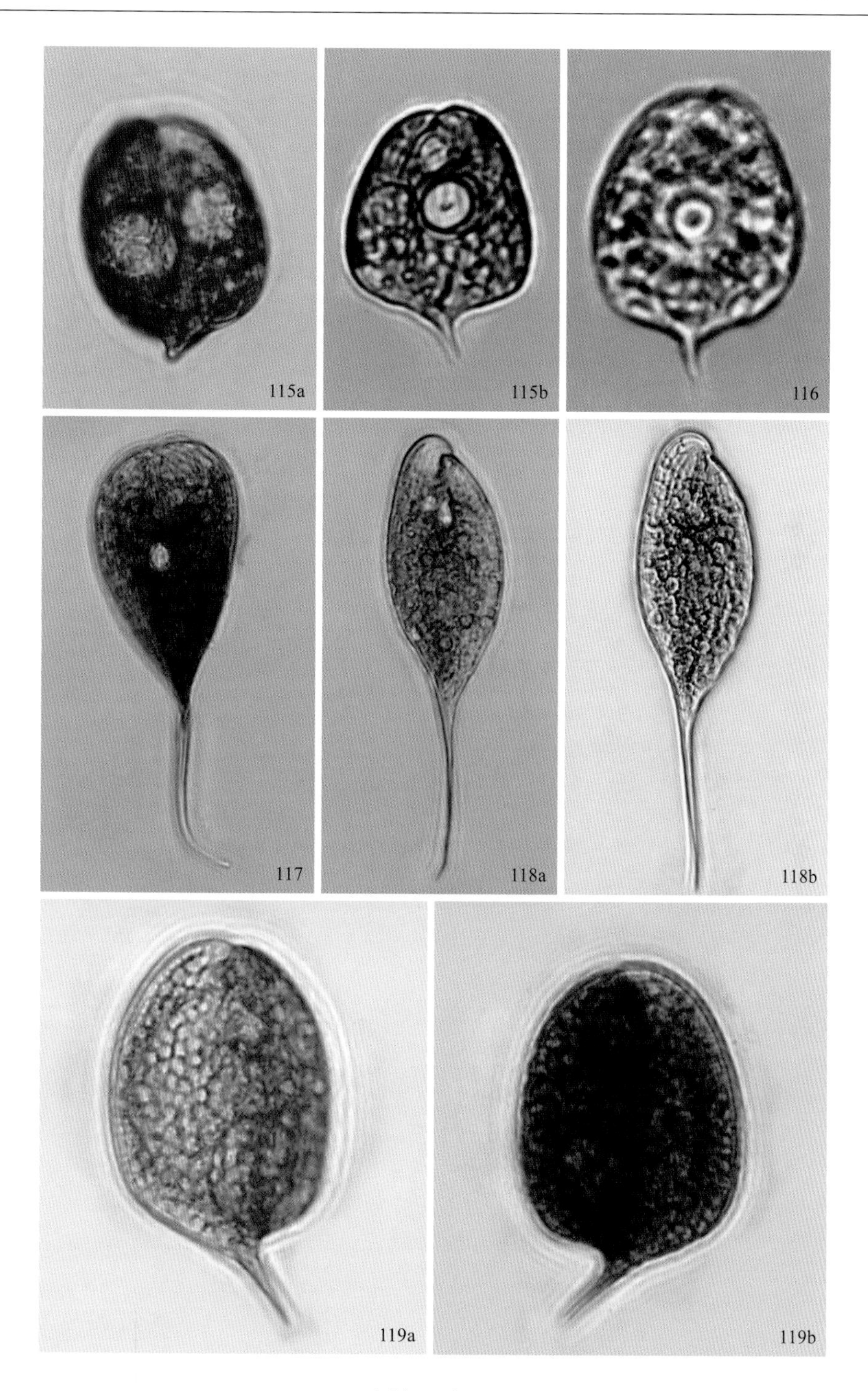

图版二十一

图 115a，115b　尖尾扁裸藻 *Phacus acuminatus* Stok.

图 116　爪形扁裸藻 *Phacus onyx* Pochm.

图 117　曲尾扁裸藻 *Phacus lismorensis* Playf.

图 118a，118b　华美扁裸藻 *Phacus elegans* Pochmann

图 119a，119b　三棱扁裸藻矩圆变种 *Phacus triqueter*（Ehr.）Duj. var. *oblongus* Shi

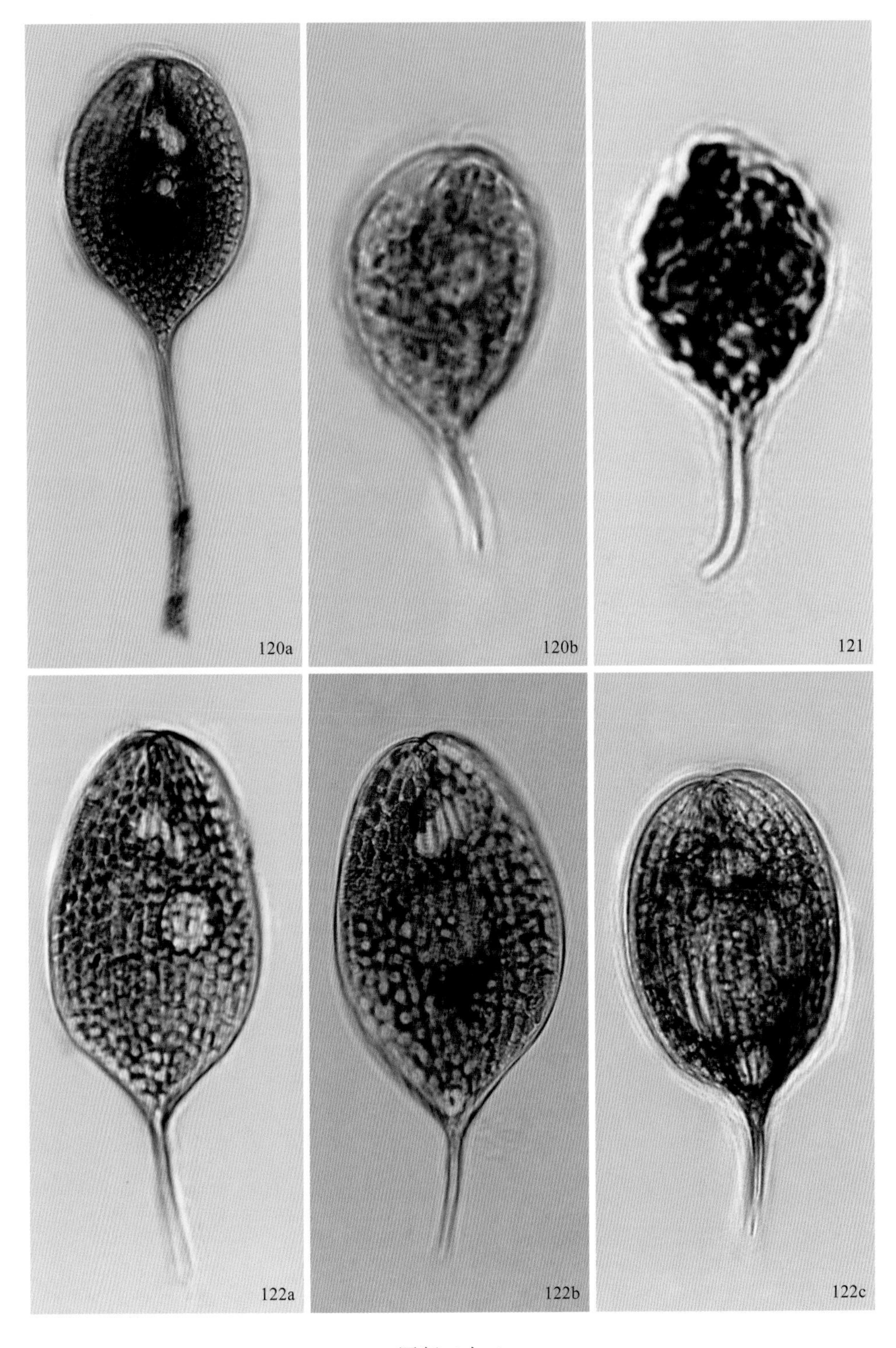

图版二十二

图 120a，120b 长尾扁裸藻 *Phacus longicauda*（Ehr.）Dujardin

图 121 梨形扁裸藻 *Phacus pyrum*（Ehr.）Stein

图 122a，122b，122c 蝌蚪形扁裸藻 *Phacus ranula* Pochmann

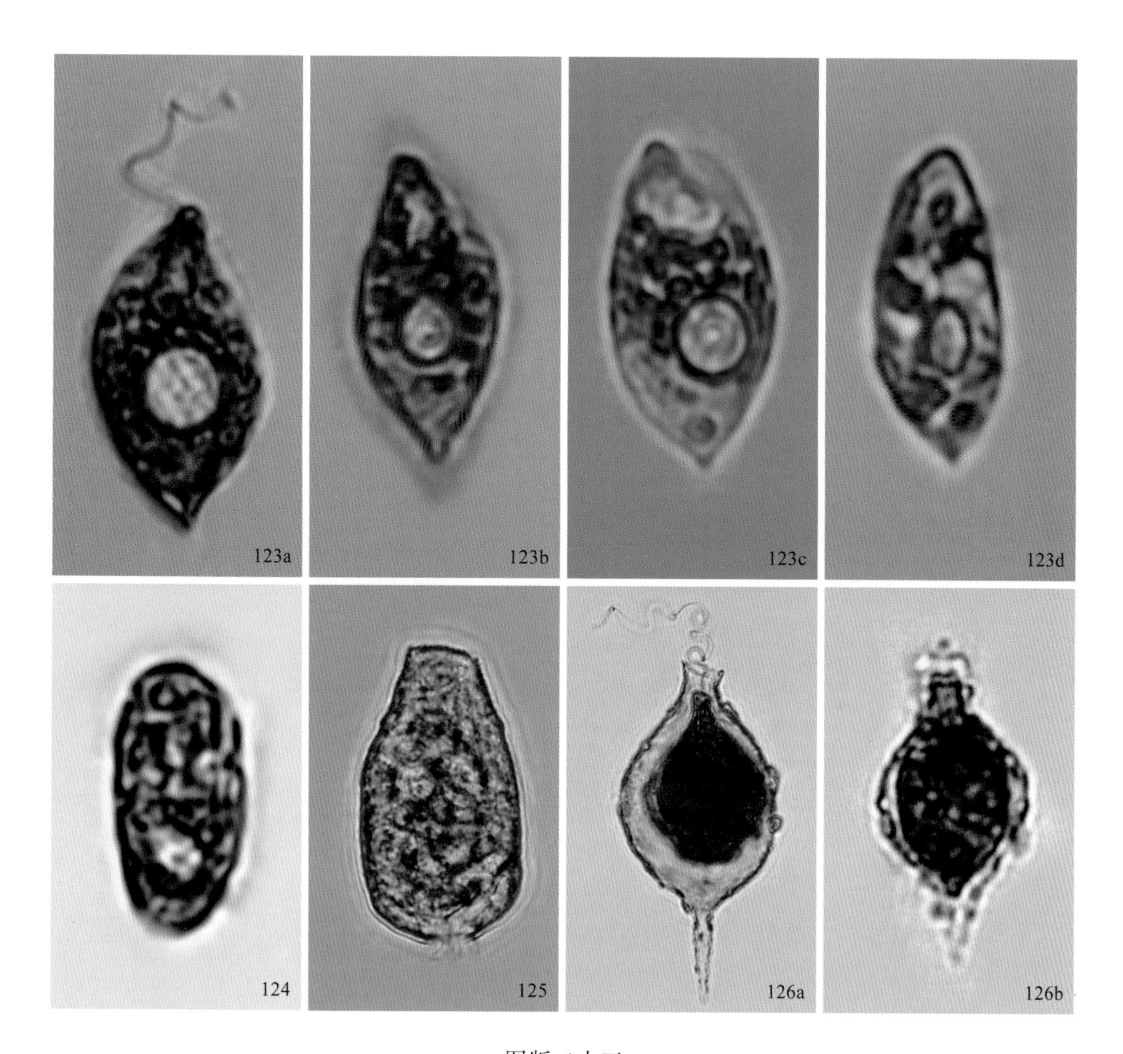

图版二十三

图 123a～123d　斯科亚扁裸藻 *Phacus skujae* Skvortzow

图 124　小型扁裸藻 *Phacus parvulus* Klebs

图 125　粗糙陀螺藻卵形变种 *Strombomonas aspera* var. *ovata* Shi et Q. X. Wang

图 126a，126b　剑尾陀螺藻装饰变种 *Strombomonas ensifera* var. *ornata*（Lemmermann）Deflandre

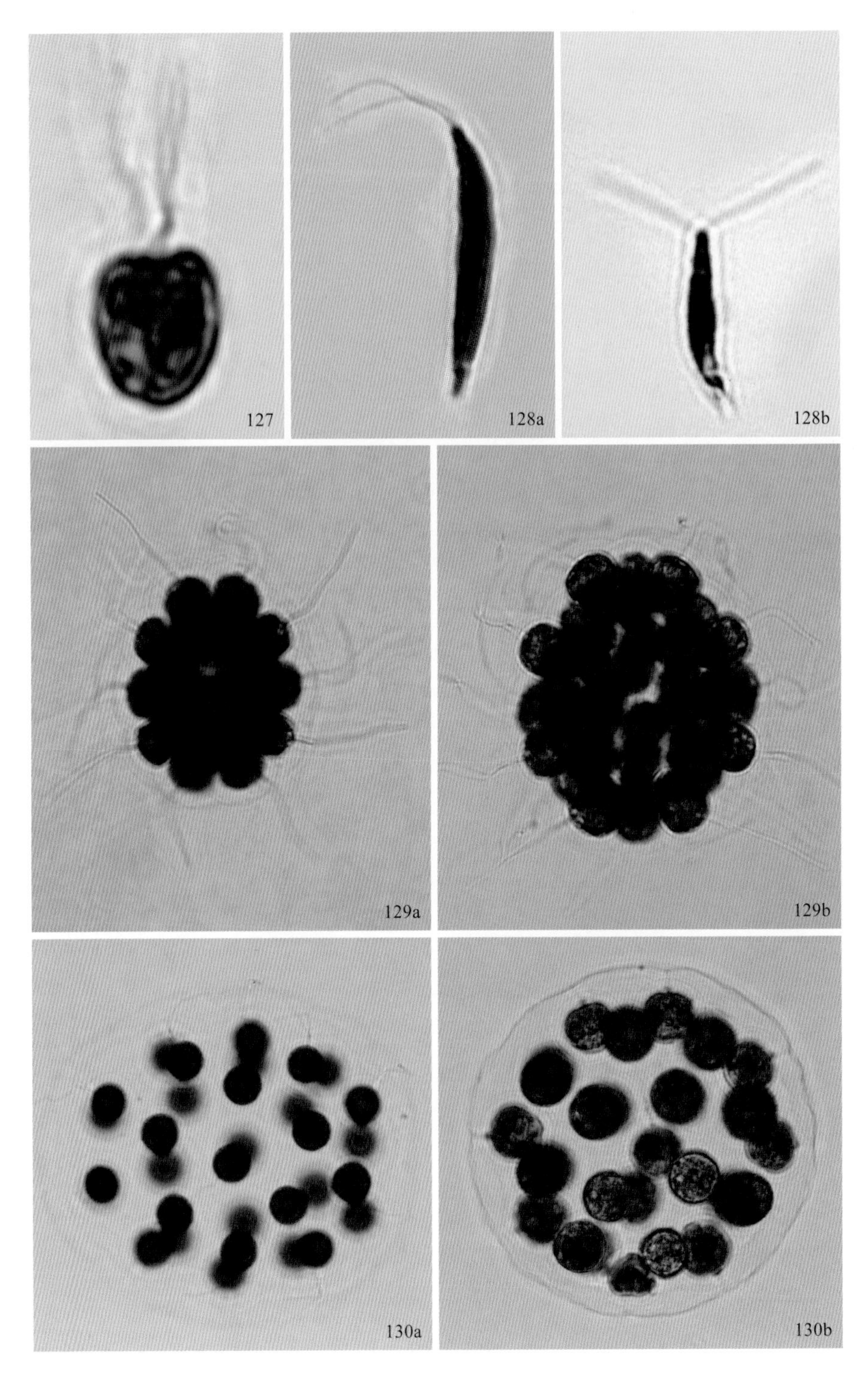

图版二十四

图 127 娇柔塔胞藻 *Pyramimonas delicatula* Griff.

图 128a，128b 长绿梭藻 *Chlorogonium elongatum* Dangeard

图 129a，129b 实球藻 *Pandorina morum*（Müll.）Bory

图 130a，130b 空球藻 *Eudorina elegans* Ehrenberg

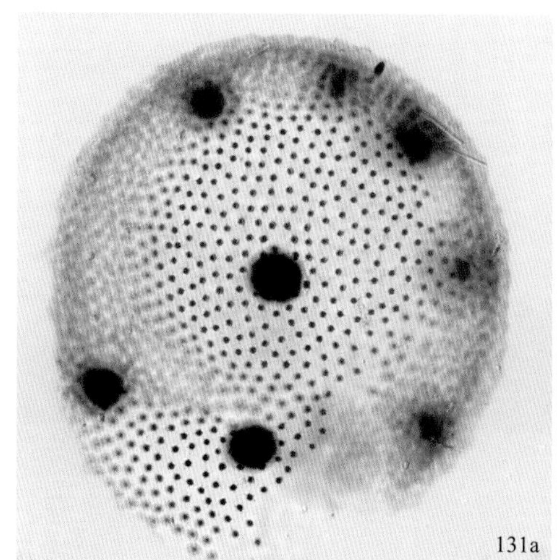

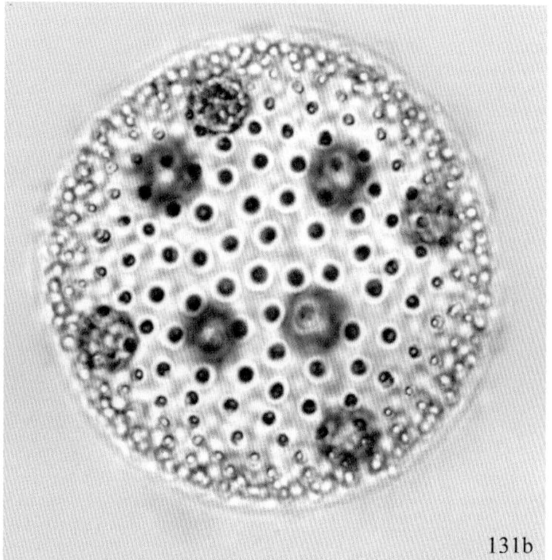

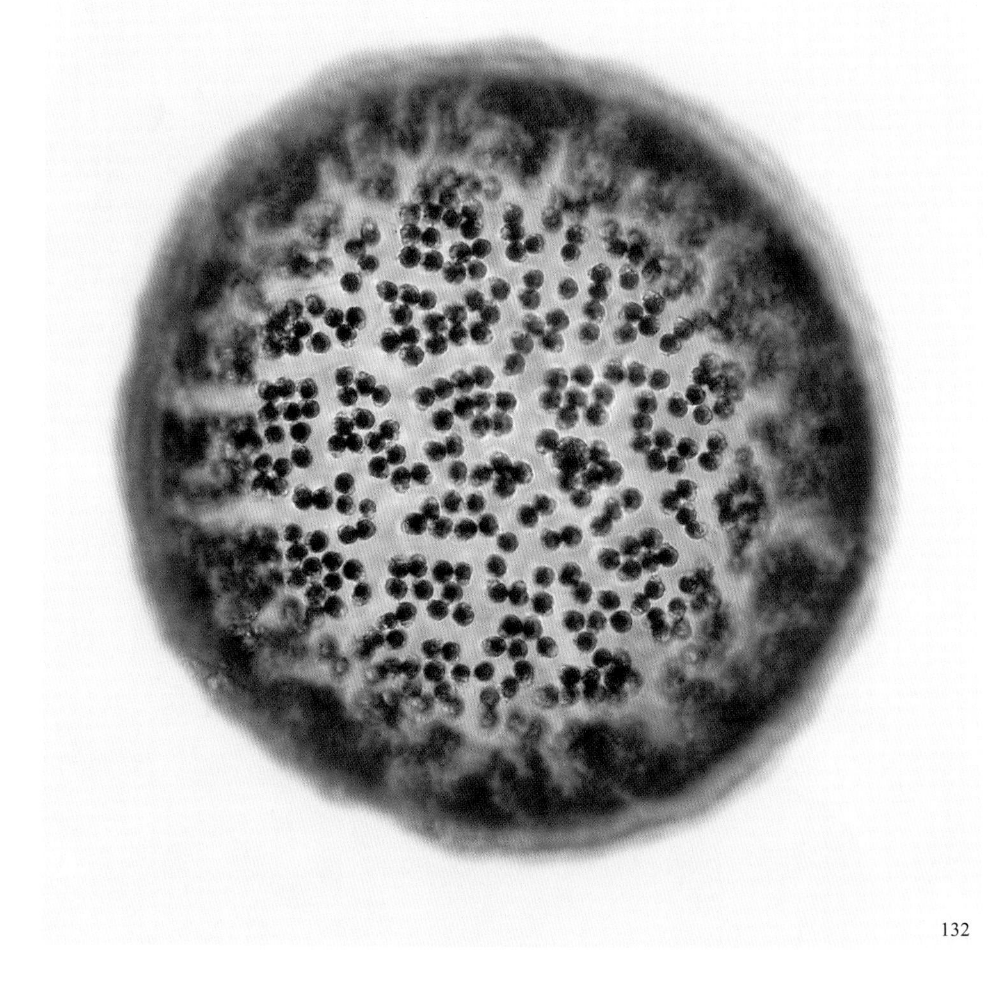

图版二十五

图 131a，131b　球团藻 *Volvox globator*（Linné.）Ehrenberg

图 132　湖沼四孢藻 *Tetraspora limnetica* West & West

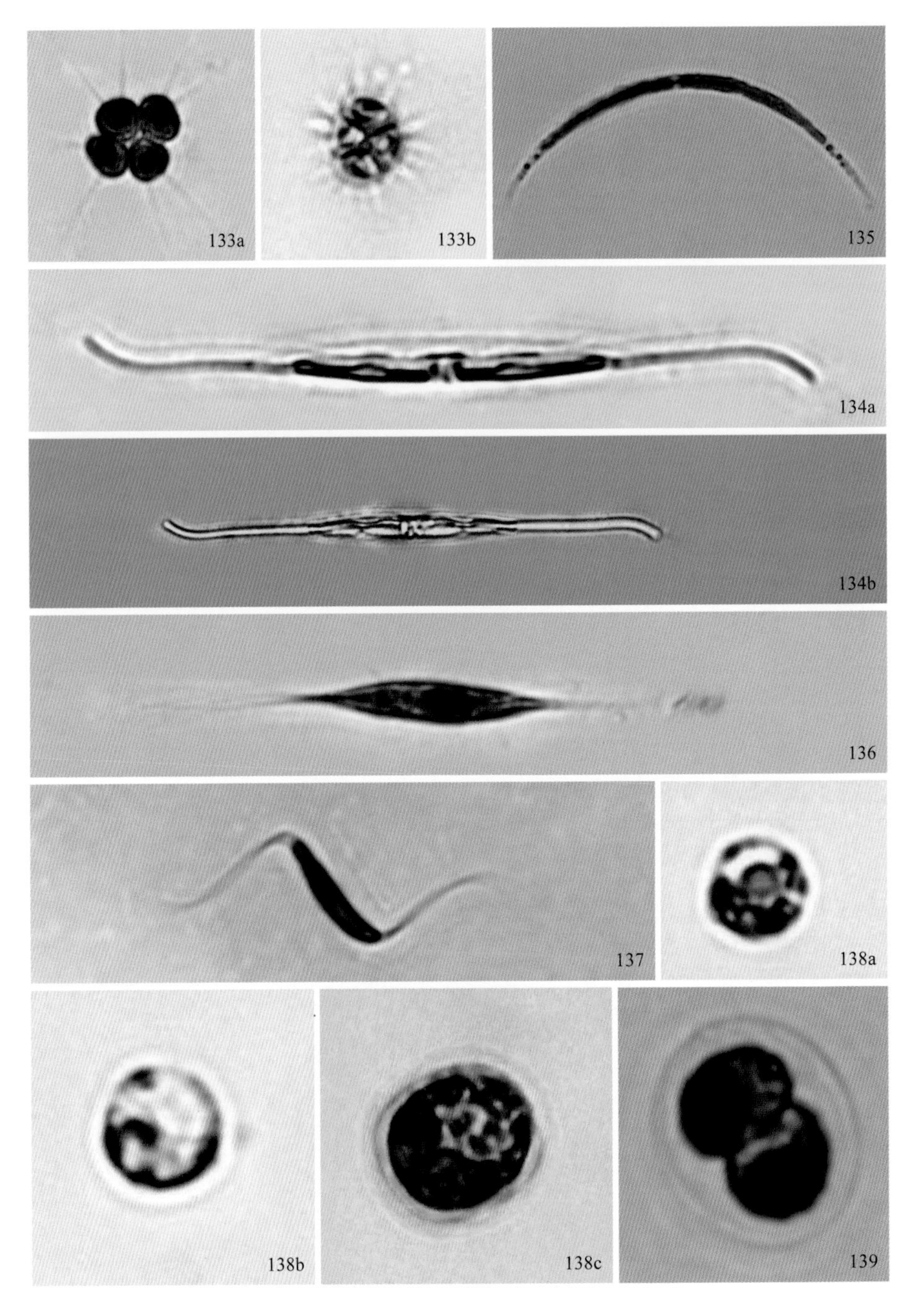

图版二十六

图 133a，133b　微芒藻 *Micractinium pusillum* Fresenius

图 134a，134b　拟菱形弓形藻 *Schroederia nitzschioides*（G. S. West）Korschikoff

图 135　硬弓形藻 *Schroederia robusta* Korschikoff

图 136　弓形藻　*Schroederia setigera*（Schroed.）Lemmermann

图 137　螺旋弓形藻 *Schroederia spiralis*（Printz）Korschikoff

图 138a，138b，138c　小球藻 *Chlorella vulgaris* Beijerinck

图 139　蛋白核小球藻 *Chlorella pyrenoidosa* Chick

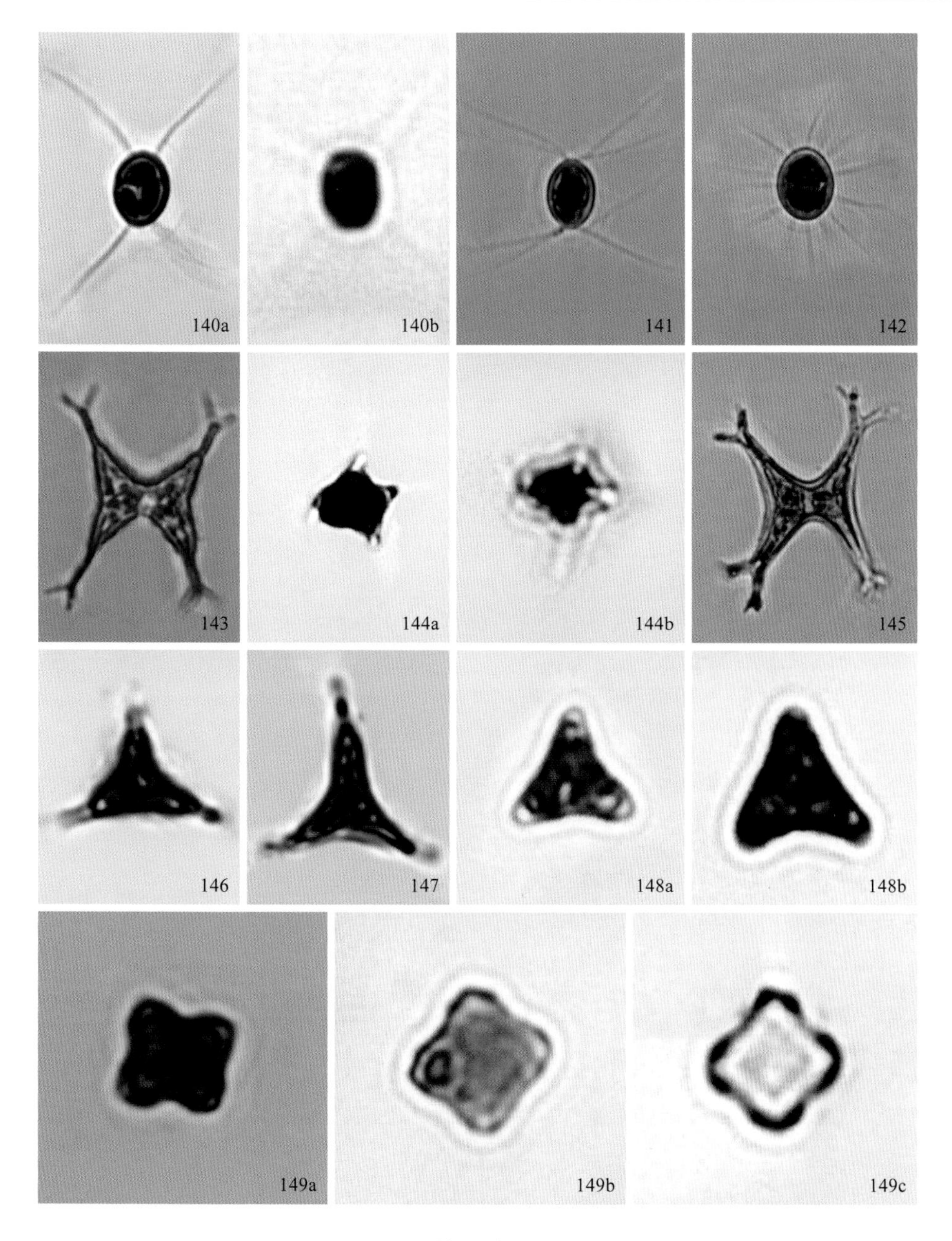

图版二十七

图 140a，140b　四刺顶棘藻 *Chodatella quadriseta* Lemmermann

图 141　盐生顶棘藻 *Chodatella subsalsa* Lemmermann

图 142　被刺藻 *Franceia ovalis*（France）Lemmermann

图 143　二叉四角藻 *Tetraëdron bifurcatum*（Wille）Lagerheim

图 144a，144b　具尾四角藻 *Tetraëdron caudatum*（Corda）Hansgirg

图 145　不正四角藻 *Tetraëdron enorme*（Ralfs）Hansgirg

图 146　三角四角藻原变种 *Tetraëdron trigonum* var. *trigonum*（Näg.）Hansgirg

图 147　三角四角藻小形变种 *Tetraëdron trigonum* var. *gracile*（Reinsch）De Toni

图 148a，148b　三叶四角藻 *Tetraëdron trilobulatum*（Reinsch）Hansgirg

图 149a，149b，149c　膨胀四角藻 *Tetraëdron tumidulum*（Reinsch）Hansgirg

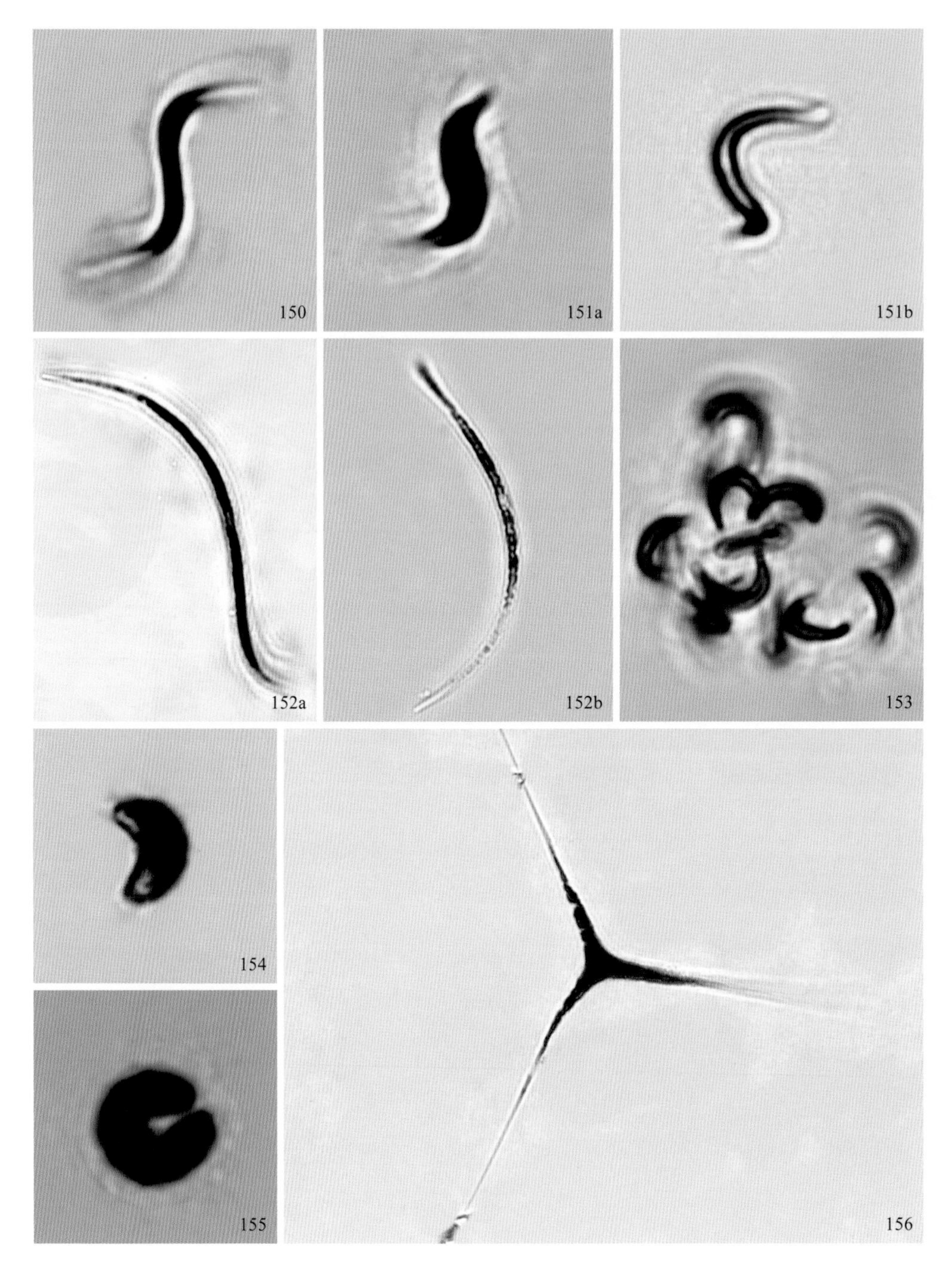

图版二十八

图 150 狭形纤维藻 *Ankistrodesmus angustus* Bernard

图 151a，151b 卷曲纤维藻 *Ankistrodesmus convolutus* Corda

图 152a，152b 镰形纤维藻奇异变种 *Ankistrodesmus falcatus* var. *mirabilis*（West & West）G. S. West

图 153 纤细月牙藻 *Selenastrum gracile* Reinsch

图 154 小形月牙藻 *Selenastrum minutum*（Näg.）Collinus

图 155 肥壮蹄形藻 *Kirchneriella obesa*（W. West）Schmidle

图 156 四棘藻 *Treubaria triappendiculata* Bernard

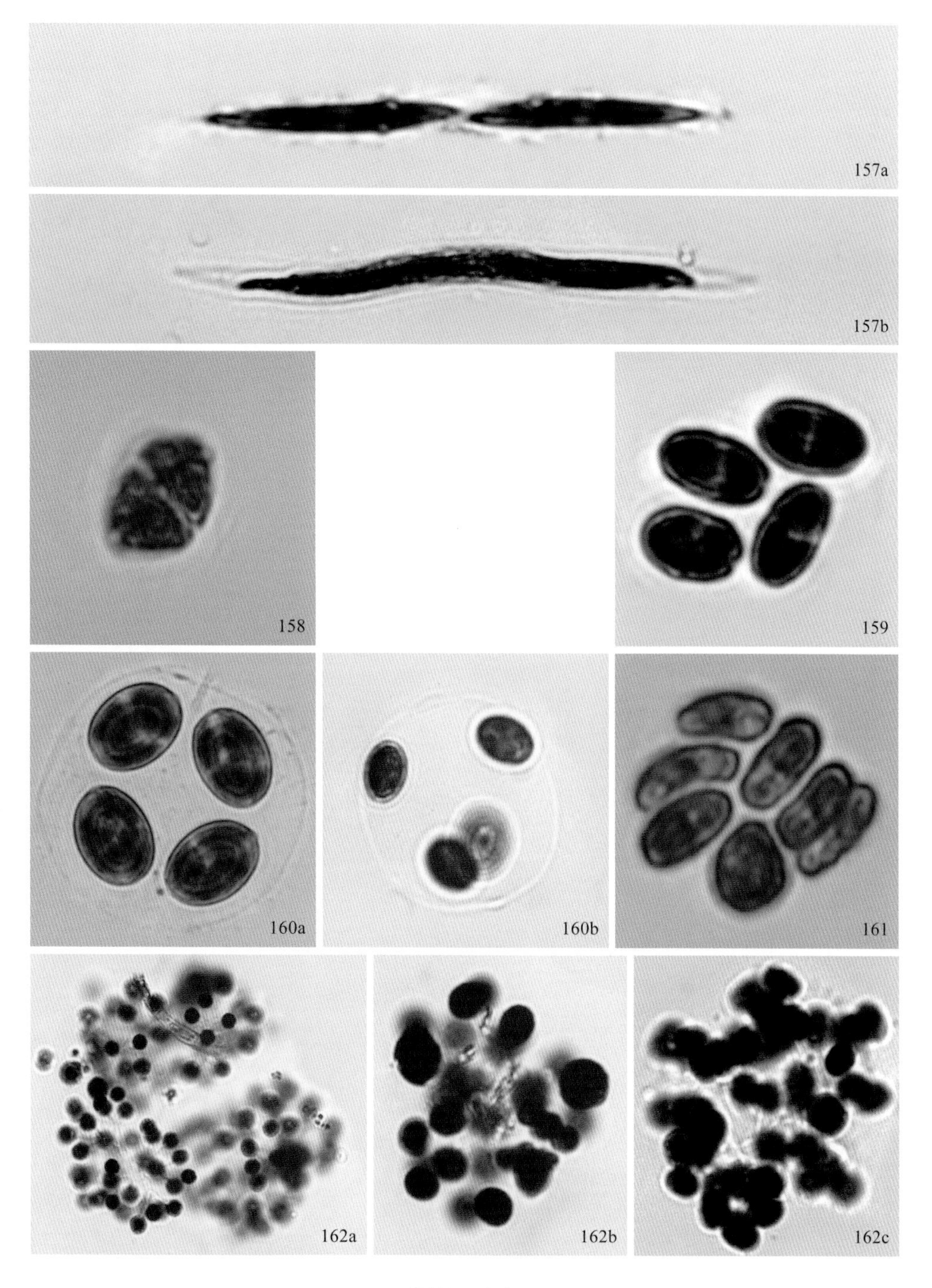

图版二十九

图 157a，157b 柯氏并联藻 *Quadrigula chodatii*（Tann.-Fullm.）G. M. Smith

图 158 波吉卵囊藻 *Oocystis borgei* Snow

图 159 湖生卵囊藻 *Oocystis lacustris* Chodat

图 160a，160b 椭圆卵囊藻 *Oocystis elliptica* W. West

图 161 肾形藻 *Nephrocytium agardhianum* Nägeli

图 162a，162b，162c 美丽网球藻 *Dictyosphaerium pulchellum* Wood

图版三十

图 163a，163b，163c　盘星藻 *Pediastrum biradiatum* Meyen

图 164a，164b，164c　短棘盘星藻 *Pediastrum boryanum*（Turp.）Meneghini

图 165a，165b，165c　二角盘星藻原变种 *Pediastrum duplex* var. *duplex* Meyen

图 166a，166b　二角盘星藻纤细变种 *Pediastrum duplex* var. *gracillimum* West & West

图 167　二角盘星藻皱纹变种 *Pediastrum duplex* var. *regulosum* Raciborski

图版三十一

图 168a～168d　单角盘星藻原变种 *Pediastrum simplex* var. *simplex* Meyen

图 169a～169h　单角盘星藻具孔变种 *Pediastrum simplex* var. *duodenarium*（Bail.）Rabenhorst

图 170a，170b　四角盘星藻原变种 *Pediastrum tetras* var. *tetras*（Ehr.）Ralfs

图 171a，171b　四角盘星藻四齿变种 *Pediastrum tetras* var. *tetraodon*（Corda）Rabenhorst

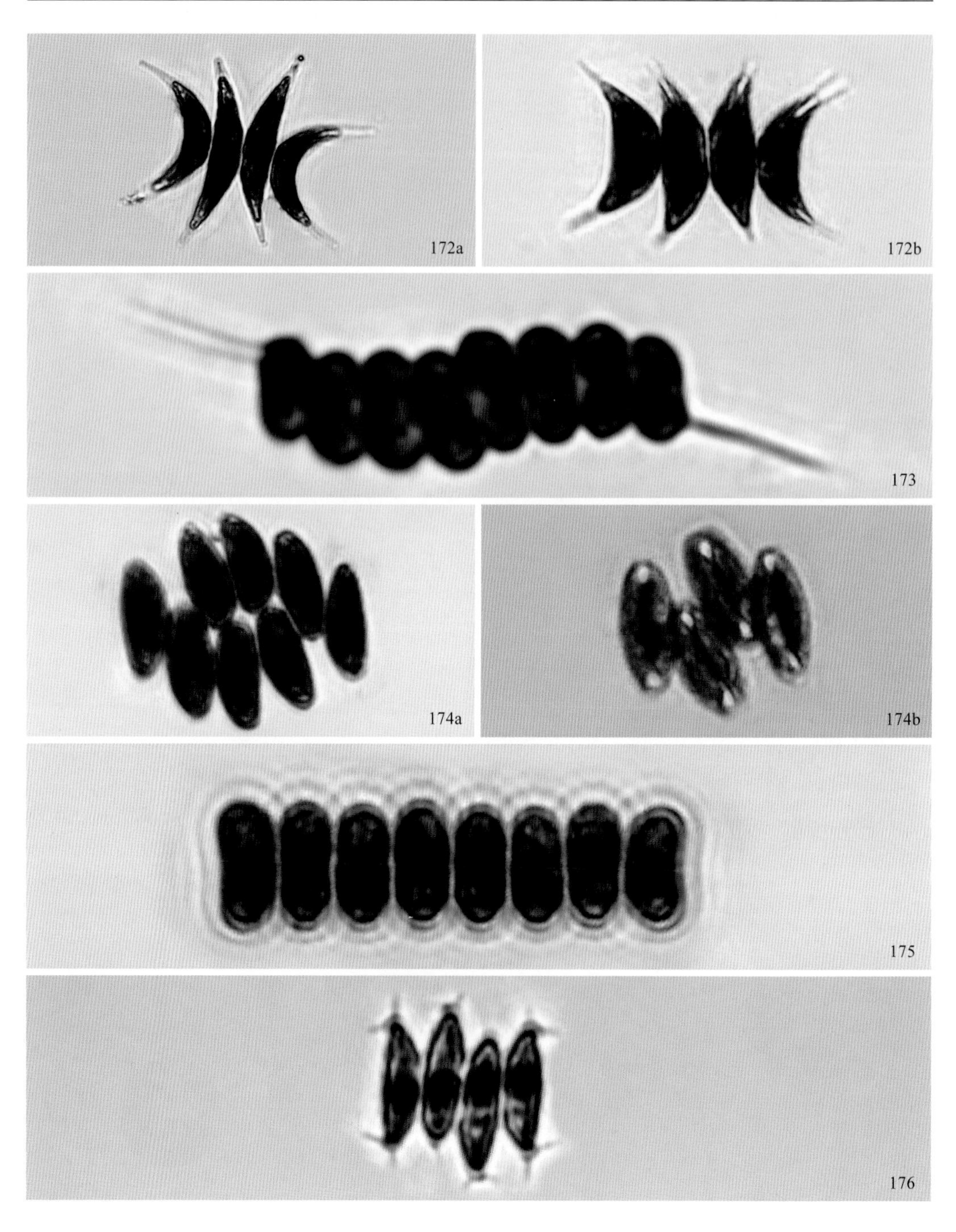

图版三十二

图 172a，172b 尖细栅藻 *Scenedesmus acuminatus*（Lag.）Chodat

图 173 被甲栅藻博格变种双尾变型 *Scenedesmus armatus* var. *boglariensis* f. *bicaudatus* Hortobágyi

图 174a，174b 弯曲栅藻 *Scenedesmus arcuatus* Lemmermann

图 175 双对栅藻 *Scenedesmus bijuga*（Turp.）Lagerheim

图 176 齿牙栅藻 *Scenedesmus denticulatus* Lagerheim

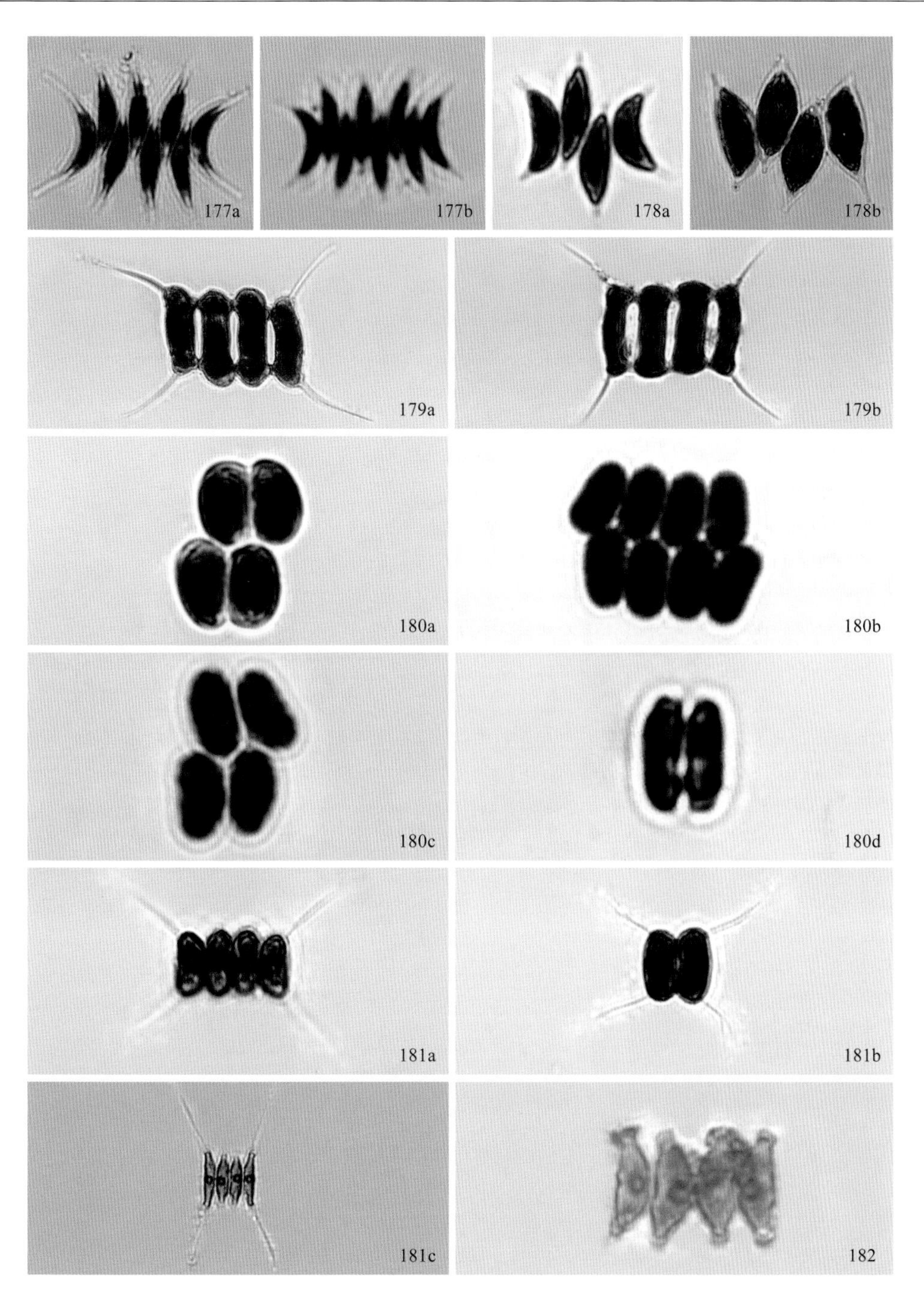

图版三十三

图 177a，177b　二形栅藻 *Scenedesmus dimorphus*（Turp.）Kützing

图 178a，178b　爪哇栅藻 *Scenedesmus javaensis* Chodat

图 179a，179b　裂孔栅藻 *Scenedesmus perforatus* Lemmermann

图 180a～180d　扁盘栅藻 *Scenedesmus platydiscus*（G.M.Smith）Chodat

图 181a，181b，181c　四尾栅藻 *Scenedesmus quadricauda*（Turp.）Brébission

图 182　凸头状栅藻 *Scenedesmus producto-capitatus* Schmula

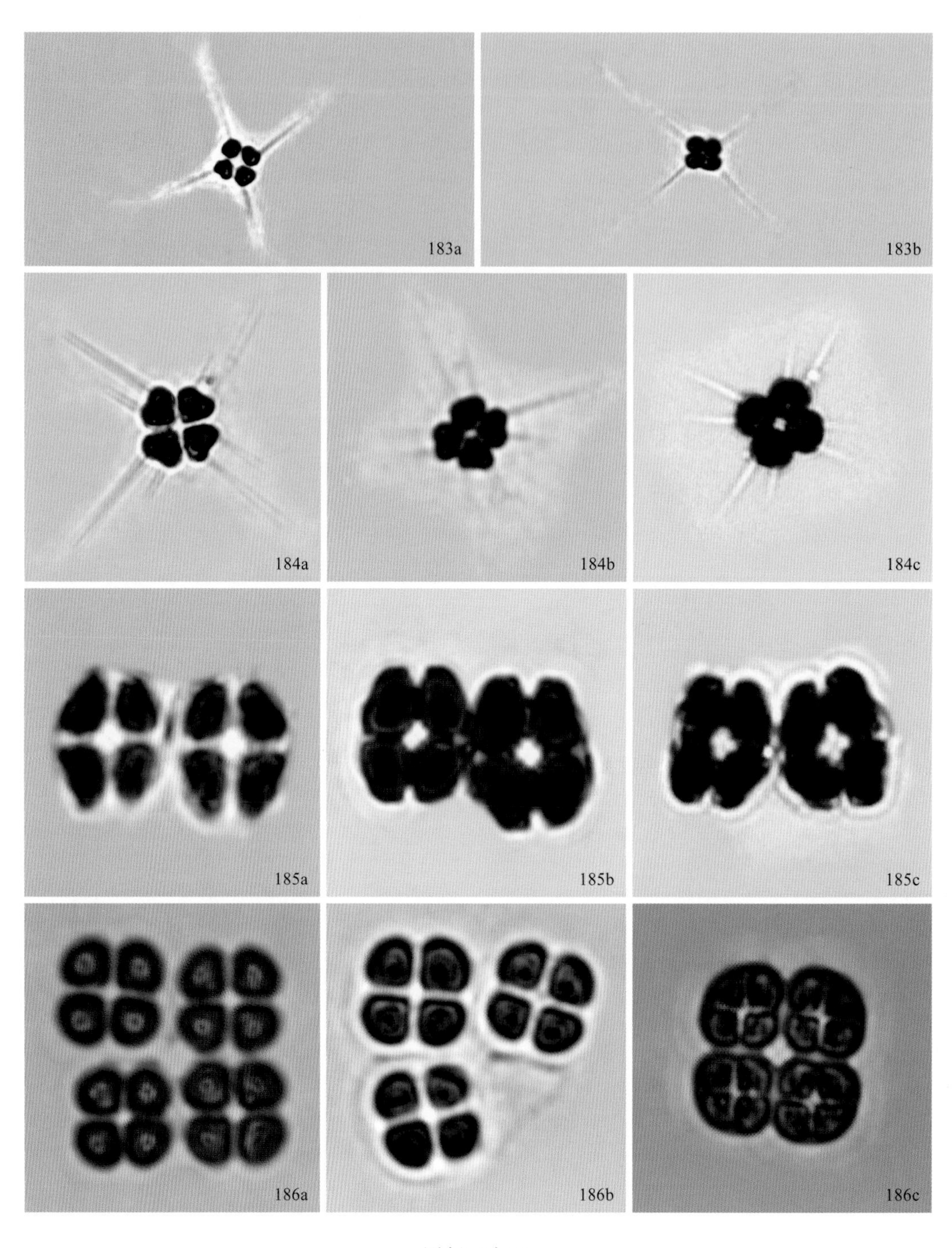

图版三十四

图 183a，183b　华丽四星藻 *Tetrastrum elegans* Playfair

图 184a，184b，184c　异刺四星藻 *Tetrastrum heterocanthum*（Nordst.）Chodat

图 185a，185b，185c　顶锥十字藻 *Crucigenia apiculata*（Lemm.）Schmidle

图 186a，186b，186c　四角十字藻 *Crucigenia quadrata* Morren

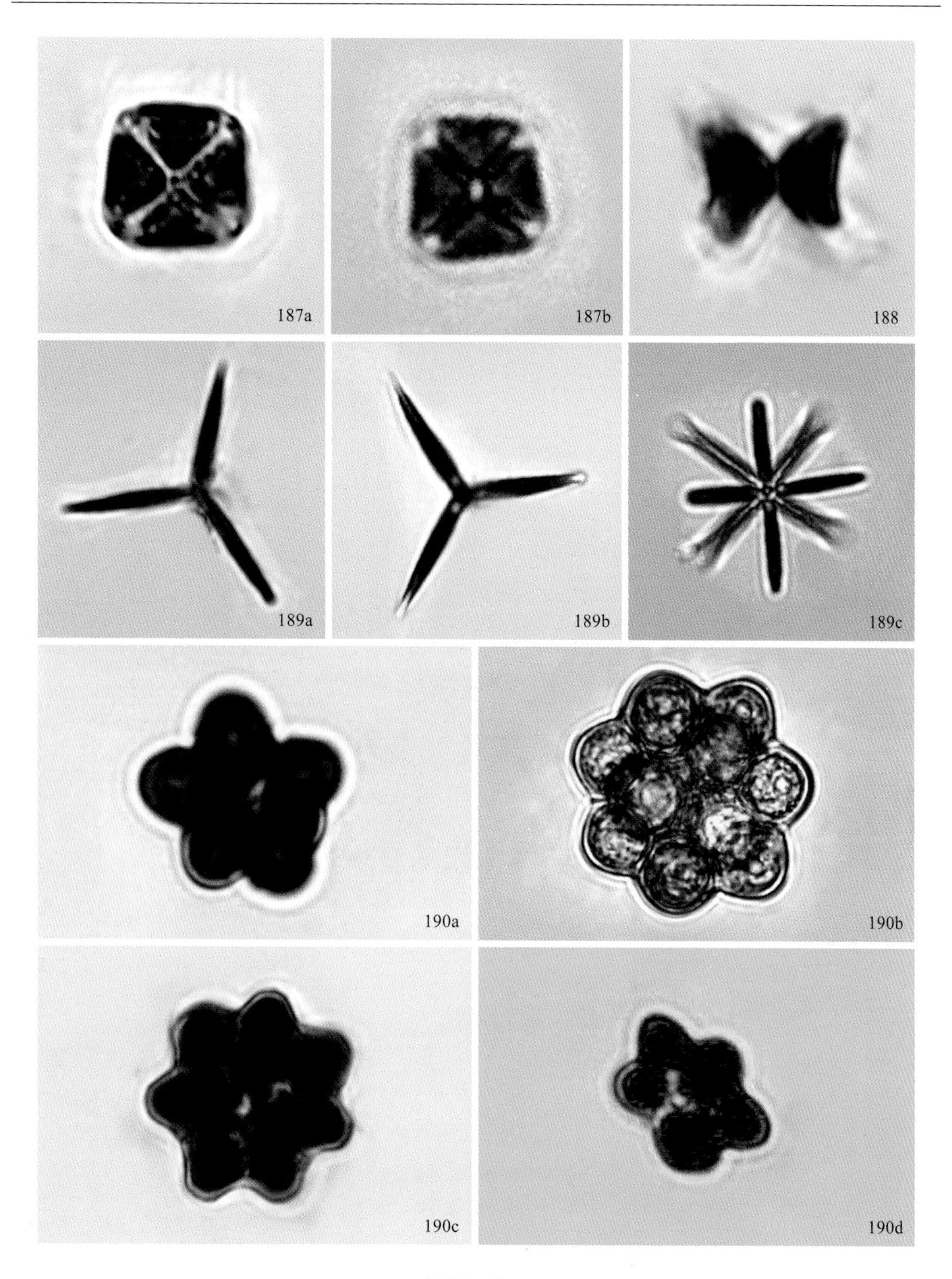

图版三十五

图 187a，187b　四足十字藻 *Crucigenia tetrapedia*（Kirchn.）West & West

图 188　四链藻 *Tetradesmus wisconsinense* G. M. Smith

图 189a，189b，189c　河生集星藻 *Actinastrum fluviatile*（Schroed.）Fott

图 190a～190d　空星藻 *Coelastrum sphaericum* Nägeli

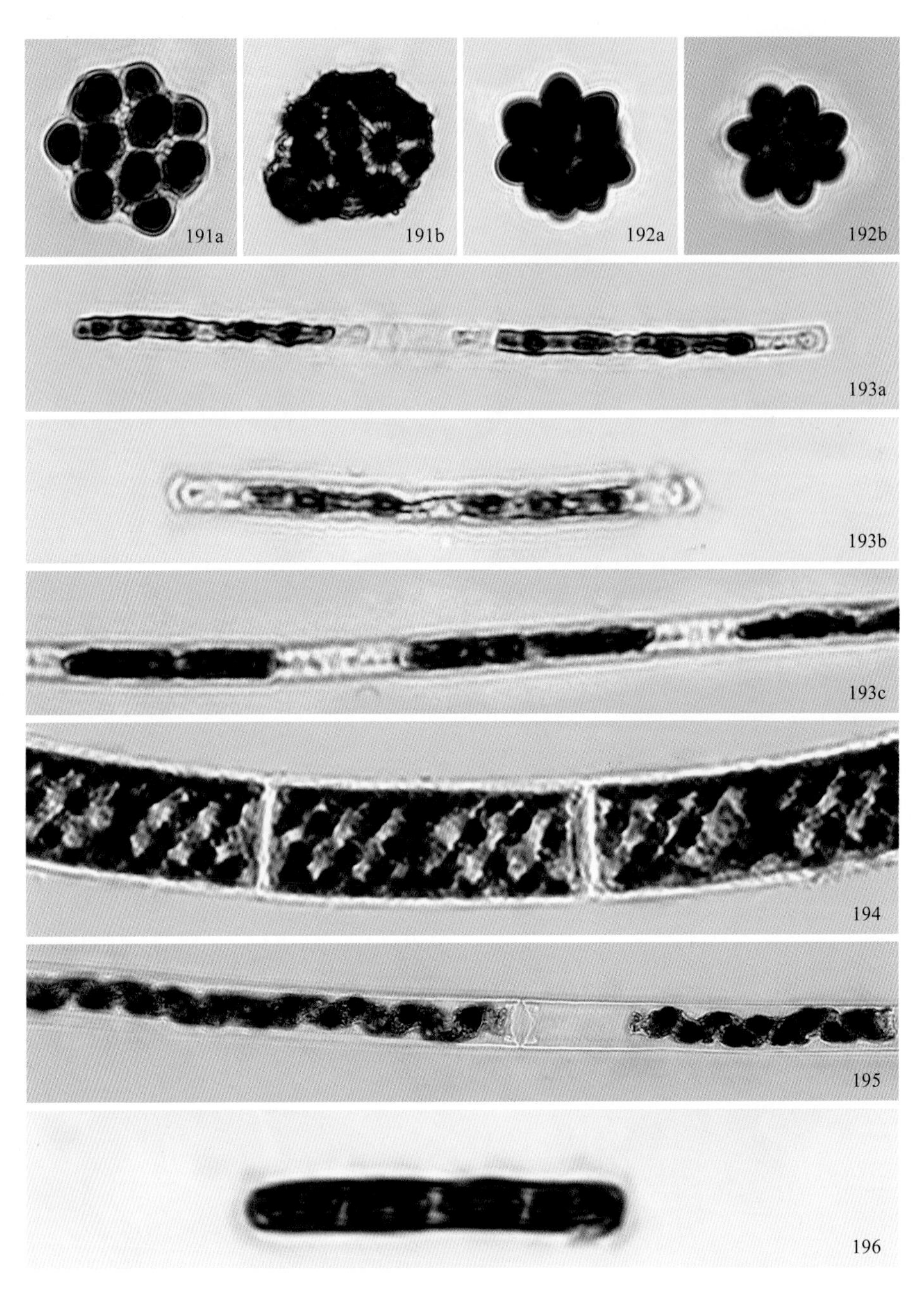

图版三十六

图 191a，191b 网状空星藻 *Coelastrum reticulatum*（Dang.）Senn

图 192a，192b 小空星藻 *Coelastrum microporum* Nägeli

图 193a，193b，193c 转板藻 *Mougeotia* sp.

图 194 水绵 *Spirogyra* sp.

图 195 李氏水绵 *Spirogyra lians* Transeau

图 196 螺纹柱形鼓藻 *Penium spirostriolatum* Barker

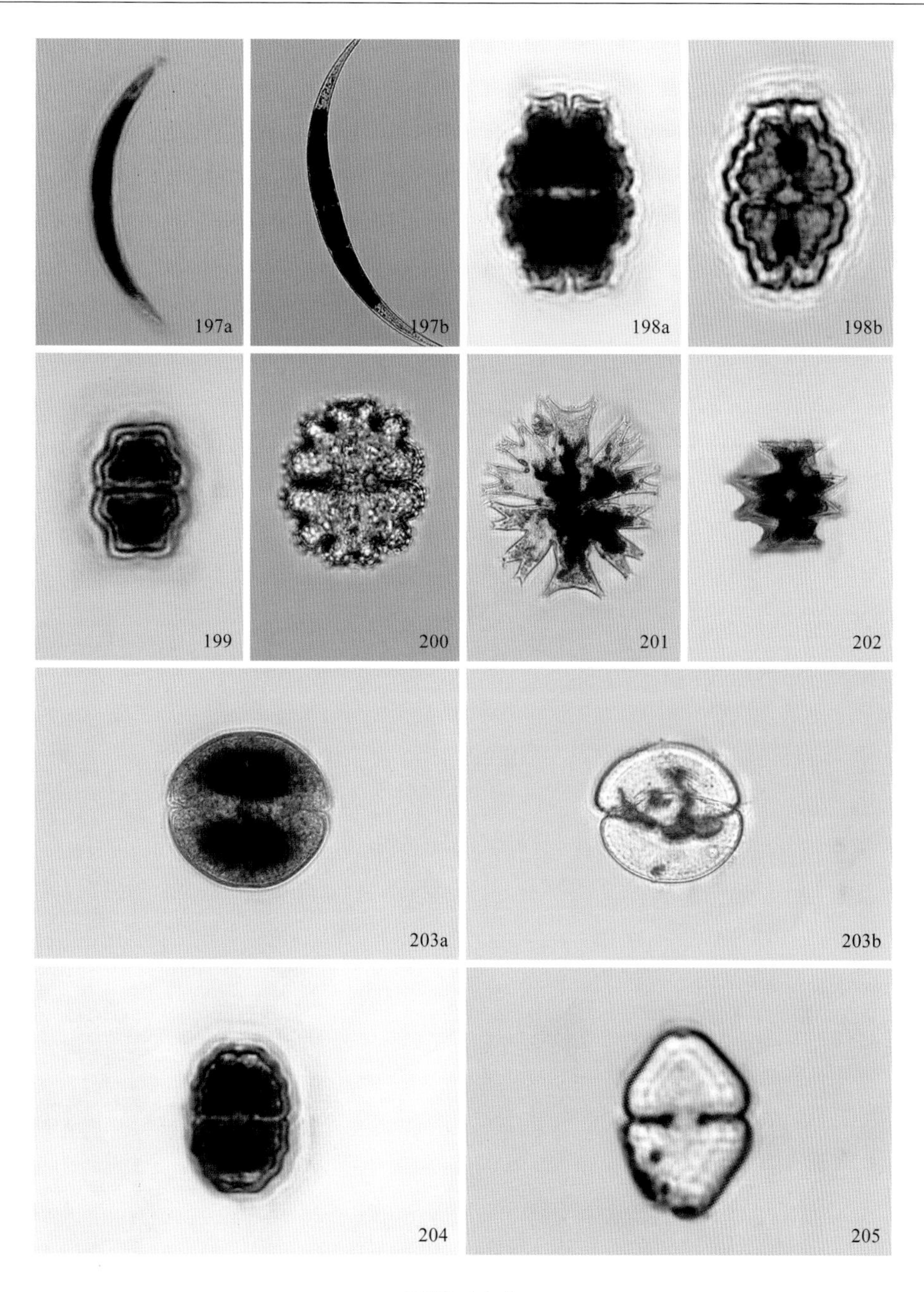

图版三十七

图 197a，197b 小新月藻 *Closterium venus* Kützing

图 198a，198b 不定凹顶鼓藻 *Euastrum dubium* Nägeli

图 199 近海岛凹顶鼓藻 *Euastrum subinsulare* Jao

图 200 小刺凹顶鼓藻 *Euastrum spinulosum* Delponte

图 201 十字微星鼓藻 *Micrasterias crux-melitensis*（Ehr.）Ralfs

图 202 羽裂微星鼓藻 *Micrasterias pinnatifida*（Kütz.）Ralfs

图 203a，203b 光泽鼓藻 *Cosmarium candianum* Delponte

图 204 凹凸鼓藻 *Cosmarium impressulum* Elfving

图 205 光滑鼓藻 *Cosmarium laeve* Rabenhorst

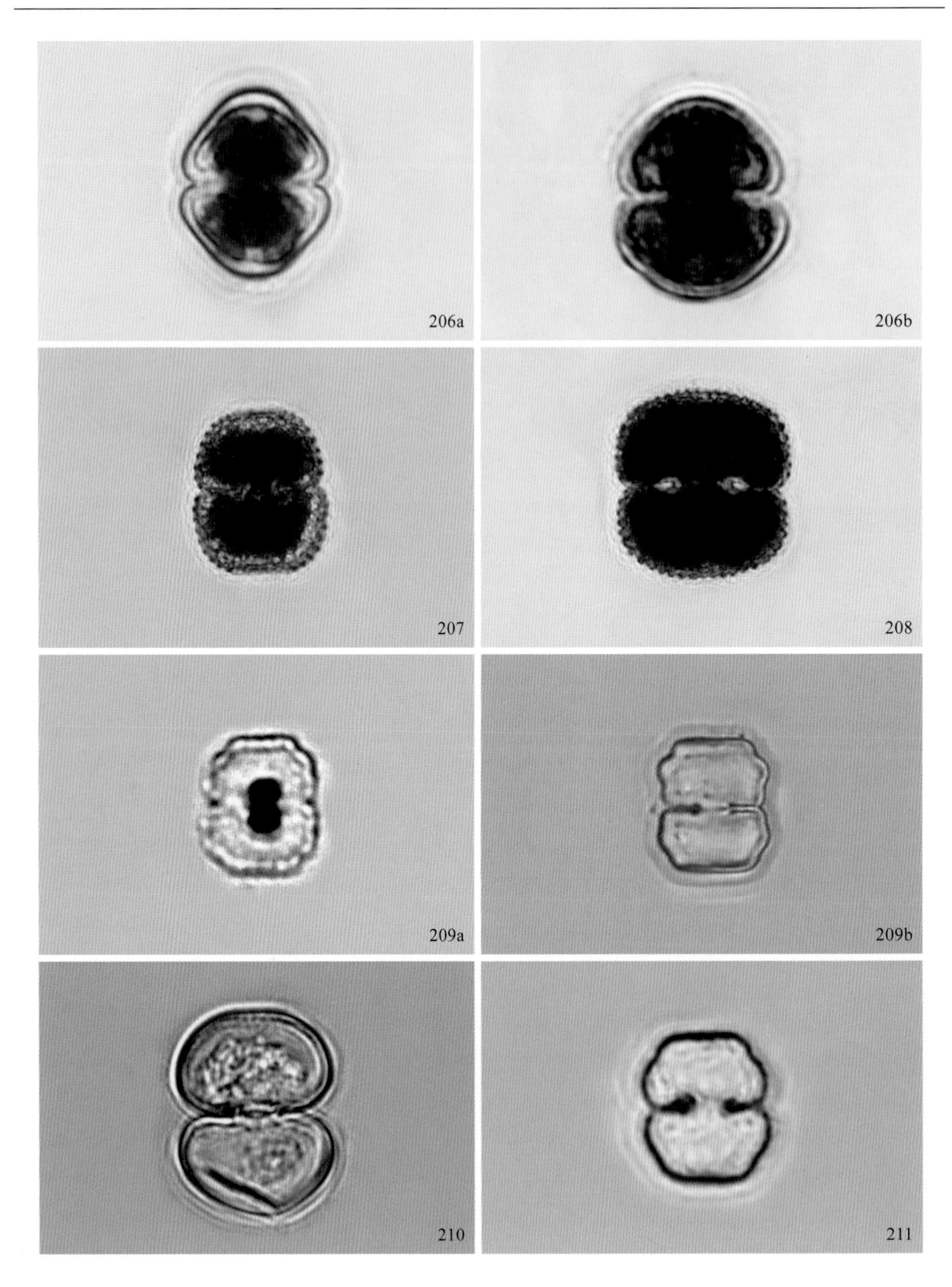

图版三十八

图 206a，206b　厚皮鼓藻 *Cosmarium pachydermum* Lundell

图 207　斑点鼓藻 *Cosmarium punctulatum* Brébisson

图 208　方鼓藻 *Cosmarium quadrum* Lundell

图 209a，209b　雷尼鼓藻 *Cosmarium regnellii* Wille

图 210　近膨胀鼓藻 *Cosmarium subtumidum* Nordstedt

图 211　三叶鼓藻 *Cosmarium trilobulatum* Reinsch

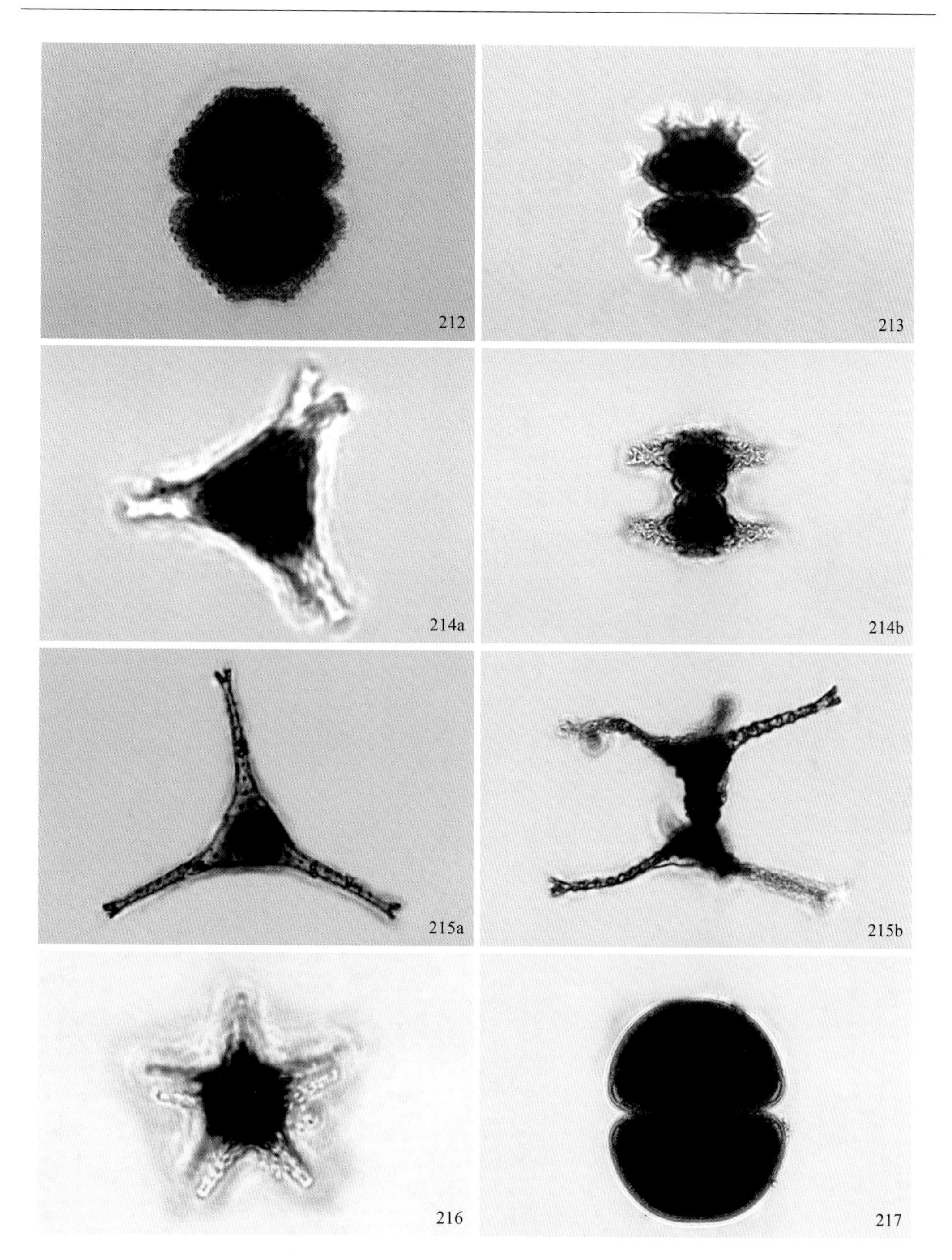

图版三十九

图 212 特平鼓藻 *Cosmarium turpinii* Brébisson

图 213 六臂角星鼓藻 *Staurastrum senarium* (Ehr.) Ralfs

图 214a，214b 钝齿角星鼓藻 *Staurastrum crenulatum* (Näg.) Delponte

图 215a，215b 纤细角星鼓藻 *Staurastrum gracile* Ralfs ex Ralfs

图 216 珍珠角星鼓藻 *Staurastrum margaritaceum* (Ehr.) Ralfs

图 217 钝角角星鼓藻 *Staurastrum retusum* Turner

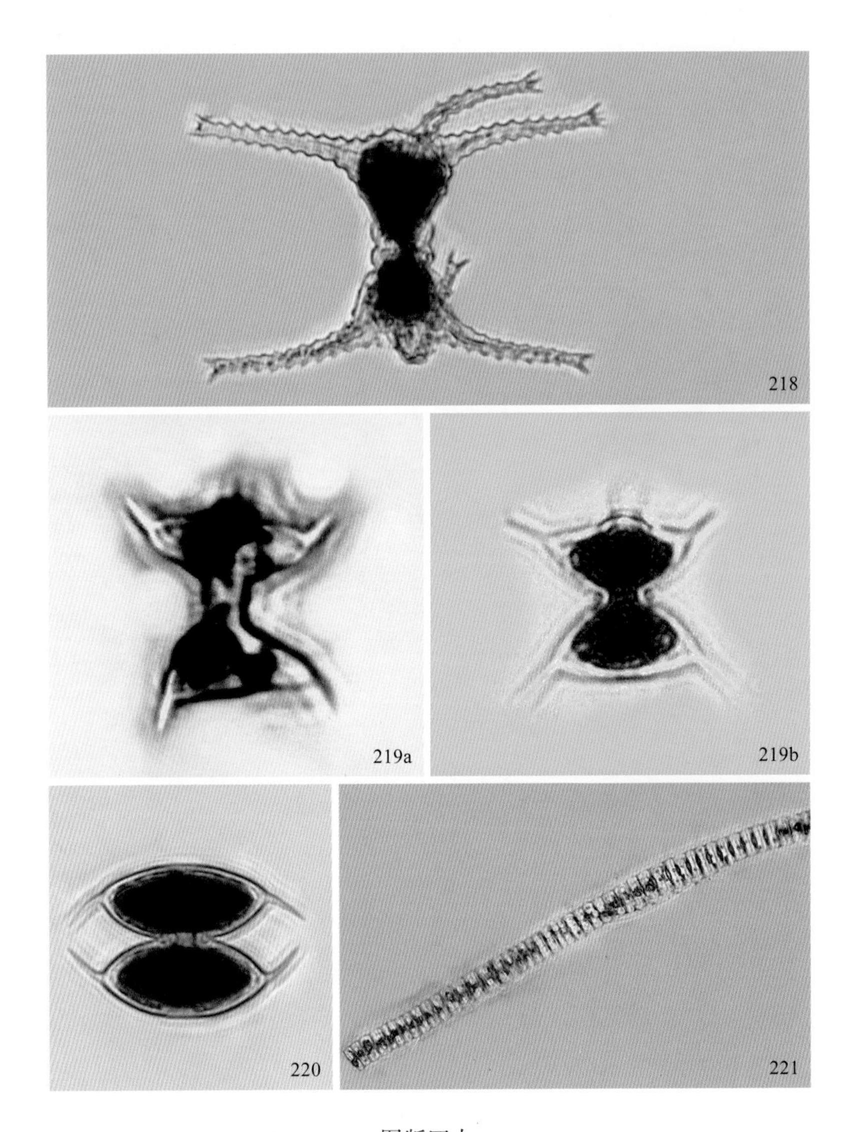

图版四十

图 218　近环棘角星鼓藻 *Staurastrum subcyclacanthum* Jao

图 219a，219b　单角叉星鼓藻 *Staurodesmus unicornis*（Turn.）Thomasson

图 220　四棘鼓藻 *Arthrodesmus convergens* Ehrenberg ex Ralfs

图 221　扭联角丝鼓藻 *Desmidium aptogonum* Brébisson

浮游动物图版

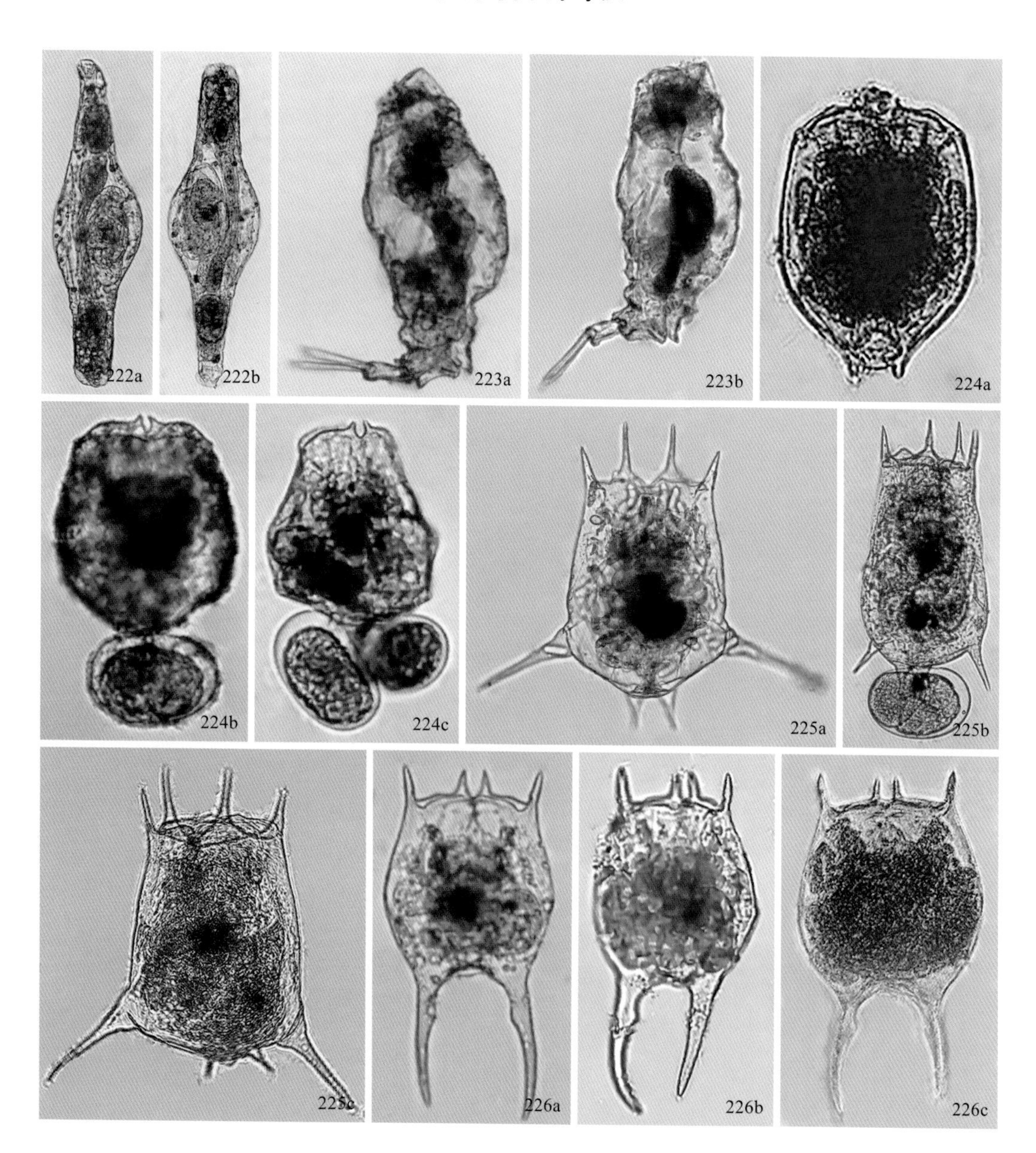

图版四十一

图 222a，222b　懒轮虫 *Rotaria tardigrada*（Ehrenberg）2 个大小不同类型高度收缩的个体

图 223a，223b　方块鬼轮虫 *Trichotria tetractis*（Ehrenberg）2 个大小不同类型个体的侧面观

图 224a，224b，224c　角突臂尾轮虫 *Brachionus angularis* Gosse 双齿型个体的被甲；1 个生殖囊的个体；2 个生殖囊的棱型个体

图 225a，225b，225c　萼花臂尾轮虫 *Brachionus calyciflorus* Pallas 整个身体的腹面；1 个生殖囊的个体；整个个体的背面观

图 226a，226b，226c　剪形臂尾轮虫 *Brachionus forficula* Wierzejski 3 个大小不同类型的个体

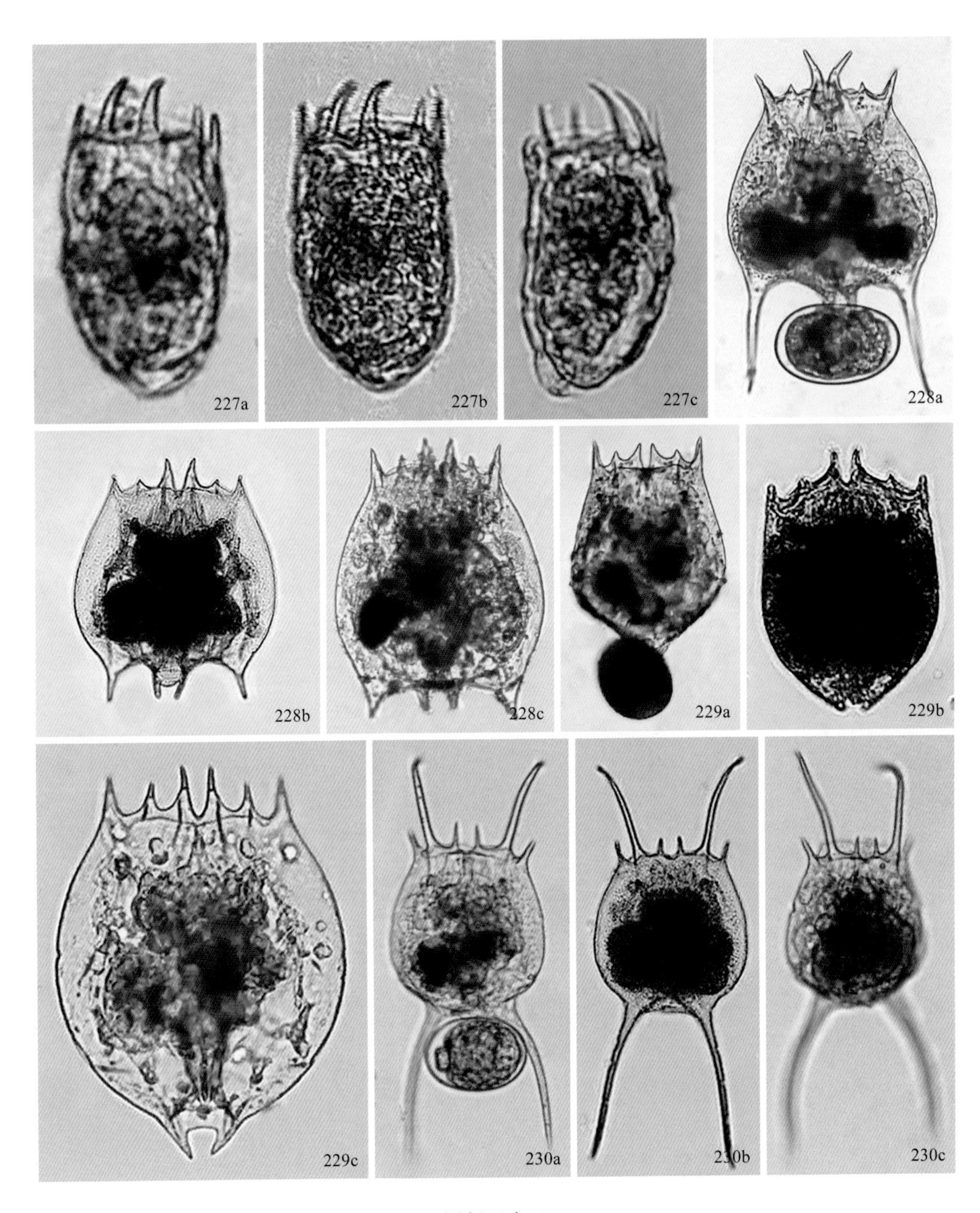

图版四十二

图 227a，227b，227c　蒲达臂尾轮虫 *Brachionus budapestiensis* Daday 2 个不同大小类型的腹面观；整个身体的背面观

图 228a，228b，228c　花篋臂尾轮虫 *Brachionus capsuliflorus* Pallas 1 个生殖囊的个体；2 个不同大小类型的个体

图 229a，229b，229c　壶状臂尾轮虫 *Brachionus urceus*（Linnaeus）1 个生殖囊的个体；2 个不同大小类型的个体

图 230a，230b，230c　镰状臂尾轮虫 *Brachionus falcatus* Zacharias 1 个生殖囊的个体；2 个不同大小类型的个体

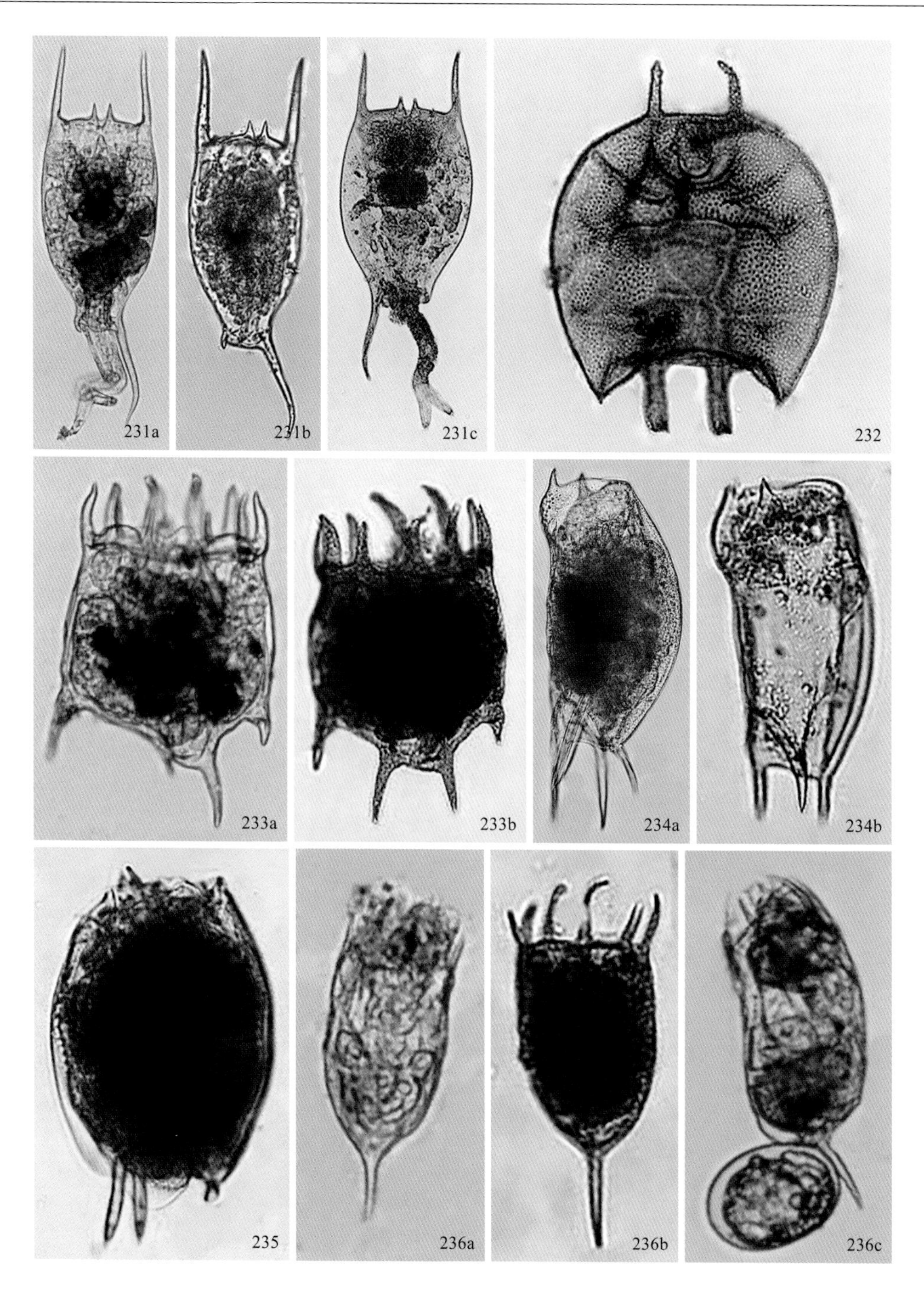

图版四十三

图 231a，231b，231c　裂足轮虫 *Schizocerca diversicornis* Daday 2 个不同大小类型的背面观；整个身体的腹面观

图 232　四角平甲轮虫 *Platyias quadricornis*（Ehrenberg）整个身体的背面观

图 233a，233b　十指平甲轮虫 *Platyias militaris*（Daday）整个身体的背面观；整个身体的腹面观

图 234a，234b　腹棘管轮虫 *Mytilina ventralis*（Ehrenberg）2 个不同大小类型的侧面观

图 235　透明须足轮虫 *Euchlanis pellucida* Harring 整个身体的侧面观

图 236a，236b，236c　螺形龟甲轮虫 *Keratella cochlearis*（Gosse）2 个不同大小类型的背面观；1 个生殖囊的侧面观

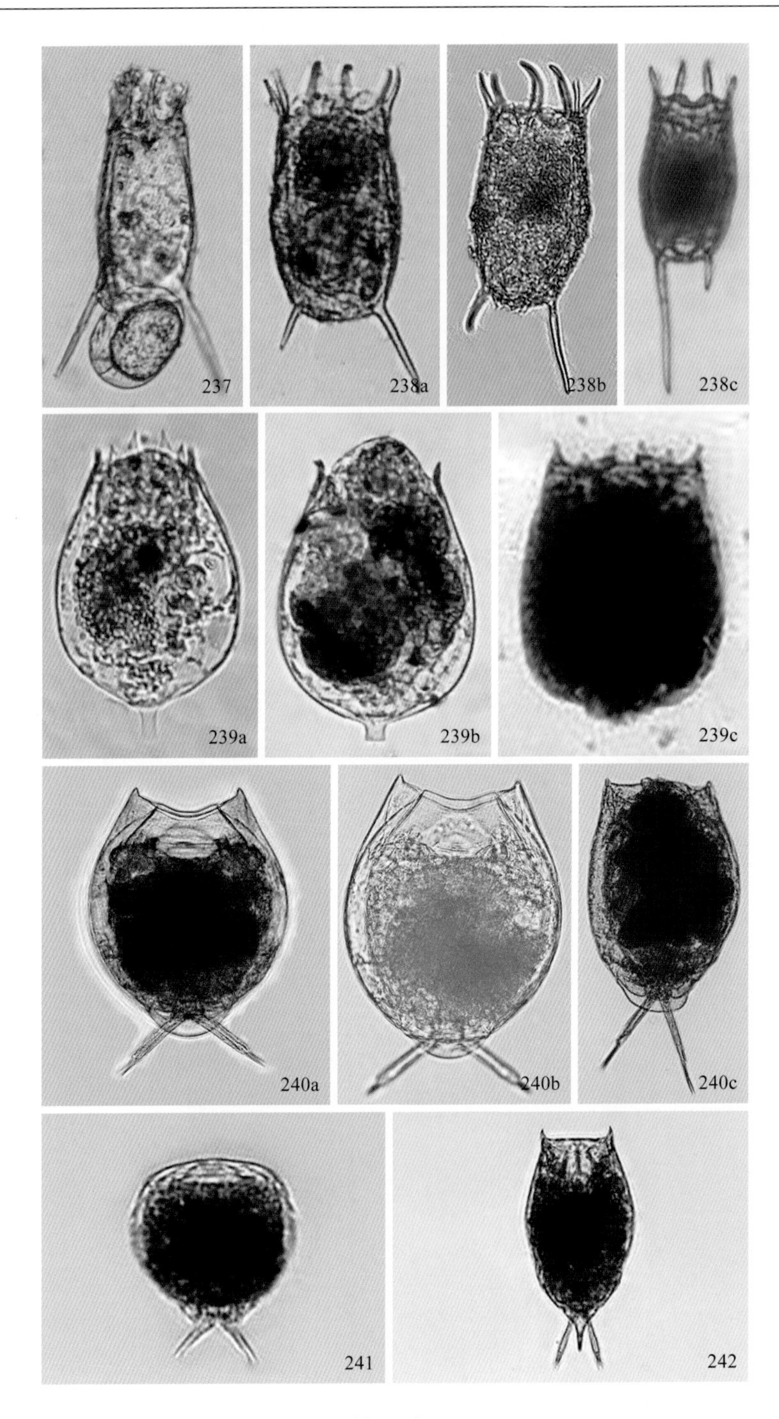

图版四十四

图 237　矩形龟甲轮虫 *Keratella quadrata*（Müller）1 个生殖囊的个体

图 238a，238b，238c　曲腿龟甲轮虫 *Keratella valga*（Ehrenberg）2 个不同大小类型的背面观；整个身体的腹面观

图 239a，239b，239c　唇形叶轮虫 *Notholca labis* Gosse 2 个不同大小类型的个体；柄状凸出收缩的个体

图 240a，240b，240c　蹄形腔轮虫 *Lecane ungulate*（Gosse）2 个不同大小类型的腹面观；整个身体的背面观

图 241　瘤甲腔轮虫 *Lecane nodosa* Hauer 整个身体的背面观

图 242　罗氏腔轮虫 *Lecane ludwigii*（Eckstein）整个身体的背面观

图版四十五

图 243a，243b　尖角单趾轮虫 *Monostyla hamata* Stokes 整个身体的背面观；整个身体的腹面观

图 244a，244b　月形单趾轮虫 *Monostyla lunaris* Ehrenberg 整个身体的腹面观；整个身体的背面观

图 245a，245b，245c　囊形单趾轮虫 *Monostyla bulla* Gosse 整个身体的腹面观；整个身体的背面观；整个身体的侧面观

图 246　钝齿单趾轮虫 *Monostyla crenata* Harring 整个身体的背面观

图 247　史氏单趾轮虫 *Monostyla stenroosi* Meissner 整个身体的背面观

图 248　四齿单趾轮虫 *Monostyla quadridentata* Ehrenberg 整个身体的背面观

图 249a，249b，249c　精致单趾轮虫 *Monostyla elachis* Harring & Myers 2 个不同大小类型的背面观；整个身体的腹面观

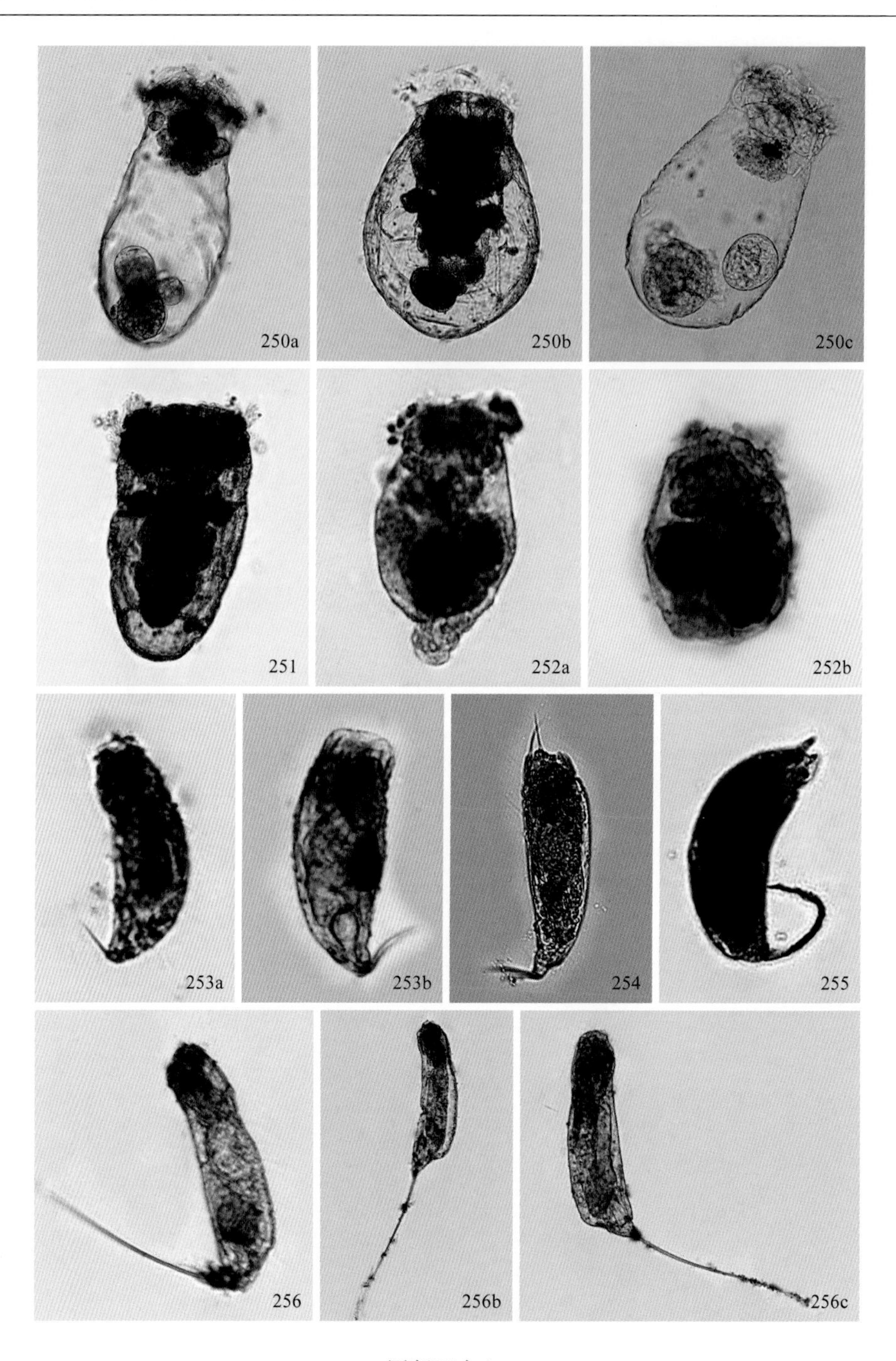

图版四十六

图 250a，250b，250c　前节晶囊轮虫 *Asplanchna priodonta* Gosse 3 个不同大小类型的个体

图 251　盖氏晶囊轮虫 *Asplanchna girodi* de Guerne 整个身体的背面观

图 252a，252b　没尾无柄轮虫 *Ascomorpha ecaudis* Perry 2 个不同大小类型的个体

图 253a，253b　罗氏同尾轮虫 *Diurella rousseleti*（Voigt）2 个不同大小类型的侧面观

图 254　对棘同尾轮虫 *Diurella stylata*（Gosse）整个身体的侧面观

图 255　田奈同尾轮虫 *Diurella dixon-nuttalli* Jennings 整个身体的侧面观

图 256a，256b，256c　圆筒异尾轮虫 *Trichocerca cylindrica*（Imhof）3 个不同大小类型的侧面观

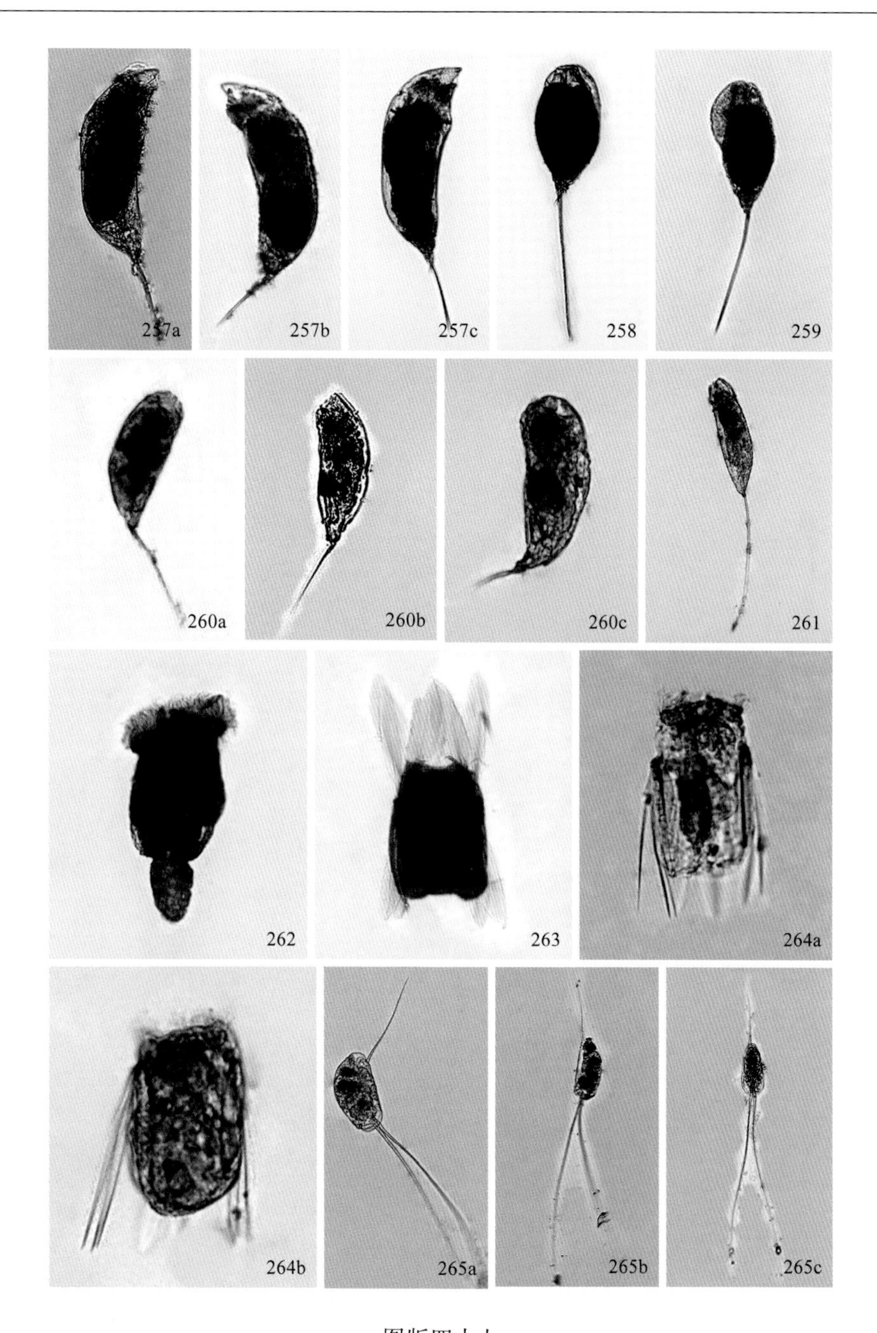

图版四十七

图 257a，257b，257c　刺盖异尾轮虫 *Trichocerca capucina*（Wierzejski & Zacharias）3 个不同大小类型的侧面观

图 258　冠饰异尾轮虫 *Trichocerca lophoessa*（Gosse）整个身体的背面观

图 259　鼠异尾轮虫 *Trichocerca rattus*（O. F. Müller）整个身体的侧面观

图 260a，260b，260c　暗小异尾轮虫 *Trichocerca pusilla*（Lauterborn）3 个不同大小类型的侧面观

图 261　纵长异尾轮虫 *Trichocerca elongata*（Gosse）整个身体的侧面观

图 262　独角聚花轮虫 *Conochilus unicornis* Rousselet 整个身体的侧面观

图 263　真翅多肢轮虫 *Polyarthra euryptera*（Wierzejski）整个身体的侧面观

图 264a，264b　针簇多肢轮虫 *Polyarthra trigla*（Ehrenberg）2 个不同大小类型的个体

图 265a，265b，265c　迈氏三肢轮虫 *Filinia maior*（Colditz）2 个不同大小类型的侧面观；整个个体的腹面观

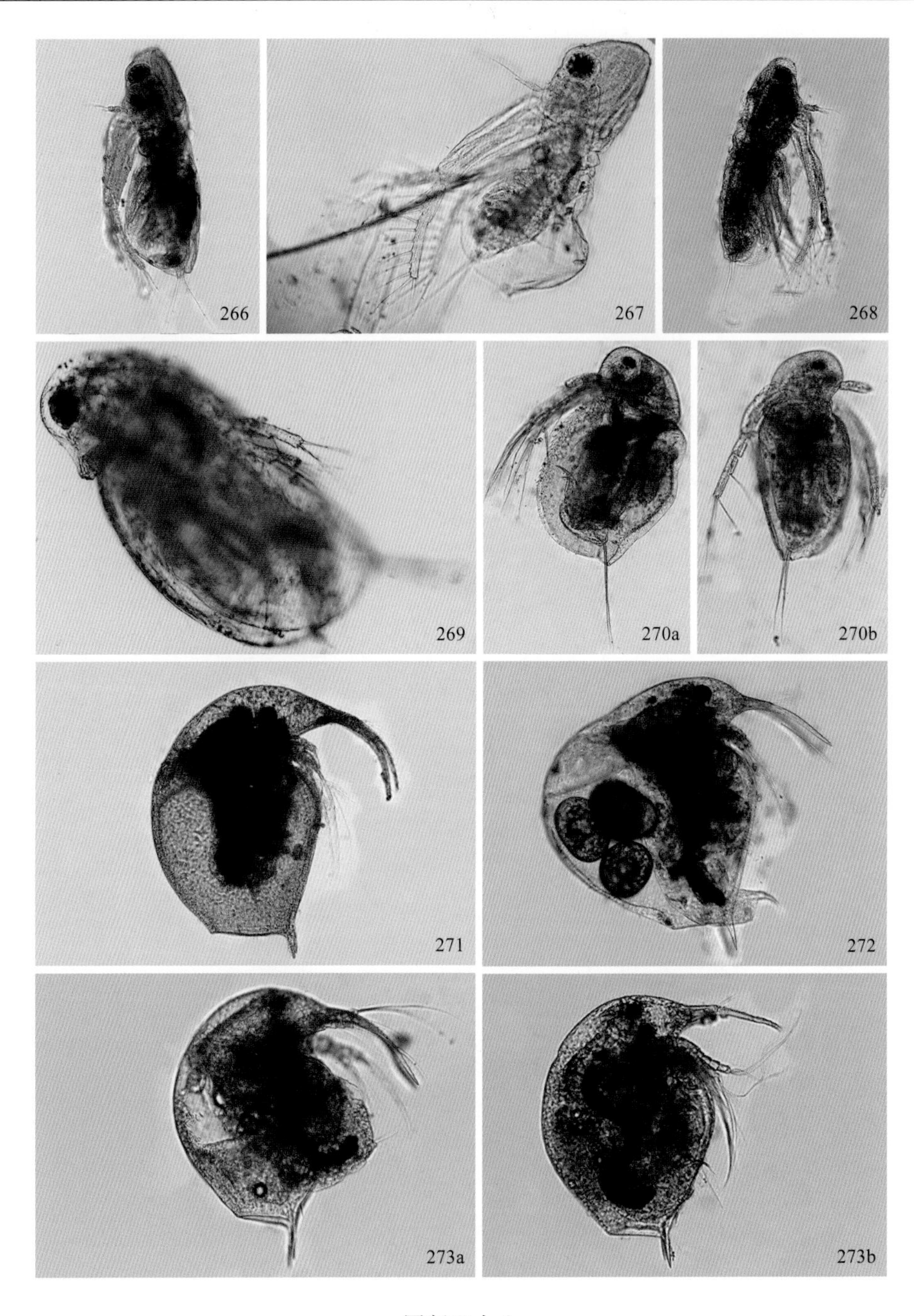

图版四十八

图 266　短尾秀体溞 *Diaphanosoma brachyurum*（Liéven）整个身体的侧面观

图 267　长肢秀体溞 *Diaphanosoma leuchtenbergianum* Fischer 整个身体的侧面观

图 268　多刺秀体溞 *Diaphanosoma sarsi* Richard 整个身体的侧面观

图 269　蚤状溞 *Daphnia*（*Daphnia*）*pulex* Leydig 整个身体的侧面观

图 270a，270b　微型裸腹溞 *Moina micrura* Kurz 2 个不同大小类型的整体

图 271　长额象鼻溞 *Bosmina longirostris*（O. F. Müller）整个身体的侧面观

图 272　简弧象鼻溞 *Bosmina coregoni* Baird 整个身体的侧面观

图 273a，273b　脆弱象鼻溞 *Bosmina fatalis* Burckhardt 2 个不同大小类型的整体

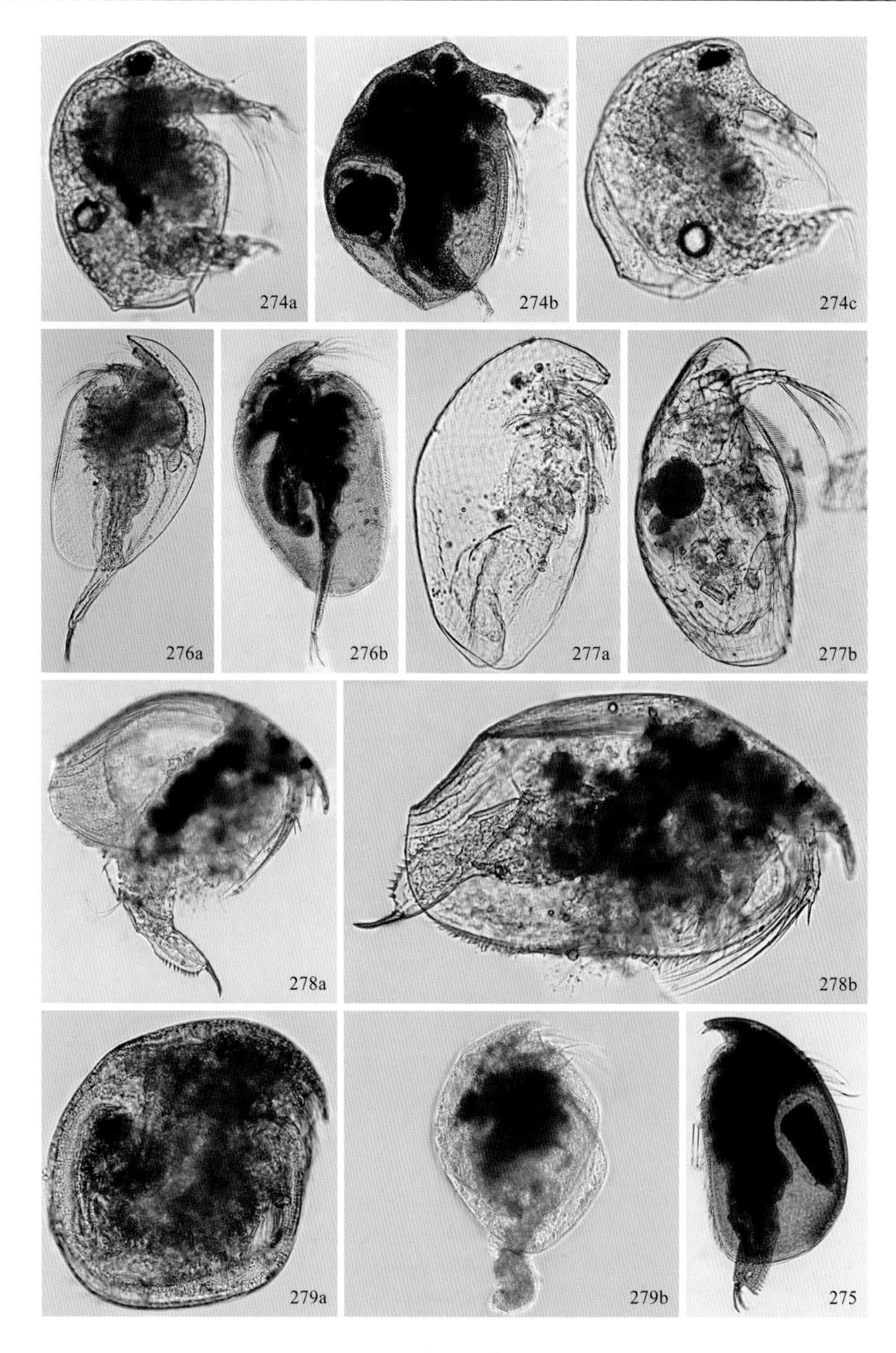

图版四十九

图 274a，274b，274c　颈沟基合溞 *Bosminopsis deitersi* Richard 3 个不同大小类型的整体

图 275　点滴尖额溞 *Alona guttata* Sars 整个身体的侧面观

图 276a，276b　直额弯尾溞 *Camptocercus rectirostris* Schoedler 2 个不同大小类型的整体

图 277a，277b　龟状笔纹溞 *Graptoleberis testudinaria*（Fischer）2 个不同大小类型的整体

图 278a，278b　钩足平直溞 *Pleuroxus hamulatus* Birge 2 个不同大小类型的整体

图 279a，279b　圆形盘肠溞 *Chydorus sphaericus*（O. F. Müller）2 个不同大小类型的整体

图版五十

图 280a，280b 汤匙华哲水蚤 *Sinocalanus dorrii*（Brehm）2 个不同大小类型的整体

图 281 模式有爪猛水蚤 *Onychocamptus mohammed*（Blanchard et Richard）整体

图 282 中华窄腹剑水蚤 *Limnoithona sinensis*（Burckhardt）整体

图 283 锯缘真剑水蚤 *Eucyclops serrulatus serrulatus*（Fischer）整体

图 284 近邻剑水蚤 *Cyclops vicinus vicinus* Uljanin 整体

图 285a，285b 跨立小剑水蚤 *Microcyclops*（*Microcyclops*）*varicans*（Sars）2 个不同大小类型的整体

图 286 广布中剑水蚤 *Mesocyclops leuckarti*（Claus）整体

图 287a，287b，287c 透明温剑水蚤 *Thermocyclops hyalinus*（Rehberg）3 个不同大小类型的整体

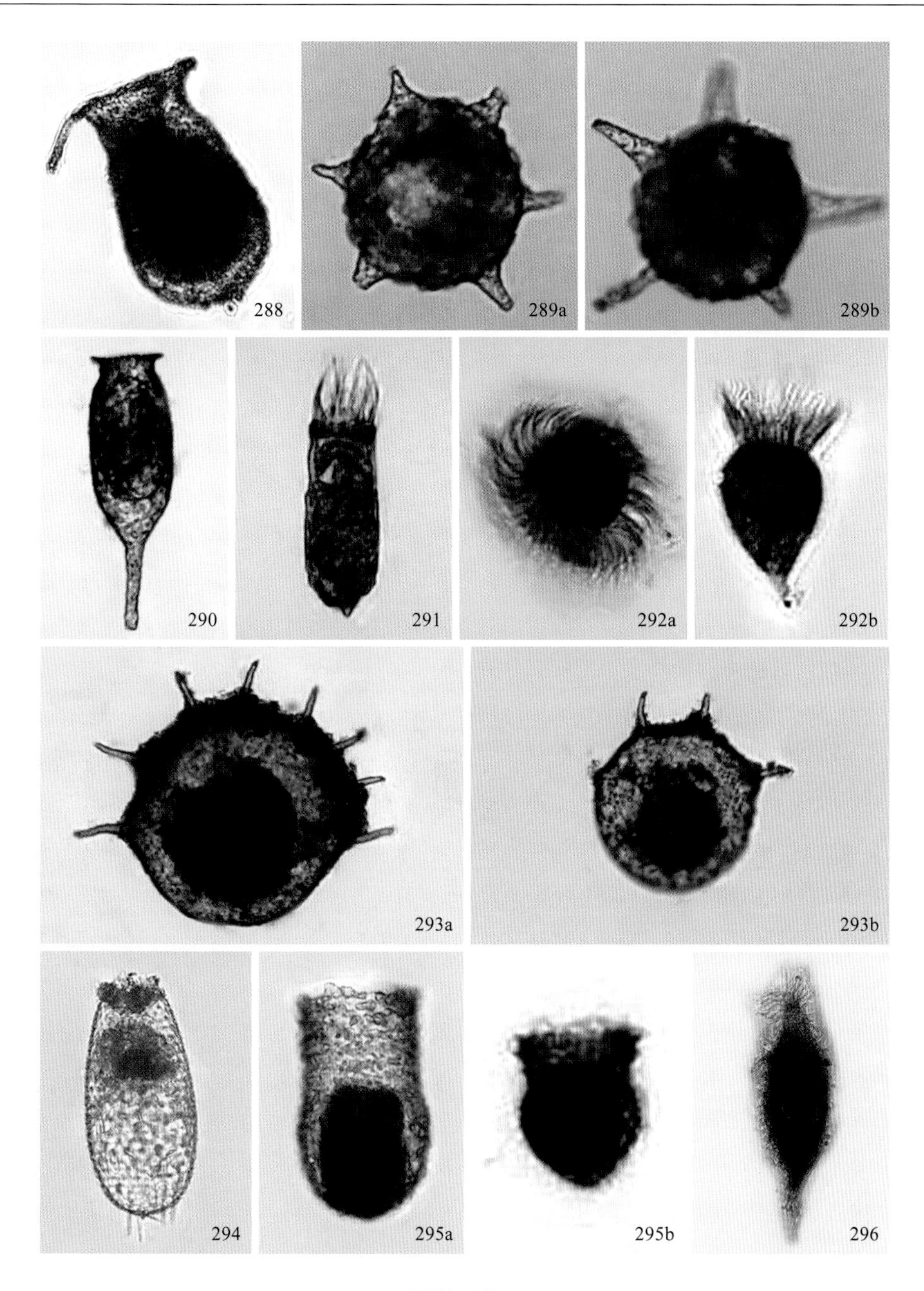

图版五十一

图 288　瓶砂壳虫 *Difflugia urceolata* Carter 整体

图 289a，289b　冠砂壳虫 *Difflugia corona* Wallich 2 个不同大小类型的整体

图 290　尖顶砂壳虫 *Difflugia acuminata*（Ehrenberg）整体

图 291　侠盗虫属一种 *Strobilidium* sp. 整体

图 292a，292b　旋回侠盗虫 *Strobilidium gyrans* Stokes 2 个不同大小类型的整体

图 293a，293b　针棘匣壳虫 *Centropyxis aculeata* Stein 2 个不同大小类型的整体

图 294　毛板壳虫 *Coleps hirtus* Nitzsch 整体

图 295a，295b　王氏似铃壳虫 *Tintinnopsis wangi* Nie 2 个不同大小类型的整体

图 296　薄漫游虫 *Litonotus lamella* Schewiakoff 整体